Wissenschaft und Frieden

Herausgegeben von
Herbert Meißner
und
Karlheinz Lohs

Akademie-Verlag · Berlin
1982

Herausgegeben im Auftrag der Akademie der Wissenschaften
der Deutschen Demokratischen Republik

Redaktionsschluß: 6. Januar 1982

Erschienen im Akademie-Verlag, DDR - 1086 Berlin,
Leipziger Str. 3–4

Lizenznummer: 202 · 100/250/82
Herstellung: VEB Druckerei „Gottfried Wilhelm Leibniz",
4450 Gräfenhainichen · 5989
Einband: Rolf Kunze
Bestellnummer: 754 154 1 (6713) · LSV 0105
Printed in GDR
DDR 12,50 M

Inhaltsverzeichnis

Vorwort

In der Deutschen Demokratischen Republik sind das Ringen um die Sicherung des Friedens und das Bemühen um eine Fortsetzung und Vertiefung der Entspannungspolitik Staatsdoktrin. Die Wissenschaft in unserem Lande dient dem Frieden und dem Wohlstand der Bürger. Sie wird auch zukünftig die friedliche Koexistenz zwischen den Völkern und Staaten als Leitprinzip ihrer internationalen Verbindungen pflegen.
Die Erhaltung und Festigung des Friedens in Europa und in der ganzen Welt und der Kampf gegen die vom Rüstungskapital heraufbeschworenen akuten Gefahren für das Leben und die soziale Entwicklung der Völker stehen heute im Mittelpunkt der weltweiten Auseinandersetzungen um die Zukunft der gesamten Menschheit. Millionen von Menschen sind von tiefer Sorge und Furcht erfüllt, und Hunderttausende von ihnen demonstrieren in den großen Städten vieler Länder für ihr erstes und höchstes Menschenrecht – die Erhaltung des Lebens.
Verantwortungsbewußte, dem Humanismus verpflichtete Wissenschaft weiß sich eins mit dieser Forderung!
Auf dieser Basis ist die Akademie der Wissenschaften der DDR auf vielfältige Weise bemüht, dazu einen wirksamen Beitrag zu leisten. Insonderheit unterstützen wir Vorbereitung und Durchführung der 2. UNO-Sondertagung für Abrüstung im Sommer 1982. Die in diesem Band von Mitgliedern und Mitarbeitern der Akademie der Wissenschaften der DDR vorgelegten Beiträge sollen – wie schon bei der UNO-Sondertagung 1978 – national und international zur Meinungsbildung beitragen und den Standpunkt unserer Akademie zur Hauptfrage der Gegenwart verdeutlichen.
Noch nie war die Gefahr eines nuklearen Völkermordes so groß wie heute. Auf unserer Erde werden gegenwärtig in jeder Minute etwa eine Million Dollar für Rüstungszwecke vergeudet. Etwa 400 000 Wissenschaftler sind auf dem Gebiete der Rüstungstechnik, Waffenentwicklung und der militärischen Forschung tätig. Alljährlich werden 10 neue Waffensysteme entwickelt und in die Armeen eingeführt. Das Spektrum reicht von neuen konventionellen Waffen mit elektronischer Steuerung und äußerster Treffsicherheit über weiterentwikkelte Brandwaffen bis hin zu Kernwaffen von immer größerer Vernichtungskraft. Es ist höchste Zeit, dieser Eskalation von Vernichtungskraft Einhalt zu gebieten. Mögen die Beiträge in diesem Buch

von der tiefen humanistischen Verpflichtung der Gelehrten der Deutschen Demokratischen Republik zeugen, als Beleg der dem Frieden und der Sicherheit gewidmeten Politik von Partei und Regierung unseres Arbeiter-und-Bauern-Staates verstanden werden und der Sache der Erhaltung des Friedens auf unserem Planeten nützlich sein.

Werner Scheler
Präsident
der Akademie der Wissenschaften der DDR

M. Steenbeck

Frieden ist Leben

Selbstverständlich wünschen Eltern, ihren Kindern möge es einmal besser gehen als ihnen selbst; das war schon in aller Vergangenheit ein wichtiges Ziel ihres Strebens und Hoffens. Und doch gibt es heute bei fast allen Menschen auf der ganzen Welt mehr Angst vor der Zukunft als je zuvor. Irgendetwas müssen die Menschen also doch wohl falsch gemacht haben und daher noch einiges hinzulernen. Natürlich gibt es in dieser Angst Unterschiede nach Art und Grund, sei es Hunger, Überbevölkerung, Abhängigkeit von Willkür anderer oder allgemeiner Untergang in einem Nuklearkrieg. Was davon dominiert, hängt von der Gesellschaft ab, in der ein Mensch lebt. Mit der Nüchternheit eines Schlagworte vermeidenden Naturwissenschaftlers, aber auch mit der brennenden Teilnahme eines miterlebenden Zeitgenossen möchte ich helfen, die Wurzeln der für uns vor allem bedeutungsvollen heutigen Kriegsgefahr und die Möglichkeit zu ihrer Bekämpfung besser verstehen zu lernen. Das gelingt sicher nicht mit der groben Vereinfachung, die Menschheit in gute Friedensfreunde und böse Kriegstreiber einzuteilen, obwohl es sicher beides gibt.
Gerade bei diesem Thema ist mir Wahrhaftigkeit, auch wenn sie wohl immer eine subjektive Komponente enthält, deswegen so wichtig, weil – jedenfalls für mich – die Aufgabe, menschliches Leben noch für viele zukünftige Generationen möglich sein zu lassen, auf das engste verbunden ist mit dem *Sinn* dieses Lebens. Lassen Sie mich bitte noch kurz sagen, wie ich das meine: Wenn man nämlich vom Menschen lediglich dessen geistige und moralische Fähigkeiten als das entscheidende, weil ausschließlich dem Menschen eigene Merkmal beachtet, so können von dieser Höhe gesehen seine vielen sehr „irdischen" Wesenszüge kaum anders gesehen werden als eine Art Schmutz, der in recht pessimistischem Kontrast zu der idealistischen Ausgangsvorstellung steht. Mir erscheint es zuverlässiger, in umgekehrter Richtung mit der uns gut bekannten realistischen Basis zu beginnen. Dazu müssen wir den animalischen Ursprung des Menschen allerdings nicht widerwillig als Tatsache hinnehmen, dürfen uns auch nicht der Einsicht verschließen, wieviel Verwandtschaft uns noch heute mit diesem Herkommen verbindet – nicht nur physiologisch, sondern auch bei unseren Verhaltenstendenzen und Trieben –, und wir sollten dies auch klar und eindeutig als unserem Wesen zugehörig anerkennen. Dann bedeuten die Leistungen, mit

denen sich die Menschen über ihren Ursprung erhoben haben, Wunder, die sie selbst miterleben und mitbewirken, Mut, der uns standhaften Optimismus im Wissen um eine Aufwärtsentwicklung gibt. Und vor allem bedeutet dieses Wissen eine Aufforderung, alles uns Mögliche zu tun, damit dieses Aufsteigen nicht mit uns abbricht, sondern sich fortsetzen kann zu Höhen, die wir heute noch nicht ahnen. Das ist ein kategorischer Imperativ für das Hier und Heute, der über beides weit hinausragt, so wie er von denkenden Menschen wohl immer gesucht wurde und auch heute noch wird. *Darum* hat eine Forderung für mich heute absolute Priorität, alles nur mögliche zu tun, was dazu dient, einen allgemeinen Untergang der Menschheit in einem großen Nuklearkrieg zu vermeiden. Aber der bloße Wunsch genügt nicht; wer wirksam mithelfen will, muß die Zusammenhänge kennen und muß dieses Wissen auch *wollen.*

Die nukleare Kriegsgefahr entstand aus einer totalen und sich bis zur Feindseligkeit steigernden Ablehnung jeder Ausweitung einer sozialistischen oder gar kommunistischen Gesellschaftsordnung, wie sie sich jedenfalls bei den Nutznießern der alten Ordnung und deren Mitläufern fast als zwangsläufige Selbstverständlichkeit entwickelt hatte. Schon der zur Entscheidung des zweiten Weltkrieges gar nicht mehr nötige Einsatz der Hiroshima-Bombe war eine klare Warnung an die Sowjetunion, es könnten sich die nach dem ersten Weltkrieg für die westliche Welt gescheiterten Interventionskriege gegen die UdSSR mit diesen neuen Waffen wiederholen – und dann allerdings mit anderem Ergebnis. Doch das verhinderte die Sowjetunion durch ihre überraschend schnell erfolgende nukleare „Nachrüstung" – eine damals zwar noch nicht übliche, aber hier jedenfalls zutreffende Bezeichnung. So begann die nukleare Aufrüstung beider Seiten, in welcher die USA immer vorangingen. Nach den Jahresberichten des amerikanischen Verteidigungsministeriums war das Zahlenverhältnis zwischen sowjetischen und den amerikanischen großen Nuklearwaffen im Jahre 1970 etwa 1 : 2,2; 1972 etwa 1 : 2,3; 1974 etwa 1 : 3,0; 1976 etwa 1 : 2,6; 1978 etwa 1: 2,3, wobei sich die Zahl der Waffen in diesem Zeitraum allerdings mehr als verdoppelte und ihre Zerstörungskraft noch weit stärker stieg. Wenn man die heute insgesamt auf der Erde zu sofortigem Einsatz bereit liegende nukleare Sprengkraft in Dynamit umrechnet, könnte man damit jeden einzelnen der über vier Milliarden Erdbewohner auf zehn Zentner Dynamit setzen. Dabei sind in diesem Vergleich Strahlungsschäden, an denen in Hiroshima mehr Menschen umkamen als durch die Explosivwirkung selbst, noch völlig unberücksichtigt geblieben. Berechnungen zeigen, daß nach einer Explosion nur der Hälfte dieser Nuklearwaffen so viel radioaktiver Staub entstehen und sich durch atmosphärische Strömungen über die ganze Erde verbreiten würde, daß auf allen Kontinenten – auch den

vom eigentlichen Krieg verschonten – die meisten Menschen durch Strahlungsschäden vermutlich qualvoll sterben würden.
Bei Kenntnis dieser Tatsache ist es nur schwer zu verstehen, wieso die USA ihre NATO-Verbündeten mit allem Nachdruck zu forcierter Weiterrüstung und zur Stationierung neuer amerikanischer Mittelstreckenraketen auf dem europäischen NATO-Festland drängen und das noch als „Nachrüstung" bezeichnen, obwohl sie auch heute – wie schon immer – mindestens um die Hälfte mehr Nuklearwaffen besitzen als die UdSSR. Ebenso erstaunlich ist die Tatsache, daß eine Propaganda im Westen noch Glauben findet, die „Nachrüstung" sei zur Wiederherstellung des militärischen Gleichgewichtes in Europa notwendig. Denn auch dort wünscht die Mehrheit der Menschen keinen Krieg, jedenfalls keinen großen Nuklearkrieg – und doch bejahen viele davon die neue Rüstungssteigerung. Zurückzuführen ist dieses Verhalten auf die Unterschiedlichkeit der politischen Zielsetzung beider Seiten. Die politische Strategie der sozialistischen Mächte verfolgt in wesentlichen Wege, die in weiser Voraussicht schon Lenin erkannnt und gelehrt hat – ganz im Sinne seines schon in den ersten Anfängen der Oktoberrevolution an die Welt gerichteten Friedensappells. Als Endziel wird eine kommunistische *Welt*ordnung angestrebt, aber diese soll in stetigem Fortschritt ohne *große* Kriege und ohne eine allgemeine Weltrevolution herbeigeführt werden, weil beides nur eine überall verbrannte Erde zurücklassen und der dann in allen Ländern gleichzeitige Aufbau der neuen Ordnung schwerer sein würde, als ein schrittweises Vorgehen mit Unterstützung durch schon aufgebaute Gebiete. Daher sollte zunächst in einem genügend großen Land, nämlich in der Sowjetunion, eine kommunistische Ordnung entwickelt werden, so groß und mächtig, daß sie von der Gegenseite ohne eigene Existenzgefährdung weder wirtschaftlich noch militärisch angegriffen werden konnte. In der übrigen Welt sollten die dort lebenden Menschen in eigener Anstrengung folgen, sobald die wachsenden inneren Widersprüche der alten Ordnung einen Wechsel des Gesellschaftssystems nötig und möglich machten. Wenn dazu die Unterstützung der Sowjetunion und der schon mit ihr verbündeten Länder gewünscht würde, sollte diese gegeben werden; aber schon die bloße Existenz der sozialistischen Führungsmacht würde verhindern, daß echte revolutionäre Ansätze von den alten Machthabern ohne weiteres zerdrückt werden könnten. In dieser Tendenz, welche die westliche Welt auf Grund der dort herrschenden Vorstellungen nur als sowjetischen „Imperialismus" verstehen kann – oder verstehen will –, liegen die wesentlichen globalen Ziele der sozialistischen Seite, im sicheren Wissen um die *notwendig* kommende allgemeine Entwicklung zum Kommunismus auch ohne Angriffskrieg der sozialistischen Mächte.
Die Gegenseite hat natürlich andere Vorstellungen: Sie will die schon

bestehenden globalen Wirtschafts- und Machtinteressen der kapitalistischen Welt erhalten, möglichst erweitern und mit allen, auch militärischen Mitteln sichern. Da hierfür aber viele der dort beheimateten Menschen auf Grund erlebter, oft kolonialistischer Vergangenheit sich kaum als zuverlässige Verbündete und eher als das Gegenteil erweisen würden, brauchen die mächtigen Nutznießer der alten Gesellschaftsordnung über den gesamten Erdball verteilt entweder eigene starke militärische Stützpunkte oder eine so bewegliche Militärmacht, daß sie überall schnell eingreifen kann, das heißt also eine schlagkräftige Kriegsmarine und Luftflotte. Diese Zielsetzung kann in keinem ihrer Interessengebiete revolutionäre Tendenzen dulden, weil sonst auch andere Teile umkippen könnten; deshalb muß nötigenfalls auch ein Krieg in Kauf genommen werden.

In den Grundzügen sind beide schon vor dem zweiten Weltkrieg entstandenen Strategien mehr oder weniger gültig geblieben, haben sich aber durch die neuen Möglichkeiten der Nuklearwaffen gewaltig verschärft. Nach Hiroshima glaubten die USA, noch genügend Zeit für eine atomare Weiterrüstung zu haben, um diese für ihre Ziele auch wirksam einsetzen zu können. Aber schon wenige Jahre später, im 1950 beginnenden Korea-Krieg, mußten die USA aus Furcht vor einem sowjetischen nuklearen Gegenschlag den von ihrem damaligen Oberbefehlshaber McArthur gewünschten Einsatz nuklearer Waffen verbieten. Ähnliches gilt für den Vietnam-Krieg mit seinem von vielen Amerikanern als demütigend empfundenen Ende, ein Gefühl, das sich noch verstärkte durch die späteren schmählichen Ereignisse in Iran. Immer war doch nur die Sowjetunion schuld, daß US-Amerika seine wahre Stärke gar nicht ausspielen konnte. So durfte das auf keinen Fall weitergehen! Präsident Reagan eroberte daher das Vertrauen der Wählermehrheit seines Landes mit dem Versprechen, die USA wieder zur stärksten Macht der Welt zu erheben. Dem Kommunismus – oder was Amerikaner für Kommunismus halten – mußte in aller Welt Paroli geboten werden!

Ja, es stimmt – immer war es die Sowjetunion, die ohne direktes Eingreifen den Ausbruch von Nuklearkriegen verhinderte. Sie war der stärkste Befürworter einer allgemeinen Entspannungspolitik, die vor allem für Europa Bedeutung haben mußte, weil hier die beiden großen Machtbündnisse direkt aneinandergrenzen. Zögernd setzte sich die Entspannung gegen den anfänglich herrschenden kalten Krieg durch, vorwiegend aus zwei Gründen: Der erste „Sputnik" hatte den Amerikanern gezeigt, daß auch ihr Land nicht mehr außer Schußweite lag, wie sie zunächst geglaubt hatten. Und bald darauf hatten sowohl die UdSSR wie die USA sehr große Raketen entwikkelt, die, von weit im Hinterland errichteten Rampen startend, den Atlantik in dreißig Minuten überfliegen und an Sprengkraft mehr als das Hundertfache der Hiroshima-Bombe mit sich führen konnten.

Mit diesen – auch als „strategische Waffen" bezeichneten – Interkontinentalraketen besaßen beide Seiten die technische Möglichkeit, jeden beliebigen Ort im Heimatland des anderen in Sekundenschnelle völlig zu zerstören. Um zu verhindern, daß diese gefährliche Situation außer Kontrolle geraten könnte, kam es 1972 schließlich doch zu einer bindenden Vereinbarung, dem SALT I-Vertrag, der durch Begrenzung von Zahl und Sprengkraft wenigstens dieser „strategischen Waffen" beiden Seiten die gleiche relative Sicherheit zubilligte. Außerdem wurde als eine Art „Spielregel" befolgt, jede direkte Konfrontation der beiden nuklearen Großmächte möglichst zu vermeiden. – Im Grund war das wichtigste Ergebnis dieser Verhandlungen die Einsicht, daß ein vertragsloser und damit gefährlicher Zustand nur vermieden werden kann, wenn die Vertragspartner sich gegenseitig das gleiche Recht auf Sicherheit zugestehen.

Aber gegen diese zunächst fast überall begrüßte Entwicklung erhoben sich bald Bedenken vor allem in den USA: Die Entspannung nütze der sozialistischen Seite mehr als der eigenen. Die schon beschriebene weltpolitische Strategie der sozialistischen Staaten hatte Erfolge; begünstigt durch die nach dem zweiten Weltkrieg überall einsetzende Entkolonialisierung hatten sich viele früher von Westmächten völlig abhängige Länder erhoben und sich direkt oder doch faktisch weitgehend dem Osten zugewandt. Aber die westliche Strategie führte nicht zu ähnlichen Erfolgen bei der Sicherung und Erweiterung ihres bestehenden Machtbereiches – trotz der großen Zahl neugebauter atomgetriebener Flugzeugträger und U-Boote, ausgerüstet mit Raketen großer Sprengkraft und einer Reichweite von mehreren Tausend Kilometern. Da diese nicht ausreicht, den Atlantik zu überqueren, betraf der SALT-I-Vertrag diese „Mittelstrecken"-Raketen nicht. Heute ist bereits die Hälfte aller amerikanischen weitreichenden Nuklearraketen an U-Boote gebunden; sie können auch bei Tauchfahrt gestartet werden.

Diese gewaltige Streitmacht der USA ist entsprechend ihrer schon beschriebenen Globalstrategie für Einsätze auf allen Meeren bestimmt und darum nicht der NATO unterstellt, deren Operationsgebiet vorerst noch auf Europa und die angrenzenden Gewässer – im wesentlichen also Nordatlantik, Mittelmeer und Nordsee – begrenzt ist. Im Ernstfall – etwa bei einem drohenden Nuklearkrieg in Europa – kann sie aber sofort die Kampfkraft der NATO sehr wirksam unterstützen; so könnten ihre U-Boote aus Positionen nahe der Küste verbündeter europäischer Staaten und daher unter deren vollem Schutz mit ihren Mittelstreckenraketen jederzeit die europäischen Gebiete der UdSSR erreichen. Da aber umgekehrt sowjetische U-Boote aus rein geografischen Gründen – nämlich dem Fehlen ähnlich sicher geschützter Operationsräume und benachbarter Versorgungshäfen – nicht völlig in analoger Weise wirksam werden können,

bleibt gegen einen massiven Einsatz amerikanischer Raketen-U-Boote oder anderer sogenannter „advanced forces" (vorwärts stationierter Kräfte) als mögliche Abwehr und Abschreckung nur, auf sowjetischem Territorium Mittelstreckenraketen vergleichbarer Reichweite und Menge zu installieren.
Diese Maßnahme ist aus sowjetischer Sicht nur die Verwirklichung des gleichen Rechts auf Sicherheit für beide Seiten; dagegen will die NATO bei der Berechnung eines militärischen Gleichgewichts in Europa nur die ihr unmittelbar unterstellten Kampfmittel – also ausdrücklich nicht die „advances forces" – berücksichtigt wissen und sieht die neuen sowjetischen Mittelstreckenraketen als Übergewicht des Ostens an, das nur durch eine „Nach"rüstung mit neuinstallierten amerikanischen Mittelstreckenraketen auf dem europäischen NATO-Festland ausgeglichen werden könne. Die UdSSR argumentiert also mit realistischen, die NATO mit formalen Begründungen.
Der starken globalen amerikanischen Kriegsflotte, einer wesentlichen Ursache des heutigen Konfliktes über die NATO-„Nach"rüstung, muß natürlich eine vieljährige Planung und Projektierung durch US-Militärstrategen vorangegangen sein, die mindestens in die Zeit kurz nach dem Abschluß von SALT I zurückreicht. Es ist daher nicht verwunderlich, daß daneben Fortschritte bei einer Entspannung und wenigstens teilweisen Rüstungsbegrenzung nur sehr zögernd erreicht werden konnten; ein weiterführender SALT-II-Vertrag, ursprünglich für 1977 vorgesehen, wurde erst mit zweijähriger Verspätung im Sommer 1979 von Breshnew und Carter unterzeichnet, ist aber niemals gültig geworden, weil der US-Senat ihn nicht ratifiziert hat – ein Zeichen für den schon erfolgten Stimmungsumschwung in der amerikanischen Bevölkerung. Bei der feierlichen Vertragsunterzeichnung in Wien war zwar noch das auch weiterhin gewahrte Recht auf „gleiche Sicherheit auf beiden Seiten" betont worden, und kurz darauf bewies die UdSSR ihre Bereitschaft zum Rüstungsabbau durch die Ankündigung eines inzwischen erfolgten Abzuges von 20 000 sowjetischen Soldaten und 1000 Panzern aus dem Gebiet der DDR. Doch wenige Monate später, noch im Dezember 1979, kündigte faktisch die NATO dieses Recht auf „gleiche Sicherheit für beide Seiten" durch den Beschluß auf, auf westeuropäischem NATO-Gebiet eine große Zahl neuentwickelter amerikanischer Mittelstreckenraketen großer Reichweite zu installieren, falls die Sowjetunion sich in Verhandlungen nicht verpflichte, ihre gegen den Einsatz amerikanischer U-Boote aufgestellten Mittelstreckenraketen wieder abzubauen. Nach unserer Auffassung heißt das also, auf das Recht „gleicher Sicherheit für beide Seiten" vertraglich zu verzichten, was keine Seite tun kann. Die Gefährlichkeit der heutigen Situation wird nicht gemindert durch die tarnende Formulierung dieser NATO-Entscheide

als „Doppelbeschluß" zu „Nach"rüstung und Verhandlungen; der erste Teil schafft Fakten, aber der zweite kann jederzeit resultatlos beendet werden. Schließlich hat ja US-Präsident Reagan und seine Regierungsmannschaft oft genug betont, sie strebten die militärische Überlegenheit des Westens an mit der alten, immer wiederholten und nie ernsthaft begründeten Behauptung, nur so sei ein drohender Angriff des Ostens auf Westeuropa zu verhindern.
Wer die Zerstörungskraft, die Geschwindigkeit, die Reichweite, die Treffsicherheit moderner Nuklearwaffen kennt, wer weiß, daß noch grausamere Waffen folgen können, der weiß auch, daß es heute und in Zukunft keinen Sieger geben *kann* in einem mit solchen Waffen geführten Krieg, sondern nur allgemeine Zerstörung und überall verbrannte Erde. Und wer aus Wissen davon überzeugt ist, daß kein Sieg möglich ist, der greift nicht an. Er versucht es auch nicht mit einem plötzlichen Überfall, einem „ersten Schlag", weil die Schnelligkeit heutiger Nachrichtenübermittlung eine sehr harte Antwort des Überfallenen mit seinen Waffen noch rechtzeitig möglich macht, auch wenn die schon herannahenden feindlichen Raketen vielleicht bald darauf die Anlage zerstören sollten.
Dies alles wissen wir im sozialistischen Weltlager genau und werden darum sicher keinen nuklearen Krieg beginnen; das zu tun wäre die dümmste aller Möglichkeiten für die Seite, die überall die zukünftig einzig mögliche Gesellschaft aufbauen will und dies nicht auch noch auf überall verbrannter Erde durchführen möchte. Aber weiß die westliche Welt nicht ebenso gut um die Unmöglichkeit eines irgendwelchen Nutzen bringenden „Sieges" in einem solchen Krieg? – Ich bin überzeugt, daß genug Menschen auch in der amerikanischen Führungsschicht dies wissen; aber in unvergessener Erinnerung an die böse Wirkung der Propaganda in Hitler-Deutschland habe ich doch erhebliche Zweifel, ob rationales Denken sich in einer mit der bestehenden Lage unzufriedenen und dazu nationalistisch aufgeputschten Bevölkerung wird durchsetzen können. Ich fürchte also, daß eine militärische Überlegenheit des Westens sich nicht nur in einer vielleicht noch rational begründbaren wirtschaftlichen und politischen Erpressung – etwa in der uns aufgezwungenen „Mitrüstung" zuviel Kraft unseren eigenen Aufgaben entziehen zu müssen – äußern würde, sondern aus nicht mehr rational kontrollierbaren Kräften dann zum Krieg umkippen würde.
Aber es gibt noch gefährlichere Absichten, und dazu möchte ich zunächst einige westliche Äußerungen zitieren. Die Anfang 1981 gesagten Worte des jetzigen, zwar militär-politisch, aber konst kaum außenpolitisch schon bewährten US-Außenministers Haig: „Es gibt für Amerika wichtigeres als im Frieden zu leben", seien nur nochmals in Erinnerung gebracht. Viel konkreter dagegen ist eine Warnung des politisch erfahreneren Westberliner FDP-Abgeordneten für

den Bonner Bundestag William Borm; schon im April 1980 sprach er ganz offen von der Möglichkeit eines kommenden, für Amerika geführten „Stellvertreterkrieges" in Europa, den die NATO-Verbündeten wegen der „mehr als fragwürdig gewordenen Sicherheitsgarantie Amerikas dann mit eigenen Atomwaffen austragen müßten, wenn auch wohl frühestens in den 90er Jahren".
In der Tat gibt es in der Art der gegenwärtig betriebenen US-Rüstung genug Hinweise für die Vermutung, daß die hierbei führenden Politiker einen amerikanischen Sieg in einem begrenzten und deswegen relativ „kleinen" Nuklearkrieg auch heute noch für möglich halten; amerikanisches Territorium soll dabei weitgehend „ungeschoren" bleiben, im Gegensatz zu dem seiner europäischen Verbündeten – was sich ja auch nicht unbedingt als Nachteil für die USA auswirken muß. Einige Fakten sollen diesen Verdacht als jedenfalls nicht ganz abwegig begründen:
Auf dem Festland europäischer NATO-Verbündeter installierte amerikanische Mittelstreckenraketen wären so weit nach dem Osten vorgeschoben, daß sie mit ihrer großen Flugweite nicht nur alle europäischen Gebiete der SU erreichen, sondern über den Ural hinaus auch weit im Hinterland aufgestellte Abschußbasen sowjetischer Interkontinentalraketen bedrohen. Vermutlich ist diese Tatsache, deren Bedeutung durch eine künftige Weiterentwicklung solcher Raketen nur noch steigen wird, ein wichtiges Motiv für den starken amerikanischen Druck auf seine europäischen NATO-Verbündeten, den Raketenbeschluß der NATO auch gegen den wachsenden Widerstand der eigenen Bevölkerung durchzuführen. Wenn nämlich mit diesen auf europäischem Festland stationierten neuen US-amerikanischen Mittelstreckenraketen ein wesentlicher Teil der sowjetischen über den Atlantik hinwegreichenden Interkontinentalraketen ausgeschaltet werden könnte, so wäre dann das bisher vereinbarte strategische Gleichgewicht der beiden Atomgiganten zugunsten Amerikas wirkungslos gemacht. Und ebenso aufgehoben würde dann das „Gleichgewicht des Schreckens" sein, welches jedenfalls bisher den Ausbruch eines Nuklearkrieges am wirkungsvollsten verhindert hat, nämlich die für beide Seiten in gleicher Weise gegebene Möglichkeit, jeden Ort im Heimatland des anderen in Sekundenschnelle völlig zerstören zu können. Doch unter dem Schirm dieser Mittelstreckenraketen, die der Westen auch als euro„strategische" Waffen bezeichnet, hoffen die USA, vor den strategischen Interkontinentalraketen der SU bewahrt zu bleiben, das eigene Land also aus einem europäischen Nuklearkrieg heraushalten zu können. Dabei wollen sie ihre eigenen Interkontinentalraketen möglichst unverbraucht zu jederzeitigem Einsatz irgendwo auf der Erde als „großen Knüppel" bereithalten. Solche Aussichten müssen natürlich die Bereitschaft amerikanischer Politiker, den Entspannungskurs fortzusetzen, we-

sentlich beeinträchtigen – eine gefährlich große Erhöhung der Möglichkeit eines Kriegsausbruches.
Noch andere Gefährdungen des Friedens schafft der NATO-Beschluß über eine Stationierung von Mittelstreckenraketen: Ein jederzeit mögliches menschliches oder technisches Versagen könnte ungewollt z. B. eine Rakete losfliegen lassen, so daß die Gegenseite darin den gewollten Ausbruch eines Krieges erblicken muß und sofort zurückschießt; damit wäre der Krieg dann tatsächlich ausgebrochen. Um das zu verhindern, wurde vor 20 Jahren in Moskau und Washington das „heiße Telefon" eingerichtet, durch welches jede Seite die andere ohne Zeitverlust von der Panne unterrichten und damit falsche Gegenreaktionen der anderen Seite vermeiden helfen kann. Die halbe Stunde Flugdauer der Rakete über den Atlantik läßt dazu gerade noch genug Zeit, nicht aber die sieben Minuten für den Flug von der Bundesrepublik bis über den Ural. Dadurch wird die Gefahr eines von keiner Seite beabsichtigten Kriegsausbruches erhöht. In der Vergangenheit hat es falschen Alarm schon oft gegeben, mitunter sogar mehrere Male innerhalb eines Monates, allerdings meist nur durch falsch interpretierte Radarsignale ausgelöst. Wer das weiß, kann auch beurteilen, welche Gefahr es bedeutet, wenn eine rechtzeitige, korrigierende Meldung nicht mehr möglich ist. – In jedem Krieg ist es eine vordringliche militärische Aufgabe, den Gegner zu hindern, im eigenen Land Schaden anzurichten; darum galt bisher als wichtigstes Ziel für die eigenen Interkontinentalraketen die Vernichtung der gleichartigen Waffen des Gegners. Die SALT-Verträge – auch SALT II – verboten daher, diese strategischen Raketen von ortsveränderlichen Rampen aus zu starten, – was bei deren Größe auch technisch ohnehin schwierig wäre. So konnte der Standort gegnerischer Rampen durch die eigene Satellitenaufklärung festgestellt werden, und die ersten Kriegshandlungen galten rein militärischen Zielen, waren also nicht Terrorangriffe auf Großstädte. Für Mittelstreckenraketen gibt es kein Verbot ortsveränderlicher Rampen; es besteht also die Gefahr, daß schon die ersten Kriegshandlungen als Terrorangriffe erfolgen.
Die Nichtratifizierung von SALT II gestattet eine in diesem Zusammenhang besonders wichtige Maßnahme: Eine jetzt schon großangelaufene Rüstungsmaßnahme der USA besteht darin, die eigenen Interkontinentalraketen für die gleichartigen sowjetischen Raketen unauffindbar zu machen. Für jede dieser über 80 t schweren Raketen werden in der Wüste von Nevada mehr als zwanzig genügend weit voneinander entfernt liegenden Abschußstellungen geschaffen, zwischen denen die Rakete und ebenso in großer Zahl für den Satelliten gleichaussehende Phantome in kurzen Zeitabständen ihre Plätze wechseln. Allein dazu wird ein spezielles, zum raschen Transport schwerster Lasten geeignetes Straßensystem gebaut, das doppelt so

lang ist wie das gesamte Autobahnnetz der BRD. Damit soll also der „große Knüppel" der USA auf alle Fälle unangreifbar gemacht werden und doch jederzeit einsatzbereit bleiben. Da die Amerikaner aber sicher nicht wollen, daß die sowjetischen Interkontinentalraketen wegen der Unauffindbarkeit ihrer militärischen Ziele dann auf nicht versteckbare große Städte oder Werke fliegen würden, müssen sie sich gegen solche Angriffe schon sehr gesichert fühlen – geschützt durch die „euro"strategischen Waffen im fernen Europa. Das ist einer der klarsten Hinweise für die aggressive Bedeutung der als „Nach"rüstung getarnten Stationierung dieser Waffen.

Entscheidend wichtig für jede langfristig geplante Strategie der Westmächte sind den USA zur Verfügung stehende Stützpunkte nahe an der Grenze zur Sowjetunion. Die von Trägerflugzeugen aus startenden und ihr tausend und mehr Kilometer entferntes Ziel nach einprogrammierten Kommandos automatisch findenden neu entwickelten amerikanischen Flügelraketen können sogar ohne besonderen militärischen Ausbau dieser Stützpunkte eingesetzt werden; es genügt schon, sie unbeschadet überfliegen zu können. Daß sich die USA wenigstens diese Möglichkeit sichern möchten, nachdem sie ihre wichtigsten Stützpunkte im Iran verloren hatten, stand eigentlich für jedes politische Verständnis außer Zweifel, und daß nach dem Hinauswurf der USA aus Persien genau zu diesem Zeitpunkt die konterrevolutionären Restaurationsbestrebungen gegen die schon erreichten Erfolge bei Land- und Schulreform der afghanischen Regierung einsetzten, ist sicher kein Zufall. Daß zur Abwehr dieser gefährlichen Machenschaften die UdSSR der Regierung in Kabul zu Hilfe kommen mußte, ist selbstverständlich. Ohne den Brüsseler NATO-Beschluß mit seiner faktischen Annullierung der Zubilligung „gleicher Sicherheit für beide Seiten" hätte dies alles wahrscheinlich anders ausgesehen. Heute wird der Raketenbeschluß oft mit den Ereignissen in Afghanistan begründet; daß aber tatsächlich der Raketenbeschluß drei Wochen früher erfolgte und nur die offizielle Bestätigung einer schon zwei Jahre zuvor gefaßten Absicht war, wird dabei völlig verschwiegen. Ehrlich ist das jedenfalls nicht! Schon im Mai 1980 äußerte Egon Bahr, damals noch Geschäftsführer der bundesdeutschen Sozialdemokraten: „Ich bin tief nachdenklich durch die Äußerung des bisherigen amerikanischen Außenministers" (gemeint war der kurz davor zurückgetretene C. Vance), „daß die Ratifizierung von SALT II vielleicht den Einmarsch der Russen in Afghanistan hätte verhindern können". Wie anders stellt die westliche Propaganda diese Vorgänge dar! – Natürlich kann es der Sowjetunion nicht gleichgültig bleiben, wenn die USA den Persischen Golf zu ihrem Einflußgebiet erklären und – angeblich zur Sicherung der Ölzufuhr – dort mit einer starken Flotte aufkreuzen wollen; diese fände hier auch für

ihre Raketen-U-Boote Operationsräume so nahe an dem strategischen Hinterland der SU wie sonst an keiner Stelle des Erdballs.
Was ist denn der eigentliche Sinn dieser gewaltigen Aufrüstung des Westens? Es handelt sich dabei doch nicht nur um den Raktenbeschluß der NATO, sondern darüber hinaus auch um die von den USA mit allem Nachdruck an all seine Verbündeten gestellte unbedingte Forderung, ihre „Verteidigungs"leistungen auch auf Kosten der sozialen Sicherheit ihrer Bevölkerung in jedem Jahr fortschreitend gewaltig zu erhöhen? – Die offizielle Antwort ist, der Westen müsse militärisch überlegen sein, um für ihn Erfolg versprechende Verhandlungen mit der Sowjetunion überhaupt erst möglich zu machen. Im Klartext heißt das: Sonst werden wir diesen Erfolg mit militärischen Mitteln erzwingen, also Erpressungsversuch durch Androhung eines Krieges! Und der soll nach US-amerikanischen Vorstellungen sich so abspielen wie hier beschrieben – also ohne das amerikanische Festland zu berühren. Nach Ansicht des altgedienten Bundeswehrgenerals Bastian, der wegen seiner öffentlichen Stellungnahme gegen den Raketen-„Nach"rüstungsbeschluß seinen Posten verlor, ist die westliche Rüstung vor allem für einen plötzlichen, vorher also nicht angekündigten Überfall auf den „Osten" geeignet, d. h. für einen alles schon entscheidenden „ersten Schlag". Aber es wurde hier schon gesagt: Auch bei dieser besonders hinterlistigen Art einer Kriegsführung bleibt das US-amerikanische Festland nicht vor grausamster Zerstörung verschont. Das gilt nicht nur wegen der ebenfalls starken sowjetischen U-Bootflotte, die einen solchen „ersten Schlag" auf alle Fälle übersteht, sondern auch, weil bei der Schnelligkeit der heutigen Nachrichtenübermittlung mit Satelliten die sowjetischen Interkontinentalraketen immer noch rechtzeitig gegen die USA starten könnten. Das weiß die amerikanische Strategie natürlich auch, und deswegen war kürzlich nach der ersten Erprobung des US-amerikanischen Raumgleiters (Space Shuttle) zur Rechtfertigung von dessen hohen Kosten in den westlichen Nachrichtenmedien viel die Rede von der militärischen Bedeutung der Raumfahrt gerade im Zusammenhang mit dem „Killen" von Satelliten. Auch hier wird die Absicht, gegebenenfalls einen „ersten Schlag" führen zu können, nur zu deutlich sichtbar.
Was kann denn bei Verhandlungen überhaupt herauskommen, wenn sie nicht von einem sofort gültigen Moratorium für die Indienststellung weiterer Mittelstreckenraketen begleitet werden!? Aber diesen Vorschlag Breshnews lehnte der Westen sofort ab. Soll sich die Sowjetunion nun bereit finden, ihre Mittelstreckenraketen wieder abzubauen – vielleicht im Austausch gegen eine im Ernstfall jederzeit zu widerrufende amerikanische Zusicherung, ihre „advanced forces" in Europa nicht einzusetzen? Das wird wohl niemand erwarten. Ich fürchte, wir alle werden noch geraume Zeit unter dem Damokles-

schwert eines jederzeit möglichen großen Nuklearkrieges leben müssen, der nur dann nicht stattfinden wird, wenn die USA die damit auch für den eigenen Kontinent verbundenen riesigen Zerstörungen fürchten. Vielleicht wäre es dann sogar schon ein Fortschritt, wenn Verhandlungen zu einer Vereinbarung führen, welche zur Erschwerung eines „ersten Schlages" schon die Zerstörung militärischer Beobachtungssatelliten des anderen als eine Kriegserklärung wertet, die vermutlich anders ohnehin nicht – oder zu spät – ausgesprochen werden würde.
Kriegserklärung ein Mittel zur Friedenssicherung? Diese zugespitzte Formulierung soll wie eine Injektionsnadel die durchaus reale Gefahr eines möglichen Nuklearkrieges tief in unser aller Bewußtsein eindringen lassen – als therapeutisches Mittel zur Abwehr. Wir können mit aller Aussicht auf Erfolg den Ausbruch eines Krieges bekämpfen, wenn wir dafür das Richtige tun. Handeln wir also nach der bewährten Erkenntnis: Solange die USA damit rechnen müssen, daß ein Nuklearkrieg ihrem eigenen Land ähnlich große Verwüstungen bringen würde, wie sie selbst ihrem Gegner zufügen wollen, so lange bricht kein Krieg aus! Sorgen wir also dafür, daß die Sowjetunion und ihre Verbündeten die dazu nötigen Mittel wie bisher auch weiterhin ausreichend besitzen und bereit halten, auch wenn diese immer aufwendiger werden. Dazu gehören keinesfalls nur Waffen und eine gut funktionierende Wirtschaft, so erstrangig wichtig auch beides ist. Dazu gehören ebenso entschlossener Mut und eine moralische Kraft, die nicht verzagt, wenn wir in unserer noch keineswegs vollentwickelten sozialistischen Gesellschaft auf selbstverständlich noch vorhandene Mißstände treffen – sei es Schlamperei bei der Arbeit, Unpünktlichkeit, mangelnde Sorgfalt, Rowdytum und dergleichen. Habe doch jeder den Mut, nach Kräften selbst dabei mitzuhelfen, um so etwas abzustellen, zu vermeiden oder zu mildern. Sich nur ärgern und nörgeln hilft nicht, liefert aber der gegnerischen Propaganda willkommenen Stoff, unsere Ziele böswillig zu mißdeuten. Vergessen wir doch auch nicht, uns über das viele schon Erreichte zu freuen – darüber, daß es bei uns niemanden gibt, der an Krieg und Rüstung verdient, niemanden, der das auch nur möchte oder der anders keinen Arbeitsplatz fände. Wenn wir uns so selbst und unsere Umgebung zu tätiger Disziplin erziehen, wenn wir bei solchen Aufgaben nicht in gleichgültige Passivität flüchten, dann leisten wir durch die Stärkung unserer Gesellschaft gemeinsam mit der die Hauptlast ohnehin tragenden SU mehr für den Frieden, als wir vielleicht selbst ahnen. Dieser Forderung voll zu genügen, ist sicher nicht einfach und ganz gewiß nicht so im Nebenbei zu machen. Aber wer weiß und sich vor Augen hält, um was es geht, der weiß auch, daß es nötig ist und sich lohnt, sich zu dem realistisch einzig möglichen Weg zur Friedenssicherung offen zu bekennen. So wenig

das heute schon Erreichte als Endzustand genügt, wir dürfen nichts anstreben, was sich in der gegenwärtigen politischen Lage eben noch nicht verwirklichen läßt. Wohl aber dürfen und sollen wir uns in eine Zeit hineindenken, in der die heute drohende Kriegsgefahr mit ihren undenkbaren und doch möglichen Verbrechen an der Menschheit überwunden sein wird. Das wird früher der Fall sein, als mancheiner fürchten mag, vorausgesetzt, wir tun das Richtige.

Wir alle – vom einfachen Bürger bis hin zu den mit der Führung unserer Gesellschaft Beauftragten – müssen alles politisch Mögliche tun, um durch unser Beispiel den in der westlichen Welt weitverbreiteten und durch eine Jahrzehnte lange Propaganda geschürten bedingungslosen Antikommunismus abbauen zu helfen, der vor allem in Westeuropa das Denken vieler Menschen fast blockiert; denn die tödliche Gefahr, in der sie sich selbst befinden, erkennen noch lange nicht alle in voller Größe. Wir wollen sie nicht zu Kommunisten machen, aber sie müssen und werden einsehen, daß es zu der in den USA jetzt geradezu verfemten Entspannungspolitik eben doch keine Alternative gibt. Viele von ihnen mögen zwar heute noch denken, die neue Politik der USA bringe den Kommunismus doch ganz schön in die Klemme, und merken dabei noch nicht einmal die todbringende Schlinge, die dadurch um ihren eigenen Hals gelegt wird. Aber die Einsicht ist unaufhaltsam, daß diese Politik dem dichtbesiedelten Mittel- und Westeuropa ein absolutes „Himmelfahrtskommando" zuweist; das zeigt sich heute mit ermutigend deutlicher Mächtigkeit. Denn auch in der westlichen Welt will die überwiegende Mehrheit einen solchen Krieg nicht. Wenn wir davon nicht überzeugt wären, hätte unser Kampf für den Frieden wenig Sinn; zum Frieden müssen beide Seiten bereit sein, zum Krieg genügt eine. Überall in Westeuropa sehen immer mehr Menschen die Widersinnigkeit einer Entwicklung, bei der sie ihre Rolle als „Schutzschirm" der USA auch noch mit Arbeitslosigkeit und sinkender sozialer Sicherheit bezahlen müssen, und sie werden dann nicht mehr bereit sein, sich und ihre Völker aufzugeben, um die USA zu schirmen. Dann aber ist die Kriegsgefahr gebannt. Je später sich diese Erkenntnis durchsetzt, um so schwerer wird es, die Westeuropa dabei zugedachte Aufgabe abzulehnen. – Das mögen die bedenken, welche ein militärisches Übergewicht des Westens nur befürworten, um erfolgreich „verhandeln" zu können. Aber daß die Menschen hierbei nicht mehr lange mitmachen werden, halte ich für sicher, denn auch dort müssen und werden sie unter dem Zwang der Umstände das lernen, was zur Erhaltung ihrer Zukunft nötig ist. So wird die heutige Angst der Menschheit abgebaut werden: Nicht durch Abwarten, sondern nur durch Sichentscheiden zum Tun.

Es gibt nichts Gutes, außer: Man tut es.

J. Kuczynski

Aufrüstung und Abwirtschaftung

Die siebziger Jahre haben eine Reihe Lehren über die Folgen hoher Rüstung gebracht. Wir geben sie in Thesenform wieder, um nicht Bekanntes und logisch ebenso wie durch die Realität Bewiesenes von neuem in längeren Ausführungen zu wiederholen:

1. Die moderne Rüstung ist außerordentlich kapitalintensiv und trägt daher dazu bei, die Arbeitslosigkeit auf hohem Niveau zu halten.
2. Die moderne Rüstung ist außerordentlich wissenschafts- und technikintensiv und beraubt daher den Rest der Wirtschaft zahlreicher Wissenschaftler und Techniker.
3. Infolge dieser außerordentlichen Wissenschafts- und Technikintensität der Rüstung steigt die Produktivität der Arbeit in der zivilen Wirtschaft nur noch langsam in den entwickelten Industrieländern mit hoher Rüstung (Beispiel USA) und relativ besonders schnell in denen mit relativ geringer Rüstung (Beispiel Japan).

Die SIPRI-Yearbook „World Armaments and Disarmament" für 1981 gibt als letzte gesicherte Daten von Ausgaben für Forschung und Entwicklung die folgenden[1]:

Tabelle 1

Land	Militärische Ausgaben für F. & E. in Prozent der Produktion militärischer Ausrüstungen	F. & E. Ausgaben in Prozent der industriellen Produktion
BRD	32	1,9
U.K.	34	1,3
USA	43	2,3

Im Begleittext zu dieser Tabelle wird darauf aufmerksam gemacht, daß der Prozentsatz beim Militär faktisch wahrscheinlich noch höher ist. Und dann heißt es unter Annahme der Angaben in der Tabelle: „So an der Forschungsintensität gemessen, ist das durchschnittliche militärische Produkt etwa 20mal so forschungsintensiv wie das durchschnittliche Zivilprodukt." Auch diese Zahl ist nicht neu, doch ist es wichtig, sie sich wieder in das Gedächtnis zurückzurufen.

1 Stockholm International Peace Research Institute, London 1981, S. 7.

Das sind sehr ernste Lehren, die die siebziger Jahre gebracht haben. Obwohl sie seit einiger Zeit mehr und mehr allgemeine Anerkennung finden, auch in der Presse, auch unter Wirtschaftspolitikern und Staatsmännern, die sich für die Rüstung einsetzen, sind bisher keine Konsequenzen daraus gezogen worden. Im Gegenteil!
Auf Grund von NATO-Ratsbeschlüssen am Ende der siebziger Jahre und der Beschlüsse der Carter- und vor allem der Reagan-Regierung in den USA zu Beginn der achtziger Jahre hat sich das Rüstungstempo außerordentlich beschleunigt.
Diese Beschleunigung des Rüstungstempos hat jedoch nicht nur die in den siebziger Jahren bekannt gewordenen Folgen der Rüstung für die Wirtschaft verstärkt, sondern auch neue und noch viel ernstere Folgen gezeitigt. Mit diesen müssen wir uns nun beschäftigen.

Der Staatshaushalt

Graf Raimund von Montecuccoli war nicht nur einer der bedeutendsten Feldherren des 17. Jahrhunderts, sondern auch ein Freund der Welt der Gelehrten und, genau wie Wallenstein, voll tiefer Einsichten in die Rüstungs- und Kriegswirtschaft. Ihm wird der weise Spruch zugeschrieben: „Zum Kriegführen braucht man drei Dinge, nämlich Geld, Geld und noch einmal Geld."
Das gleiche gilt auch für die Hochrüstung, die heute in den führenden entwickelten Industrieländern (mit Ausnahme von Japan) betrieben wird. In alle Staatshaushalte sind unsinnig steigende Rüstungsausgaben eingetragen.
Beispiel USA:
Die Carter-Administration hatte an ihrem Ende für das Finanzjahr 1981 (1. 10. 80–30. 9. 81) Rüstungsausgaben in Höhe von 158 Milliarden Dollar vorgesehen, die bis 1986 auf 293 Milliarden steigen sollten. Die Reagan-Regierung plant eine Erhöhung über die Carter-Rüstungsausgaben hinaus[2]:

Tabelle 2

für 1981	um	1,3	Milliarden Dollar
für 1982	um	7,2	Milliarden Dollar
für 1983	um	20,7	Milliarden Dollar
für 1984	um	27,0	Milliarden Dollar
für 1985	um	50,2	Milliarden Dollar
für 1986	um	63,1	Milliarden Dollar

2 Ebenda, S. XVIII.

Den gesamten Rüstungsausgaben des Carter-Budgets für 1981 in Höhe von 158 Milliarden Dollar stehen dann Ausgaben für 1986 in Höhe von 356 Milliarden gegenüber – weit mehr als eine Verdoppelung innerhalb eines Jahrfünfts.
Da natürlich solche Mehrausgaben nicht durch Mehrsteuern zu dekken sind, erwartet man eine rapide Steigerung des Haushaltsdefizits. Der Haushaltsausschuß des Repräsentantenhauses hat unter der Voraussetzung, daß nicht weitere Ausgabenkürzungen auf der Zivilseite vorgenommen werden, im August 1981 folgende Defizitschätzungen bekannt gegeben:

Tabelle 3

1982	58	Milliarden Dollar
1983	98	Milliarden Dollar
1984	124	Milliarden Dollar
1985	165	Milliarden Dollar

Das heißt, für mehr als die Hälfte der ungeheuren Rüstungsausgaben des Jahres 1980 muß das Geld geborgt werden, muß der Staat Kredite aufnehmen. Solche Zahlenverhältnisse sind in der Geschichte der modernen Staaten nur aus Kriegszeiten bekannt. Vor irgendeiner Staatshaushaltsordnung kann nicht mehr die Rede sein.
Bedenkt man, daß der Präsident in seinen Wahlreden für Ende des Jahres 1984 einen ausgeglichenen Staatshaushalt versprochen hatte, dann muß das unsinnige Wachsen des Defizits noch viel ungeheuerlicher erscheinen.
Jedoch ist zu erwarten, daß durch Kürzung der Zivilausgaben das Budget keine so gewaltigen Defizite, wie sie das Repräsentantenhaus errechnet hat, ausweisen wird. Der Präsident hat bereits weitere solche Kürzungen als notwendig vorgeschlagen.

Verminderung der Haushaltsdefizits durch Erhöhung des gesellschaftlichen Defizits

Schon für die Budgets 1981 und 1982 hatte der Präsident Kürzungen an den Zivilausgaben in der gewaltigen Höhe von über 40 Milliarden Dollar vorgenommen. Ohne diese Kürzungen würde das Defizit für 1982 schon an 100 Milliarden Dollar betragen.
Die für 1981 und 1982 vorgenommenen Kürzungen betreffen vor allem die sozialen Leistungen des Staates, einschließlich der Ausgaben für Erziehung, Kunst und Wissenschaft, sowie die Ausgaben für Umweltschutz.

Dabei ist man so vorgegangen, daß die Ärmsten am stärksten getroffen wurden – während man den Personen und Gesellschaften mit hohem Einkommen bzw. Gewinnen sogar Steuererleichterungen gewährte.
Bekanntlich haben die USA von allen entwickelten Industriestaaten des Westens das am kümmerlichsten entwickelte System sozialer Leistungen – und an diesem System wurden die bisher größten Abstriche in irgendeinem westlichen Industriestaat gemacht!
Bekanntlich ist in keinem der westlichen Industriestaaten der Prozentsatz der Analphabeten so hoch wie in den Vereinigten Staaten von Amerika. Und doch hat man entweder direkt oder indirekt (durch Kürzungen der Bundeszuwendungen an Länder und Gemeinden) die Ausgaben für Erziehung gekürzt.
Schulen, Museen, Theater schließen in immer größerer Zahl aus Mangel an Mitteln.
Gleichzeitig wächst die Not der Bevölkerung – und zwar aus vielfachen Ursachen und in vielfacher Weise, letztlich begründet durch den Wahnsinn der Rüstungsausgaben.
Seit mehr als zwei Jahren gehen die Löhne und Gehälter real zurück. Die Regierung forciert immer neue Senkungen. Im August 1981 gab sie bekannt, daß die Gehälter der Bundesangestellten für das folgende Tarifjahr nur um 4,8 Prozent erhöht werden würden. Bei einer Inflation von 10 Prozent im Jahr bedeutet das eine erneute Realgehaltssenkung um 5 Prozent. Große Unternehmen der Privatindustrie stellen die Arbeiter vor die Alternative: Massenentlassungen oder Senkung der Nominallöhne – und zu diesen Nominallohnsenkungen muß man dann noch die durch die Inflation verursachten Reallohnsenkungen hinzuziehen.
Die Gesundheitsbehörden klagen, daß sie infolge der Ausgabenkürzungen immer weniger leisten können, und in den Armenvierteln der Städte wächst die Zahl der Todesfälle an körperlicher Entkräftung.
Entkräftung an Geist und Körper zugunsten der Stärkung der Rüstung!
Doch muß man erkennen, daß die Vereinigten Staaten hier nur der stürmische Vorreiter anderer westlicher Industrieländer sind. In der Bundesrepublik ebenso wie in Großbritannien oder Italien geht der gleiche Prozeß vor sich. Auch hier beobachten wir einen Abbau der sozialen und kulturellen Leistungen. Auch hier beobachten wir einen Rückgang der Reallöhne und Realgehälter. Auch hier beobachten wir den Versuch, das Staatshaushaltsdefizit durch Erhöhung des gesellschaftlichen Defizits zu vermindern.
Am schnellsten aber hat die Wirtschaft eines jeden rüstungswahnsinnigen Landes reagiert. In den USA war die Reaktion so schnell und heftig – insbesondere an den Börsen als empfindlichster Seis-

mograph der wirtschaftlichen Unruhe –, daß die Regierung im September 1981 gezwungen war, für 1983 und 1984 eine leichte Verminderung des rasenden Rüstungstempos zu versprechen. Doch dieses Zukunftsversprechen hat keinen bleibenden Einfluß auf die Entwicklung gehabt, und jeder weiß: Noch niemals in der Geschichte der letzten 200 Jahre hat es einen Nachtragshaushalt zur Erhöhung der Ausgaben für Gesundheit oder Erziehung gegeben, während die Zahl der Nachtragshaushalte zur Erhöhung der Rüstungsausgaben unübersehbar groß ist. In Militärkreisen hat die Zukunftsgeste der Regierung keine ernstliche Beunruhigung, in zivilen Wirtschaftskreisen keine ernstliche Beruhigung hervorgerufen.

Die wirtschaftlichen Folgen der Hochrüstung

Die Verschuldung der amerikanischen Bundesregierung betrug in Milliarden Dollar:

Tabelle 4

1901	1,2	1946	269,4
1913	1,2	1950	257,4
1919	25,5	1960	290,9
1930	16,2	1970	382,6
1940	43,0	1980	914,3

Der erste Weltkrieg hatte die Schulden, die vor dem Kriege ziemlich stabil geblieben waren, vervielfacht. Nach dem Kriege war es gelungen, die Schulden wieder beachtlich zu vermindern. Der Kampf gegen die Folgen der großen Krise und vor allem der zweite Weltkrieg brachten eine erneute starke Erhöhung der Schulden. Nach dem zweiten Weltkrieg gelang es, die Schulden zunächst ein wenig zu vermindern. In den sechziger und in den siebziger Jahren stiegen sie jedoch erneut und besonders in den siebziger Jahren in sehr schnellem Tempo an. Gegenwärtig erreicht allein das Tempo, um gar nicht von den absoluten Zahlen zu sprechen, eine Größe, die in Friedensjahren in der Geschichte der amerikanischen Finanzen in diesem Jahrhundert völlig unbekannt war.
In der Tat hat sich das Tempo der Steigerung der Staatsverschuldung in den letzten Jahrzehnten ständig erhöht:
Die Staatsverschuldung stieg in Prozent

Tabelle 5

1950 bis 1960	13
1960 bis 1970	32
1970 bis 1980	139

Die Hauptursache für das gegenwärtig so ganz ungewöhnliche Tempo der Bundesverschuldung sind natürlich die unsinnigen Rüstungsausgaben.

Manche amerikanischen Wirtschaftsexperten meinen, man könne gegenwärtig praktisch von einer Beschlagnahme des Kreditmarktes durch die Regierung sprechen. Natürlich ist das übertrieben, aber die ganz außerordentlich hohen Zinsen beweisen, daß in ihrer Behauptung mehr als ein Körnchen, nein, mehr als ein Sack Wahrheit steckt. Für die private Wirtschaft bleiben immer weniger und immer teurere Kredite. Und es würden noch weniger sein, wenn nicht Kapital der westeuropäischen Länder in das Land so „attraktiv hoher Zinsen" fließen würde. Dadurch aber, daß Banken, Versicherungen usw. aus der BRD und Frankreich, aus Großbritannien, Italien, Holland und anderen Ländern Kapital nach den USA senden, um es dort zu den hohen Zinsen anzulegen, wird der Kreditmarkt auch in diesen Ländern verengt, und die Zinsen gehen auch dort herauf.

Selbstverständlich kann man diese Verengung des Kreditmarktes durch entsprechende Maßnahmen der Zentralnotenbanken in den USA und anderswo sofort beseitigen – diese Maßnahmen der Zentralnotenbanken laufen praktisch auf Druck von mehr Papiergeld heraus. Aber dann muß man mit einer schnellen Intensivierung des an sich schon hohen Inflationstempos rechnen, und das will man gegenwärtig noch vermeiden. Wie lange aber wird man die hohen Zinsen durchhalten können? Die Regierungen aller westeuropäischen Länder rufen die USA auf, öffentlich!, doch von der Hochzinspolitik abzulassen, damit in ihren Ländern die Zinsen gesenkt werden können. Eine eigene, von den USA unabhängige Zinssenkungspolitik wäre nicht so leicht, da mit noch größerem Abstand von den amerikanischen Zinsen noch mehr Kapital nach den USA abwandern würde und man noch mehr, einfach ausgedrückt, Papiergeld drucken müßte, um den Kapitalmarkt flüssig zu halten.

Warum aber ist die durch die Rüstungsausgaben und die entsprechende Schuldenaufnahme hervorgerufene Hochzinspolitik schädlich für die Wirtschaft?

Ganz einfach dadurch, daß hohe Zinsen auf die Produktion drücken und die Arbeitslosigkeit steigern.

Im allgemeinen werden Rohstoffe und Maschinen auf Kredit gekauft, und wenn die Zinsen hoch sind, ist man nicht geneigt, viel Kredit aufzunehmen. Also wird weniger investiert, wird weniger zur Belebung der Produktion eingekauft. Das führt zu stagnierender oder gar sinkender Produktion und entsprechend zu steigender Arbeitslosigkeit. Das aber senkt die Kaufkraft der Bevölkerung.

Insbesondere werden von den hohen Zinsen aber die Industrien getroffen, in denen Ratenkäufe der Konsumenten bzw. Bezahlungen mit Hypotheken üblich sind. Wer Automobile oder Fernseher oder Möbel

auf Raten kauft, muß natürlich auch Zinsen zahlen, und wenn diese dauernd steigen bzw. sehr hoch sind, wird er zögern zu kaufen. Das gleiche gilt für Bauten, die ja zumeist mit Hypotheken bezahlt werden, wenn die Hypothekenzinsen steigen bzw. hoch sind.
Für die Rüstungsindustrien spielen die hohen Zinsen natürlich keine Rolle. Sie schlagen die Zinsen auf den Preis auf, und der Staat zahlt. Für den Staat mit seinen Riesenschulden aber spielen sie eine beachtliche Rolle. Die Zinszahlungen des Staates auf seine Schuldanleihen sind in den USA prozentmäßig 1981 stärker noch gestiegen als die Rüstungsausgaben. 1981 hat der Staat etwa 80 Milliarden Dollar allein für Zinsen ausgegeben, fast halb so viel wie für Rüstungen! Was für eine unsinnige Finanzwirtschaft!
Zu welch grotesken Wirtschaftsbewegungen die hohen Zinsen in den USA führen, dafür nur ein einziges Beispiel. In ihrer Wochenendausgabe vom 12./13. September 1981 brachte die „International Herald Tribune" auf ihrer Wirtschaftsseite in ihrem üblichen Bericht über die New Yorker Börse die Nachricht, daß die Kurse auf Grund der Meldung, daß die Einzelhandelsverkäufe im Vormonat gesunken seien, gestiegen wären. Eine schlechte Wirtschaftsnachricht erfreute die Börse. Warum? Weil sinkende Wirtschaftstätigkeit auf sinkende Zinsen hoffen läßt! Und die Zinsen waren der Börse wichtiger als die allgemeine Wirtschaftstätigkeit. Wahrlich eine absurde Situation. –
Eine ganz ähnliche Entwicklung beobachten wir in den Ländern Westeuropas. So wurden zum Beispiel in der gleichen Woche, in der diese merkwürdige Entwicklung von der New Yorker Börse gemeldet wurde, die Zinsen in der Schweiz und in Großbritannien heraufgesetzt, obgleich gerade in dem letzteren die Wirtschaftspresse seit vielen Wochen ihrer Hoffnung auf sinkende Zinsen Ausdruck gegeben hatte. Die Zinserhöhung in Großbritannien wurde übrigens mit der Kapitalflucht in Länder mit noch höheren Zinsen und mit einem entsprechenden Absinken des Wertes des Pfundes begründet – während in der gleichen Woche der Wert der schwedischen Krone offiziell um 10 Prozent gesenkt wurde. Alles in einer Woche!
Untersuchen wir noch die Schulden des Bundeshaushalts in der BRD, dann ergeben sich folgende Zahlen für das Ende des jeweiligen Jahres in Milliarden Mark[3]:

Tabelle 6

1960	30,5
1965	33,0
1970	47,3
1975	108,5
1980	232,3

3 Vgl. Monatsberichte der Deutschen Bundesbank, laufend.

Von 1960 bis 1970 stiegen die Schulden um 55 Prozent.
Von 1970 bis 1980 stiegen die Schulden um 391 Prozent!
Auch in der Bundesrepublik beobachten wir eine ungeheuerliche Schuldensteigerung des Staates. Auch in der Bundesrepublik klagt die nicht an der Rüstung beteiligte, klagt die zivile Wirtschaft über die hohen Zinsen – ebenso wie etwa in Großbritannien. Auch in der Bundesrepublik wird 1982 der Posten Zinsen für Schulden, genau wie in den USA, noch mehr steigen als die Rüstungsausgaben.
Erstaunlich diese Ähnlichkeit in der Tendenz der Entwicklung in den Hochrüstungsländern.

Eine Besonderheit der Rüstungskrise

All die Erscheinungen von Krisen, sei es im Staatshaushalt oder auf dem Kreditmarkt, sei es die besondere Zuspitzung der Situation auf dem Arbeitsmarkt oder der Druck auf die Entwicklung der Produktivität infolge der so ungleichmäßigen Verteilung von Wissenschaftlern und Technikern in der Wirtschaft, all diese eigenartigen Krisenerscheinungen der siebziger Jahre, zu denen noch die neuen der achtziger Jahre hinzugekommen sind, können wir unter dem Sammelnamen Rüstungskrise zusammenfassen.
Die Rüstungskrise ist nur eine von vielen Krisen, die die entwickelten Industrieländer mit „freier Marktwirtschaft" heute plagen. Einige dieser Krisen, wie etwa die zyklischen, haften ihnen seit mehr als 150 Jahren an, andere sind das Resultat der Monopolwirtschaft und tauchen erst im 20. Jahrhundert auf.
Die Rüstungskrise ist jedoch, obgleich diese Länder stets von Zeit zu Zeit hochgerüstet haben, auf Grund der Besonderheiten der modernen Rüstung (nukleare Rüstung, Elektronik usw.) erst ein Produkt der sechziger Jahre (USA) und der siebziger Jahre (Westeuropa).
Sie ist nicht in Japan ausgebrochen (wenn dieses auch nicht von ihren internationalen Wirkungen ganz verschont geblieben ist), obgleich Japan genau so den zyklischen Krisen und allen Folgen der Monopolisierung unterliegt, wie alle anderen „marktwirtschaftlichen" Industriestaaten. Aber Japans Rüstungsniveau ist relativ niedrig.
Das heißt, es ist für alle entwickelten Staaten des Westens möglich, im Gegensatz zu allen anderen Krisenarten, die Rüstungskrise und ihre Folgen zu beseitigen.
Der Weg zur Beseitigung der Rüstungskrise und ihrer Folgen ist natürlich die internationale Abrüstung, für die die Sowjetunion immer wieder Vorschläge gemacht hat.
Da aber die Abrüstung nicht nur die Rüstungskrise und ihre Folgen zunächst mildern und dann ganz beseitigen kann, sondern vor allem auch den Frieden sichern hilft, liegt es im Interesse der gesamten

Menschheit, seien es Arbeiter oder Bauern, Intellektuelle oder Herren großer Konzerne – mit Ausnahme der Vertreter der Rüstungsindustrie – alles zu tun, um möglichst bald eine möglichst schnelle Abrüstung im Weltmaßstab zu erreichen, das heißt, den Kampf für Sicherheit und Frieden zu einem siegreichen, zu einem für die Menschheit segensreichen Ende zu führen.

H. Meißner und B. P. Löwe

Theorien der Entspannung und des Friedens in den Auseinandersetzungen unserer Zeit

Die Fragen der Erhaltung des Friedens, der Entspannung in den internationalen Beziehungen, der Rüstungsbegrenzung und der Abrüstung sowie der Sicherheit von Staaten verkörpern eine Herausforderung an das theoretische Denken in der gegenwärtigen Epoche. Die Verantwortung der Wissenschaftler ist groß, ihrerseits durch politisches Engagement und zähe Forschungsarbeit einen wirksamen Beitrag zu leisten, damit die realen Perspektiven einer Welt des Friedens und des Fortschritts nicht zur Utopie verkümmern oder in einem atomaren Inferno eine absolute Negation erfahren. Die marxistisch-leninistische Theorie hat diesen Fragestellungen stets große Aufmerksamkeit geschenkt, und sie steht auch heute, da die Friedenssicherung zum Weltproblem Nr. 1 geworden ist, verantwortungsvoll zu ihren Aufgaben: 1. an der Weiterentwicklung des Wissens, an der Erschließung neuer Erkenntnisse mitzuwirken, die als „wissenschaftliches Instrument zur Aufdeckung der Ursachen von Krieg und Wettrüsten sowie der Bedingungen und realen Möglichkeiten von Frieden und Abrüstung" dienen, und 2. dazu beizutragen, die „weltanschaulich-theoretische Grundlage der sozialistischen Friedenspolitik" zu stärken und wirkungsvoll in das Ringen um internationale Entspannung und Sicherheit einzubringen"[1].
Der Zusammenhang dieser beiden Aufgaben bedingt, daß Nihilismus und Skeptizismus in der marxistisch-leninistischen Theorie ebenso keinen Platz haben wie realitätsferner Utopismus und resignativer, tatenloser Pazifismus, wohl aber die „Philosophie des historischen Optimismus als Friedensphilosophie"[2]. Das kann auch gar nicht anders sein. Denn eine Theorie, die wie die marxistisch-leninistische mit der radikalen Emanzipation der werktätigen Massen zugleich die Befreiung des Menschheitsgeschlechts von Ausbeutung und Unterdrückung erstrebt, muß sich zugleich stets auch dem Problem der Emanzipation der Menschheit von der Geißel des Krieges konstruktiv annehmen. Und „da es gegenwärtig für kein Volk eine wesentlichere und wichtigere Frage gibt als die Erhaltung des Friedens,

1 K. Hager, Philosophie und Politik, Berlin 1979, S. 14.
2 L. I. Breshnew, Rede des Generalsekretärs des ZK der KPdSU auf dem Weltkongreß der Friedenskräfte, in: Der Frieden – ein Werk aller Menschen. Reden und Dokumente des Weltkongresses der Friedenskräfte, Moskau, Oktober 1973, Moskau 1973, S. 31.

als die Sicherung des ersten Rechts jedes Menschen – des Rechts auf Leben"[3], führen die weltanschaulich-theoretische Begründung dieses Rechts, seine völker- und staatsrechtliche Kodifizierung, die Organisation seiner Durchsetzbarkeit und nicht zuletzt die Schaffung solcher gesellschaftlicher Bedingungen, die unabdingbare Voraussetzung der Garantie für die Verwirklichung dieses Rechts sind, direkt in die kontroversen theoretischen Debatten um das Weltproblem „Krieg oder Frieden?"[4].
Aus der Komplexität dieses Forschungsgegenstandes wollen wir hier vier Problemfelder herauslösen: 1. Die Problematik einer begrifflichen Bestimmung von Frieden, 2. die konstitutive Funktion von Sicherheit für einen positiven Frieden, 3. das Dilemma der Abschrekkungs-Konzeption und 4. die Differenzierung von Entspannungs-Theorien.

Zum Problem des Friedens-Begriffs

Wissenschaftsgeschichtlich gesehen ist die Friedensforschung als Disziplin und Institution ein Kind der gegenwärtigen Epoche. Den Frieden zum Gegenstand wissenschaftlicher Überlegungen zu erwählen ist eine Bemühung, die so alt ist wie die geschriebene Geschichte der Menschheit. Gleichermaßen wechselvoll sind die Vorstellungen über den Frieden. Der Frieden als wertvolles Gut und als konstitutiver Bestandteil eines „goldenen Zeitalters" prägt wesentlich das humanistische Denken in den verschiedensten Geschichtsepochen[5].
Aus der Literatur der Babylonier und Perser, der Chinesen und Inder, aus den religiösen Lehren des Buddhismus, des Judentums und des Christentums, aus der Dichtung und Philosophie der Griechen und Römer und aus der Literatur des Mittelalters läßt sich ersehen, daß sich stets bedeutende Denker fanden, einflußreiche und weniger einflußreiche Politiker, Sprecher von Volksmassen, Religionslehrer und Künstler, siegreiche und besiegte Feldherren, die dem Traum

3 Rechenschaftsbericht des Zentralkomitees der Kommunistischen Partei der Sowjetunion und die nächsten Aufgaben der Partei in der Innen- und Außenpolitik. Berichterstatter: L. I. Breshnew, 23. Februar 1981, Berlin 1981, S. 8.

4 M. B. Mitin, Probleme des gegenwärtigen ideologischen Kampfes. Eine Kritik soziologischer und sozialpolitischer Konzeptionen, Berlin 1979, S. 98 ff.; N. I. Lebedew, Eine neue Etappe der internationalen Beziehungen, Berlin 1978; Friedliche Koexistenz in Europa. Entwicklungstendenzen der Auseinandersetzung zwischen Sozialismus und Imperialismus, Berlin 1977.

5 Vgl. Geschichte der politischen Lehren (unter der Redaktion von K. A. Mokitschew), Bd. I., Moskau 1971.

vom ewigen Frieden nachhingen. Aufschlußreich ist dabei, daß schon in den frühen Stadien der Menschheitsgeschichte der Frieden nicht nur als Zustand des Nicht-Krieges, als logischer Gegensatz zum Krieg oder als bloße Abwesenheit von Krieg verstanden wurde, sondern daß darunter auch Glück, materieller Wohlstand, Gerechtigkeit, Kultur verstanden und also eine dem Menschen gemäße Ordnung begriffen wurde. Die antike griechische Philosophie und Dichtung erhebt den Frieden beispielsweise in den Rang eines „höchsten Guts" und verpflichtet die Menschen, gegen den Krieg und für eine friedliche, vernunftgemäße und menschenwürdige Ordnung einzutreten. Dadurch wird die Idee des Friedens in der griechischen Philosophie und Dichtung bereits mit der Idee der Menschlichkeit zu einer inneren Einheit verbunden[6].

In der Periode der Aufklärung und in der Zeit der klassischen deutschen Philosophie herrschte gleichfalls die Überzeugung, Vernunft und Politik, Naturgesetz und Handeln zu einer verbindlichen Maxime zu erheben und damit eine Harmonie in den realen gesellschaftlichen Verhältnisse schaffen zu können. Das Aufbegehren gegen das ancien régime umfaßte „Religion, Naturanschauung, Gesellschaft, Staatsordnung, alles wurde der schonungslosen Kritik unterworfen; alles sollte seine Existenz vor dem Richterstuhl der Vernunft rechtfertigen, oder auf die Existenz verzichten"[7]. Das 17. und 18. Jahrhundert waren insofern Zeiten, in denen progressive Denker mit ihrem optimistischen Vernunftglauben auch die Problematik von Krieg und Frieden angingen. Immanuel Kants Entwurf „Zum ewigen Frieden" bildet da gleichsam einen Höhepunkt[8]. Gestützt auf die Überzeugung einer von den Prinzipien der Vernunft durchdrungenen Weltordnung konnten diese Denker zu keinem anderen Schluß kommen als zu dem, daß der Friede eine unabdingbare Notwendigkeit für das Glück der Völker sei und in der Möglichkeit seiner Machbarkeit ihrem gesellschaftlichen Fortschritt dienen müsse.

Es zeigt sich also, daß die von Galtung[9] und anderen in die Friedensforschung eingeführte Unterscheidung zwischen „negativem" und

6 Vgl. W. Nestle, Der Friedensgedanke in der antiken Welt, Leipzig 1938; S. Wollgast (Hrsg.), Zur Friedensidee in der Reformationszeit, Berlin 1968.

7 F. Engels, Herrn Eugen Dührings Umwälzung der Wissenschaft, in: K. Marx/F. Engels, Werke (im folgenden: MEW), Bd. 20, Berlin 1962, S. 16.

8 Vgl. B. P. Löwe, Immanuel Kants Entwurf „Zum ewigen Frieden" und das Dilemma der bürgerlichen Friedensforschung, in: Revolution der Denkart oder Denkart der Revolution, herausgegeben von M. Buhr und T. I. Oiserman, Berlin 1976, S. 329 ff.

9 Vgl. J. Galtung, Strukturelle Gewalt. Beiträge zur Friedens- und Konfliktforschung, Reinbek bei Hamburg 1975.

„positivem Frieden" zwar in ihrer logischen Strenge und semantischen Präzision relativ neu ist. Aber als begriffliches Erfassen eines Gesellschaftszustandes, dem soziale Gerechtigkeit, materielle Wohlfahrt, Glück, Freiheit, Gleichheit, Entwicklung der Kultur, Wissenschaften und Künste immanent sind, existiert die Idee des „positiven Friedens", schon lange bevor sich das herauszubilden beginnt, was heute als Friedensforschung bekannt ist[10]. Wenn Boulding bereits 1964 vorschlug, die 70er Jahre unseres Jahrhunderts zum „Jahrzehnt der internationalen Erforschung der Probleme des Friedens" zu erklären[11], so war dies gewiß dem Umstand geschuldet, daß mit realistischem Blick auf die zurückliegenden Jahre des kalten Krieges diese vernünftige Aufgabenstellung ein Gebot der Stunde war. Galtung hat als einer der ersten versucht, die sich herausbildende Friedensforschung – auch im Unterschied zur traditionalistischen Konflikt- (und Strategie-)Forschung – hinsichtlich ihrer Aufgaben zu definieren: „Unter ‚Friedensforschung' wird hier eine zielgerichtete oder angewandte Wissenschaft verstanden, deren Schwerpunkt auf dem Feld der Humanwissenschaften liegt. Sie hat die Aufgabe, die Bedingungen herauszufinden, die den Frieden im negativen Sinne des Wortes (kein Krieg) wie im positiven Sinne (Integration/Zusammenarbeit) verhindern oder ermöglichen. Diese Aufgabe wird erfüllt durch die Zusammenstellung eines Katalogs von Fragestellungen, die für den Frieden relevant sind und zugleich Forschungsqualität besitzen."[12]

Angesichts der heutigen Weltlage und der Bemühungen einflußreicher politischer Kräfte, die Ergebnisse aus dem Entspannungsprozeß der 70er Jahre zunichte zu machen und zu einer Politik des kalten Krieges zurückzukehren, zeigt sich zugleich die Begrenztheit der von Galtung so verstandenen Friedensforschung. Es liegt heute in der Verantwortung der Wissenschaftler, das Weltproblem Nr. 1 in seiner tatsächlich globalen Komplexität zu erforschen und ihre Erkenntnisse in den Kampf für Entspannung einzubringen sowie den sicherheitstheoretischen Dialog in praktischer Absicht zu führen[13]. Dabei haben als Aufgaben zweifellos Priorität: 1. Die Pflicht, auf der Grundlage von Tatsachen und wissenschaftlichen Erkenntnissen der militaristischen Propaganda und psychologischen Kriegsführung entgegenzutreten, 2. an der Ausarbeitung realistischer Maßnahmen zur

10 Vgl. A. Bönisch/W. Steinke, Bürgerliche Friedensforschung. Probleme, Widersprüche, Tendenzen, Berlin 1973.

11 Siehe: Peace Research Society Papers, Vol. 16, zitiert in: Deutsche Zeitschrift für Philosophie (im folgenden: DZfPh) 12/1977, S. 1500.

12 J. Galtung, Friedensforschung, in: Friedensforschung, hrsg. von E. Krippendorf, Berlin (West)/Köln 1970, S. 519.

13 Vgl. H. Meißner/K. Lohs (Hrsg.), Abrüstung – Wissenschaft – Verantwortung, Berlin 1978.

Erhaltung des Friedens, der Entspannung und der Abrüstung mitzuwirken, 3. beizutragen zur Aufklärung der Ursachen für Spannungen und Konflikte, der Quelle für politische Ängste und der wissenschaftsschädigenden Operationen in Verbindung mit sicherheitsgefährdenden Unternehmen, 4. den Mißbrauch der Natur-, technischen und Gesellschaftswissenschaften für entspannungsfeindliche Zwecksetzungen zu enthüllen, die Verantwortlichen zu entlarven und dergestalt die Wissenschaften aus dem Teufelskreis friedensfeindlicher Macht- und Herrschaftsinteressen herauslösen zu helfen[14].

Frieden als das mit dem Recht auf Leben verbundene Vernunftsgebot der gegenwärtigen Epoche erfordert zugleich ein praktisch-humanistisches Engagement in der Friedensbewegung, um die Potenzen der Wissenschaften – wie dies in dem Vorschlag von L. I. Breshnew auf dem XXVI. Parteitag der KPdSU enthalten ist[15] – als weltverändernde, friedensgestaltende Tat nutzbar zu machen. Man sollte auch deshalb nicht in Vergessenheit geraten lassen, daß lange vor dem konjunkturellen Hoch eines bestimmten Typs von Friedensforschung progressive demokratische Autoren in den USA und in Westeuropa auf Probleme aufmerksam machten, denen sich später – meist unter weitaus günstigeren Bedingungen – die akademische Friedensforschung annahm. So setzte sich z. B. Somerville in der finstersten Zeit des Kalten Krieges in seinem Buch „The Philosophy of Peace" dafür ein, „daß die Verhandlung als Methode erhalten bleibt und die Möglichkeit für Beratungen auf höchster Ebene offengehalten werden"[16].

Er verwies zugleich darauf, daß bereits das Stattfinden von Verhandlungen – ungeachtet ihrer konkreten Resultate, aber getragen von Konstruktivität – einen Beitrag zur Entkrampfung internationaler Spannungen und Konflikte darstellen könne. Es spricht für Somervilles Mut und geistige Anziehungskraft, daß er – allen Anfeindungen zum Trotz – mit „The Peace Revolution" rund zwanzig Jahre später auf das noch immer gebotene Erfordernis hinweist, eine „Paxologie" als Wissenschaft von Frieden zu entwickeln, die der „Verhinderung des Krieges und der Stärkung des Friedens" dient[17].

14 Vgl. Zu den nächsten Aufgaben im Kampf für Frieden und Abrüstung. Erklärung des Büros der Weltföderation der Wissenschaftler, in: Wissenschaftliche Welt, 1/1981, S. 1 f.; siehe auch: Erklärung der 30. Pugwash-Konferenz zur Gefahr eines Atomkrieges, in: Ebenda, 4/1980.

15 Vgl. Rechenschaftsbericht des Zentralkomitees der Kommunistischen Partei der Sowjetunion . . ., a. a. O., S. 41.

16 J. Somerville, The Philosophy of Peace, New York 1954 (2. Aufl.), S. 122.

17 J. Somerville, Durchbruch zum Frieden. Eine amerikanische Gesellschaftskritik, Darmstadt 1973, S. 166 ff.

Es ist dies zu betonen, weil heute angesichts der von konservativen Kräften in den USA erzeugten unmittelbaren Kriegsgefahr mancher Friedensforscher resignative Rückzugsgefechte führt. Nachdem mit Helsinki, dem erfolgreichen Abschluß der KSZE-Verhandlungen und dem europäischen Vertragswerk gleichsam ein günstiges Wachstumsklima für Sicherheit und Entspannung gegeben waren, verschlechterte sich in der Tat im Übergang zu den 80er Jahren das internationale Klima als Folge der entspannungsfeindlichen Attacken von Kräften, denen eine Restauration des Kräfteverhältnisses zugunsten des Imperialismus nicht gelang und denen die ganze Richtung nicht paßte. Das konnte denjenigen nicht verwundern oder überraschen, der sich über das Wesen des Imperialismus nicht täuschen und sich hinsichtlich des substantiellen Charakters seiner „Sicherheits"- (und eben primär globalstrategischen Militär-)Politik nicht manipulieren ließ.

Was einst die sogenannte kritische Friedensforschung motivierte und stimulierte, der Aggressionskrieg der USA gegen Vietnam, ist Geschichte. Zu Beginn der 80er Jahre ringen diese Vertreter der Friedensforschung, die in den letzten Jahren teilweise auf andere Untersuchungsfelder gewechselt sind oder in sekundäre Forschungsbereiche abdrifteten, um ein neues Selbstverständnis. Dabei zeigt sich – von welcher weltanschaulichen oder theoretischen Position auch immer – die Dringlichkeit, eine politische Entscheidung zu treffen und bewußt an der Bewältigung der internationalen Spannungen und an der Beseitigung der Rüstungseskalation mitzuarbeiten. Es läßt sich nicht leugnen, daß in der geistigen Auseinandersetzung um diese Fragen der Antikommunismus politisch nicht nur blind und impotent macht bzw. – wie dies Thomas Mann bezüglich eines vergleichbaren Klimas in den ersten Jahren des kalten Krieges charakterisierte – die „Grundtorheit der Epoche" darstellt, sondern daß er heute auch als Begünstigung eines atomaren Weltbrandes als das Grundverbrechen unserer Epoche bezeichnet werden muß.

Als die sogenannte kritische Friedensforschung weitestgehend die Szenerie beherrschte, da war der Einfluß von Autoren zurückgedrängt, die, wie z. B. Picht, die These aufstellten, daß „es eine Wissenschaft vom Frieden nicht gibt" und daß es „zum Wesen des Friedens gehört, daß er nicht definiert werden kann"[18]. Die gefährliche Schlußfolgerung von Picht lautet dann: „Die Fortschreibung des Status quo führt aber in der heutigen Welt notwendig zum Krieg"[19]. Picht geht sogar soweit, die heute der Menschheit bewußt gewordenen globalen Probleme wie Ernährung, Umweltgefährdung, Ressour-

18 G. Picht, Zum Begriff des Friedens, in: Forschung für den Frieden. Fünf Jahre Deutsche Gesellschaft für Friedens- und Konfliktforschung. Eine Zwischenbilanz, Boppard am Rhein, 1975, S. 45 f.

19 Ebenda, S. 45.

cenerschöpfung bei Energie und Rohstoffen, Bevölkerungswachstum usw. nicht nur allgemein in den Rang einer Gefährdung der Menschheit zu erheben, sondern nachdrücklich zu postulieren, daß diese Probleme „ebenso bedrohlich sind wie die Gefahr des nuklearen Krieges"[20]. Pichts Pessimismus in weltpolitischen Fragen wurzelt in einem weltanschaulichen Anthropologismus, der es ihm unmöglich macht, eine – wie der Friedensforschung aufgegebenen – wissenschaftliche Kriegsursachenbestimmung vorzunehmen, um von daher realistische Strategien einer Friedensbegründung zu entwerfen[21].

Die Ursachen solcherart Pessimismus und pazifistischen Fatalismus sind in zwei Faktoren zu finden: Einmal haben die praktischen Erfolge der Entspannungspolitik in den 70er Jahren gezeigt, daß bei beiderseitigem Bemühen unter Befolgung des Prinzips der Gleichheit und gleichen Sicherheit Fortschritte möglich sind und ein Minimum an Friedensstabilisierung gewährleistet werden kann. Und zweitens hat sich die Einschätzung der genannten globalen Probleme dahingehend gewandelt, daß bei aller Schwierigkeit auch hier Lösungen möglich sind und der Menschheit keinesfalls von dieser Seite her eine unabwendbare Katastrophe droht. Der Zusammenhang von globalen Problemen und Kriegsgefahr ist im Gegensatz zu der Auffassung von Picht eher genau umgekehrt: Je mehr und je besser bewußt wird, daß sich die globalen Probleme nur in internationaler Zusammenarbeit lösen lassen, und je mehr zu gemeinsamen Maßnahmen zur Lösung von Umweltschutz-, Ernährungs-, Rohstoff-, Energiefragen usw. übergegangen wird, um so besser wird das internationale Klima, und um so günstiger sind die Chancen für militärische Entspannung. Allerdings setzt dies auch voraus, daß man gewillt ist, den Frieden zu planen und die Bedingungen seiner Existenz aufzubauen. Wie der Präsident des Washingtoner Zentrums für Verteidigungsinformationen, Admiral a. D. LaRocque, früher Mitarbeiter in der Strategischen Planung des Vereinigten Generalstabs der USA, jedoch mitteilen konnte, arbeitet das Pentagon mit einem „Friedens"-Begriff, dem der Kontext zugrunde liegt, daß „es früher oder später zum Krieg zwischen den USA und der UdSSR kommen wird – und dieser Krieg wird ein nuklearer sein"[22].

Von der Absage an eine Wissenschaft vom Frieden und der Verweigerung einer theoretischen Bestimmung des Friedens durch Picht und ihm verwandte Theoretiker bis hin zu Definitionsversuchen wie denen von Galtung spannt sich ein breiter Bogen, in dem die ver-

20 Ebenda, S. 46.

21 Vgl. G. Picht, Philosophie und Völkerrecht, in: G. Picht/C. Eisenbart (Hrsg.), Frieden und Völkerrecht, Stuttgart 1973, S. 190.

22 Zit. nach: C. H. Lüders, Ideologie und Machtdenken in der sowjetischen Außenpolitik, in: Aus Politik und Zeitgeschichte. Beilage zur Wochenzeitung „Das Parlament", B 37/81, S. 31.

schiedensten Begriffsbestimmungen ihren Platz haben. Oft paart sich dabei eine humanistische Grundhaltung mit philosophischer Metaphysik, was den wissenschaftlichen Wert der Aussagen erheblich reduziert[23].

Dies wird auch deutlich bei Zsifkovits, wenn er einerseits feststellt: „Das *Bedürfnis nach Friede* ist das allererste Grundbedürfnis des Menschen, weil er ohne Frieden in den zwischenmenschlichen und gesellschaftlichen Beziehungen keine Persönlichkeitsentfaltung und keine Kulturentfaltung zu erreichen vermag"[24]. Andererseits aber meint er, daß der Frieden in der ganzen Geschichte der Menschheit immer durch Konflikte bedroht war, und schlußfolgert: „Die meisten Konflikte im Leben des Einzelnen, der Völker, der Gesellschaften, der Kulturen und der Staaten lassen sich auch als Kampf eines Wertes oder einer Wertgruppe um die Vorherrschaft darstellen"[25]. Ohne die Rolle von Wertvorstellungen etwa zu negieren, muß doch darauf hingewiesen werden, daß auch Wertvorstellungen und Wertbegriffe ihre Wurzeln in den sozialen Existenzbedingungen von Menschen haben, daß diese Existenzbedingungen und die daraus resultierenden verschiedenen (materiellen, politischen, kulturellen usw.) Interessen den realen Boden für Konfliktentstehung abgeben und daß Wertvorstellungen dabei nur eine vermittelnde Rolle spielen oder mitunter sogar eine Alibifunktion erfüllen. Wertbegriffe und ihre Rolle für Friedenssicherung oder Friedensgefährdung an sich, also losgelöst von den sie gebärenden gesellschaftlichen Existenzbedingungen mit ihren sozialen Widersprüchen, zu untersuchen, führt also – wie die Ansicht von Zsifkovits zeigt – nicht sehr weit.

Nimmt man die bipolare Friedensdefinition von Galtung, so besteht ihr Nutzen für die bürgerliche Friedensforschung wesentlich in drei Punkten: Erstens weist sie durch ihre Verbindung des positiven Friedens mit der niedrigen Stufe von Nicht-Krieg (= negativer Frieden) alle jene Auffassungen zurück, die von der Position des „Alles oder Nichts" ausgehen, d. h. Frieden nur durch die Einführung einer völlig neuen, gerechten, sozialen, demokratischen usw. Weltordnung gewährleistet sehen. Zweitens wird nicht bei der vielfach vertretenen und relativ nichtssagenden Definition des Friedens als einfache Abwesenheit von Krieg stehengeblieben, sondern dies mit der Orientierung auf einen positiven Frieden verbunden, der die sozialökonomische Ausgestaltung jener Ordnungen zum Gegenstand hat, zwischen denen Frieden zu sichern ist. Und drittens wird durch die Verbindung dieser beiden Aspekte deutlich gemacht, daß es sich bei der

23 Vgl. W.-D. Eberwein/P. Reichel, Friedens- und Konfliktforschung. Eine Einführung, München 1976.

24 V. Zsifkovits, Der Friede als Wert, München/Wien 1973, S. 22.

25 Ebenda, S. 14.

Gewährleistung des Friedens um einen stufenweisen Prozeß handelt, dessen Endphase nur erreicht werden kann, wenn die vorangegangenen Etappen systematisch und erfolgreich bewältigt werden und wenn zu jedem Zeitpunkt die gesellschaftlichen Aktivitäten auf die jeweiligen Hauptfragen konzentriert werden. Diesen Prozeßcharakter in seiner Friedensdefinition erfaßt zu haben, ist sicher ein Vorzug der Galtungschen Betrachtungsweise.

Der Mangel besteht jedoch darin, daß Galtung sowohl den negativen wie den positiven Frieden nicht in seiner konkreten historischen Bedingtheit, nicht in seiner Abhängigkeit von Gesellschaftsordnungen und den in ihnen existierenden klassenmäßigen Antagonismen untersucht. Dadurch wird der negative Frieden zu einer stark formalen Kategorie, die nichts mehr über die ganz unterschiedlichen Bedingungen des Nicht-Krieges beispielsweise zwischen zwei kapitalistischen Staaten, zwischen kapitalistischen und sozialistischen Staaten oder zwischen sozialistischen Staaten aussagt. Dadurch enthält diese Definition des Friedens auch keinen Hinweis auf die sozialökonomischen Ursachen seiner Gefährdung. Beim positiven Begriff des Friedens führt die gleiche Abstraktion vom Zusammenhang zwischen Frieden und Gesellschaftsordnung dazu, daß die Forderung nach Ausfüllung einer Friedensforschung mit sozialer Gerechtigkeit, Freiheit, Demokratie, materiellem Wohlstand für alle usw. durch ihre Loslösung von den Produktions- und Eigentumsverhältnissen – Galtung behilft sich mit einer formalistischen Ableitung über die durchschnittliche Lebenserwartung im Falle von Gewalt bzw. Gewaltlosigkeit[26] – utopische Züge enthält und bestenfalls einen moralisierenden Kritizismus befördert.

2. Zum Problem der Sicherheit

Die Erhaltung des Friedens als Garantie des ersten Menschenrechts ist in erster Linie eine praktisch-politische Angelegenheit, die zwar theoretische Klarheit bezüglich einer Bestimmung des „positiven Friedens" verlangt, aber sich nicht – wie das bei vielen ideologieanalytischen Betrachtungsweisen der Fall ist[27] – darin erschöpfen kann. Die Sicherheit für das Leben zu einem Grundelement des Friedens zu machen schließt ein, die Politik der Entspannung und Zusammenarbeit als einzig vernünftige Entwicklungsperspektive von

26 Vgl. J. Galtung, Das Kriegssystem, in: K. J. Gantzel (Hrsg.), Herrschaft und Befreiung in der Weltgesellschaft, Frankfurt a. M./ New York 1975, S. 68 ff.

27 Vgl. W. C. Zimmerli, Was heißt Friede? Versuch einer philosophischen Begriffserklärung, in: Neue Züricher Zeitung vom 28. April 1974.

wahrhaft globaler Dimension zur Normalität in den internationalen Beziehungen zu entwickeln[28].

Für den theoretischen Ansatz ist entscheidend, daß von einer eingeengten konflikttheoretischen Betrachtungsweise abgegangen und zu einer Herangehensweise übergegangen wird, die die sozialökonomische Determination von Bedingungen eines positiven Friedens ebenso zu verdeutlichen vermag, wie sie die sozialen, politischen und ideologischen Faktoren des Handlungsprozesses theoretisch auf den Begriff bringt. In diesem Punkt ist Haftendorn zuzustimmen, wenn sie bemerkt: „In den Wert- und Verhaltensnormen der jüngeren Generation ... deuten sich jedoch Veränderungen an, die pro-amerikanische und antisowjetische Sicherheitsfixierung verliert an Relevanz; an ihre Stelle tritt ein sozial gefüllter Friedensbegriff, der zwischenstaatliche und in noch stärkerem Maße gesellschaftliche Komponenten besitzt ..."[29]

Methodologisch hat dies weitreichende Konsequenzen. Greven bezieht sich auf den wissenschaftstheoretischen Trend außerhalb originär marxistischer Theorienbildung und schreibt: „Im Rahmen der allgemeinen Gesellschaftstheorie zeigt sich trotz divergierender wissenschaftstheoretischer und politischer Positionen zunehmend eine Tendenz, als entscheidende Grundkategorie der Soziologie den Begriff der Gesellschaftsformation anzunehmen. Diese Kategorie macht in systematischer Absicht darauf aufmerksam, daß die grundlegenden Prozesse der materiellen Produktion und Reproduktion in historisch gewachsenen Gesellschaften nach unterschiedlichen Prinzipien organisiert sein können. Diese unterschiedliche Organisiertheit schlägt sich in unterschiedlichen Produktionsverhältnissen und Produktionsweisen nieder. Diese unterschiedlichen Produktionsverhältnisse und Produktionsweisen finden in zugeordneten ideologischen, institutionellen, rechtlichen und moralischen Systemen ihren adäquaten nichtmateriellen Ausdruck"[30]. Dem genannten Trend nähern sich auch Gantzel[31], Senghaas[32], Deutsch[33]. Weitergehend in dieser Rich-

28 Vgl. Probleme des Friedens, der Sicherheit und der Zusammenarbeit. Beiträge aus Ost- und Westeuropa. Herausgegeben von St. Doernberg, J. Galtung, A. Gromyko und D. Senghaas, Köln 1975.

29 H. Haftendorn, Abrüstungs- und Entspannungspolitik zwischen Sicherheitsbefriedigung und Friedenssicherung, in: Forschung für den Frieden ..., a. a. O., S. 155.

30 M. Th. Greven, Internationale Politik und Gesellschaftsformation. Ansätze einer Theorie globaler Vergesellschaftung unterschiedlicher Formationen, in: G. Zellentin (Hrsg.), Annäherung, Abgrenzung und friedlicher Wandel in Europa, Boppard am Rhein 1976, S. 283.

31 Vgl. K. J. Gantzel (Hrsg.), Herrschaft und Befreiung in der Weltgesellschaft, a. a. O.

32 Vgl. D. Senghaas (Hrsg.), Imperialismus und strukturelle Gewalt, Frankfurt a. M. 1972.

tung, verweist Krippendorf auf den immanenten Zusammenhang von Frieden, Krieg und Staat[34], fordert eine politökonomische Rahmenanalyse für die Bestimmung konfliktverursachender und konfliktlösender Elemente in den internationalen Beziehungen[35] und führt den Historismus als Theorie und Methode der Erfassung der Wandlungsprozesse im System der internationalen Beziehungen ein[36]. Auch Galtung macht auf diese methodologischen Erfordernisse aufmerksam, wenn er schreibt, „daß Friedenstheorie nicht nur mit der Konflikttheorie, sondern gleichermaßen mit Entwicklungstheorie in engem Zusammenhang steht. Friedensforschung definiert als Erforschung von Bedingungen – der vergangenen, gegenwärtigen und zukünftigen – für die Verwirklichung von Frieden, ist ebenso eng verbunden mit der Konfliktforschung und Entwicklungsforschung"[37].

In der Anwendung derartiger methodologischer Orientierungen gelangt dann Bredow zu der Auffassung, daß die „Ost-West-Konfliktformation" nicht in einen heißen Krieg einmünden darf und daß der Kalte Krieg als „konfliktschürendes Verhalten" abzulehnen ist, da er den allgemeinen Schießkrieg in sich birgt.[38] Auch die Vorstellung, die „Konfliktformation" dadurch aufzulösen, daß – wie in den illusionären Bildern konvergenztheoretischer Provenienz – durch einen gezielten Abbau der sozialökonomischen und sozialpolitischen Charakteristika der beiden Gesellschaftsordnungen eine Lösung gefunden werden könnte, hält Bredow für unrealistisch. Folgerichtig skizziert er die einzig vernünftige Entwicklungsperspektive im Sinne des von ihm verwendeten Terminus der „antagonistischen Kooperation", womit ausgedrückt sein soll, „daß zwar Kooperation, Austausch, Intensivierung der Beziehungen auf zahlreichen Ebenen, auch Ansätze zu einer Art internationaler Arbeitsteilung in diesem Stadium möglich werden, daß jedoch nicht Konvergenz der Systeme, sondern Ausbau der unterschiedlichen Gesellschaftsordnungen das Ergebnis solcher Zusammenarbeit sein wird"[39].

33 Vgl. K. W. Deutsch, Die Analyse internationaler Beziehungen, Frankfurt a. M. 1968.

34 Vgl. E. Krippendorff, Staatliche Organisation und Krieg, in: Friedensforschung und Gesellschaftskritik, hrsg. von D. Senghaas, München 1970.

35 Vgl. E. Krippendorff (Hrsg.), Internationale Beziehungen, Köln 1973.

36 Vgl. E. Krippendorff, Internationales System als Geschichte. Einführung in die internationalen Beziehungen 1, Frankfurt a. M./ New York 1975.

37 J. Galtung, Frieden und Friedensforschung, in: M. Funke (Hrsg.), Friedensforschung. Entscheidungshilfe gegen Gewalt, München 1975, S. 126 f.

38 Vgl. W. von Bredow, Antagonistische Kooperation als Form der Systemkonkurrenz, in: M. Funke (Hrsg.), Friedensforschung, S. 315.

39 Ebenda, S. 316.

Offensichtlich führt also eine methodologische Orientierung an der dialektisch-materialistischen Theorie zu konstruktiven Auffassungen bezüglich Sicherheit und Entspannung. Andererseits zeigen Subjektivismus und sogenannter Theorienpluralismus, daß bereits begrifflich große Verwirrung herrscht und die Anwendung davon geprägter Denkansätze auf praktische Probleme von Sicherheit und Entspannung voller Widersprüche steckt. Das belegt in signifikanter Weise eine jüngst erschienene Artikelserie im „Daedalus", die sich mit den außenpolitischen Implikationen der gegenwärtigen US-Administration beschäftigt und dabei weitestgehend den überholten Schemata der Realistischen Schule nachläuft[40]. Es fehlt nicht an Versuchen, die kontroversen Standpunkte unter politischem Aspekt zu systematisieren[41] bzw. als Bilanzierung bisheriger Entspannungspolitik die Resultate mit den konzeptionellen Ausgangspositionen zu vergleichen[42]. Überblickt man die immer umfangreicher werdende Literatur – Konferenzmaterialien, interne Studien, Basispapiere für Hearings gar nicht mitgerechnet[43] – zum Thema Sicherheit und Entspannung, so drängen sich zumindest vier Schlußfolgerungen auf:

Erstens gibt es offensichtlich einen „Verlust der Illusionen über die Entspannungspolitik (als) ein allgemein verbreitetes Phänomen der öffentlichen Meinung des Westens"[44]. Schwarz stellt fest: „Pragmatisch betriebene Entspannungspolitik ist zwar weiterhin die einzig vernünftige Handlungsweise, aber der Enthusiasmus und die Hoffnung, einen grundlegenden Wandel herbeiführen zu können, haben sich verflüchtigt."[45] Das liegt natürlich an wissenschaftlich nicht abgesichert gewesenen Erwartungen gegenüber der Entspannung, die entweder mit der Hoffnung auf Systemwandel in der sozialistischen Welt oder auf schnelle und unkomplizierte Überwindung aller Gegensätze zwischen den Systemen verbunden waren.

Zweitens wird heute zugegeben, daß die Entspannungspolitik von

40 Vgl. U. S. Defense Policy in the 1980s in: Deadalus, Vol. 109, No. 4, Vol. 110, No. 1.

41 Vgl. E. Schneider, Überlegungen zur Entspannung in einer pluralistischen Welt (Bericht des Bundesinstituts für ostwissenschaftliche und internationale Studien), Köln 1979, S. 6–12.

42 Vgl. H.-P. Schwarz, Die Alternative zum Kalten Krieg? Bilanz der bisherigen Entspannung, in: Entspannungspolitik in Ost und West, hrsg. von H.-P. Schwarz und B. Meissner, Köln/Berlin (West)/Bonn/München 1979.

43 Vgl. Siehe in: Defense Politics of the Atlantic Alliance. Publ. in Cooperation with the Commitee on Atlantic-Studies. Ed. by Edwin H. Feder, New York 1980.

44 H.-P. Schwarz, Supermacht und Juniorpartner: Ansätze amerikanischer und westdeutscher Ostpolitik, in: Entspannungspolitik in Ost und West, a. a. O., S. 185.

45 Ebenda, S. 185.

westlicher Seite aus „die Sowjetunion und ihre Klientel innenpolitisch liberalisieren" sollte. Das Resultat war insoweit ernüchternd: „In den bald 15 Jahren, in denen die westliche Ostpolitik im Zeichen der Entspannung stand, ist die innere Struktur jener Ostblockländer, die wirklich zählen, nicht wesentlich aufgeweicht worden ... Wer erwartet noch innere Veränderungen in der DDR auf Grund der bundesdeutschen Entspannungspolitik? Alles dies waren aber Erwartungen, mit denen verschiedene Maßnahmen der Entspannungspolitik begründet wurden."[46] Dieser strategische Aspekt der USA und ihrer Verbündeten ist also nicht aufgegangen, und er wird auch nicht über die Methoden offener und verdeckter Konterrevolution erreicht.

Drittens hat sich im ideologisch-theoretischen Bereich gezeigt, daß die seinerzeit zur Begründung und Propagierung dieses strategischen Aspekts konstruierte Konvergenztheorie sowohl an der politischen Haltung der sozialistischen Länder wie auch an der Gegenargumentation marxistisch-leninistischer Theoretiker gescheitert ist[47]. Während in den 70er Jahren noch der Versuch gemacht wurde, die Konvergenzthese wenigstens für solche Gebiete wie Wirtschaft, Wissenschaft und Technik für massenpolitische Zwecke aufrechtzuerhalten, wird sie heute kaum noch wissenschaftlich ernsthaft vertreten, vielmehr direkt als Irrtum qualifiziert und abgelehnt[48].

Viertens aber gibt es gegenwärtig in der Publizistik und in akademisch drapierten Abhandlungen wieder eine anwachsende Polemik gegen Entspannung und Sicherheit[49]. Das hat seine Ursache sicher in der komplizierter gewordenen internationalen Lage sowie in der genannten „Entspannungsernüchterung", ist aber zugleich auch als Gegengewicht zu – nach wie vor starken – realpolitischen Tendenzen gedacht. Dabei wird in völliger Entstellung des Charakters der Politik der friedlichen Koexistenz der Sowjetunion angelastet, daß sie den Weltfrieden mit ihrer Sicherheitspolitik gefährde und daß mit den sozialistischen Ländern eine Entspannung substantiell nicht erreichbar sei[50]. Auch Schwarz zieht in Zweifel, daß die UdSSR „auf

46 Ebenda, S. 295.

47 Vgl. H. Meißner, Konvergenztheorie und Realität, Berlin 1971.

48 Vgl. H.-P. Schwarz, in: Entspannungspolitik in Ost und West, a. a. O., S. 295; E. Schneider, Überlegungen zur Entspannung ..., a. a. O., S. 14–16; E.-O. Czempiel, Die Vereinigten Staaten und die Entspannung. Ideologie und Rüstung im Ost-West-Konflikt, in: Europäische Sicherheit und der Rüstungswettlauf, Frankfurt a. M./New York 1979, S. 80 ff.

49 Vgl. dazu in: The United States in the 1980s. Ed. by Peter Duignan/Alvin Rabushka. Foreword: W. Glenn Campbell, Stanford University 1980.

50 Vgl. B. Meissner, Das Entspannungskonzept der Hegemonialmacht: Entspannungsbegriff und Entspannungspolitik aus der Sicht der Sowjetunion, in: Entspannungspolitik in Ost und West, S. 30–35.

längere Sicht ausgerechnet in Europa aus Motiven abstrakter Friedensliebe und aufgeklärter Verträglichkeit handeln sollte". In der Tat: Solch abstrakte Leerformeln sind in keinem sozialistischen Land Handlungsmotiv. Aber dann kommt schon die hinlänglich strapazierte – von Kade zu Recht als „Jahrhundertlüge" klassifizierte[51] – Tatsachenfälschung: „Der Aufbau einer zur Führung eines Blitzkrieges geeigneten Offensivkapazität läßt vielmehr erwarten, daß die Sowjetunion ihre regionale Überlegenheit zumindest politisch auszumünzen entschlossen ist."[52]

Bereits aus diesen Zusammenhängen wird deutlich, daß sich eine realistische Sicherheits- und Entspannungskonzeption grundlegend von Doktrinen unterscheidet, die sich mit diesen Begriffen nur verbal schmücken bzw. die als geistige Repräsentanz eines Konfrontationskurses „Sicherheit" mit militärischer Überlegenheit, mit waffentechnologischem Vorsprung, mit Weltherrschaft und globalem Einfluß gleichsetzen[53]. Sicherheit als Beziehung zwischen Völkerrechtssubjekten in der internationalen Arena schließt in der marxistisch-leninistischen Theorie vor allem folgende Momente ein:

1. „Sicherheit" als objektiver Tatbestand existiert (oder existiert nicht) zwischen Staaten, die in einer konkret-historischen Umwelt auf der Grundlage der ihnen eigenen sozialökonomischen Existenzbedingungen „Sicherheits"-Interessen entwickeln, vertreten und verfolgen; „Sicherheit" erweist sich also als historisch veränderliche Größe im geschichtlichen Prozeß der Gestaltung der internationalen Beziehungen. Die jeweiligen Sicherheitsvorstellungen sind entscheidend bestimmt von den Klasseninteressen der herrschenden Klasse; ihre staatliche Repräsentanz und politische Vertretung erhebt „Sicherheits"-Politik in den Rang von Staatspolitik bzw. der von dieser verfolgten Bündnispolitik[54]. Dementsprechend wird „Sicherheits"-Politik – wie dem Imperialismus wesenseigen – dem Prinzip des ius ad bellum völlig untergeordnet und also als Aggressions-, Gewalt-, Droh- und Expansionspolitik den Sicherheitsinteressen des eigenen und anderer Völker sowie der überwältigenden Mehrheit der Menschheit diametral entgegengesetzt. Es ist dies

51 Vgl. G. Kade, Die Bedrohungslüge. Zur Legende von der „Gefahr aus dem Osten", Köln 1979.

52 H.-P. Schwarz, in: Entspannungspolitik in Ost und West, a. a. O., S. 291.

53 Vgl. B. P. Löwe, Der bürgerliche Sicherheitsbegriff, in: Rüstungsbegrenzung und Abrüstung – Schlüsselfrage der Weltpolitik, IPW-Forschungshefte, 2/1980, S. 129 ff.; dazu auch: H. Pirsch, Imperialistische Verfälschung des Begriffs Sicherheit, in: IPW-Berichte 7/1979, S. 8 ff.

54 Vgl. D. G. Tomaschewski, Die Leninschen Ideen und die internationalen Beziehungen der Gegenwart, Berlin 1973.

schließlich die prinzipielle Verweigerung der legitimen Sicherheitsinteressen der Völker wie die Negation von Sicherheit überhaupt.
Im Unterschied dazu ist Sicherheits-Politik – wie dem Sozialismus wesenseigen – dem Prinzip der Völkerverständigung und des sozialen Fortschritts verpflichtet und also verbunden mit der Ächtung des Krieges als Mittel zur Lösung internationaler Konflikte, dem Ringen um Abrüstung nach dem Prinzip der Gleichheit und gleichen Sicherheit, mit der Durchsetzung vertrauensbildender Maßnahmen und mit der Entwicklung konstruktiver Zusammenarbeit auf wirtschaftlichem, wissenschaftlich-technischem und kulturellem Feld. Es ist dies schließlich verbunden mit der grundsätzlichen Achtung der legitimen Sicherheitsinteressen der Staaten und Völker sowie dem Grundsatz, daß Frieden und Sicherheit Garanten der Zukunft der Menschheit verkörpern[55].
Ideologische Begründung und Rechtfertigung von Staatspolitik schließt so gerade in unserer Epoche die Sicherheits-Politik ein, stellt sie in den Kontext der Auseinandersetzung zwischen Sozialismus und Imperialismus, fixiert Sicherheit mit Bezug auf das internationale Kräfteverhältnis und folglich in Relation auf den revolutionären Weltprozeß[56]. Friedens- und Sicherheitspolitik auf der einen und Aggressions- und Rüstungseskalationspolitik auf der anderen Seite sind als Gegenstände des ideologischen Klassenkampfes deshalb unmittelbar verbunden mit den theoretischen Auseinandersetzungen über die widerstreitenden „Sicherheits"-Konzeptionen, die sich als kompliziertes Zusammenspiel von politischen, militärischen, wirtschaftlichen, wissenschaftlich-kulturellen und nicht zuletzt selbst wieder ideologischen (staats- und völkerrechtlichen, philosophisch-weltanschaulichen, gesellschaftstheoretischen) Faktoren erweisen[57].
2. „Sicherheit" als politisch erstrebenswerte Existenzbedingung in den internationalen Beziehungen verkörpert ein Verhältnis, in dem die Staaten – ungeachtet ihrer politischen, wirtschaftlichen oder sozialen Systeme, ihrer Größe, geographischen Lage oder ihres ökonomischen Potentials – in bezug auf andere Staaten davon ausgehen und selbst erwarten können, daß in ihren Verhältnissen zueinander die „Achtung aller der Souveränität innewohnenden und von ihr umschlossenen Rechte, der Enthaltung von der Androhung oder Anwendung von Gewalt, der Unverletzlichkeit der Grenzen, der Achtung der territorialen Integrität der Staaten, der friedlichen Regelung von Streitfällen, der Nichteinmischung in die inneren Ange-

55 Vgl. E. Hocke/W. Scheler, Die Einheit von Sozialismus und Frieden. Zu philosophischen Problemen von Krieg und Frieden in der Gegenwart, Berlin 1977.
56 Vgl. I. A. Selesnjow, Krieg und ideologischer Kampf, Berlin 1977.
57 Vgl. J. P. Dawydow, Internationale Entspannung und ideologischer Kampf, Berlin 1981.

legenheiten, der Achtung der Menschenrechte und Grundfreiheiten, der Gleichberechtigung und des Selbstbestimmungsrechts der Völker, der Zusammenarbeit zwischen den Staaten und der Erfüllung der völkerrechtlichen Verpflichtungen nach Treu und Glauben" als sicherheitsgarantierende und mithin friedensförderliche Prinzipien Geltung besitzen[58]. „Sicherheit" ist also kein im geschichtlichen Selbstlauf irgendwann oder irgendwo auftretendes Ereignis oder ein durch Deklaration, rechtlich-normative Fixierung erklärter Zustand, sondern ein von (letztlich) Klassenkämpfen charakterisierter Entwicklungsprozeß, bei dem entsprechend den internationalen Kräfteverhältnissen in den Beziehungen von Staaten mit unterschiedlicher bzw. gegensätzlicher Gesellschaftsordnung die Prinzipien der friedlichen Koexistenz anerkannt, durchgesetzt und praktiziert werden[59].

In diesem Entwicklungsprozeß geht unzweifelhaft die entscheidende Initiative vom Sozialismus aus; eröffnet mit dem „Dekret über den Frieden" aus den ersten Tagen der jungen Sowjetmacht über das bereits 1933 von der Sowjetunion vorgeschlagene Programm zur Schaffung eines Systems der kollektiven Sicherheit in Europa bis hin zur KSZE-Schlußakte von Helsinki und dem Friedensprogramm des XXVI. Parteitages der KPdSU[60]. Zugleich offenbart dieser Prozeß, daß jeglicher Fortschritt in der internationalen Entspannung, jeglicher Zugewinn an wirklicher Sicherheit nur im Resultat eines Klassenkampfes – in seiner Komplexität als politischer, wirtschaftlicher, militärischer und ideologischer – errungen werden konnte, bei dem der Imperialismus zur Anerkennung von Realitäten gezwungen werden mußte[61]. Insbesondere mit der Eindämmung des Kalten Krieges gegen den Sozialismus wurde eine entscheidende Öffnung für den internationalen Entspannungsprozeß geschaffen[62]. Die politischen Erfahrungen mit dem europäischen Vertragswerk und seiner

58 Vgl. Konfrontation – Entspannung – Zusammenarbeit. Die Ostpolitik der kapitalistischen Staaten Europas und ihrer Zusammenschlüsse in den 70er Jahren, Berlin 1979, S. 13.

59 Vgl. Sechs Jahrzehnte Kampf um Frieden und Sicherheit in Europa. Zusammengestellt und eingeleitet von Ernst Laboor, Berlin 1977.

60 Vgl. Europäische Sicherheit und Zusammenarbeit. Voraussetzungen, Probleme, Perspektiven. Mit einem Vorwort von A. P. Schitikow, Vorsitzender des Komitees für europäische Sicherheit und Zusammenarbeit, Moskau 1978.

61 Vgl. in: St. E. Ambrose, Rise to Globalism: American Foreign Policy 1938–1980, New York 1980; besonders auch: B. Greiner, Amerikanische Außenpolitik. Strategiediskussion von Truman bis heute, Köln 1980.

62 Vgl. D. Horowitz, Kalter Krieg. Hintergründe der US-Außenpolitik von Jalta bis Vietnam, Bd. 1 und Bd. 2, Berlin (West) 1969; speziell: H. Teller, Der kalte Krieg gegen die DDR. Von seinen Anfängen bis 1961, Berlin 1979.

völkerrechtlichen Fixierung der Resultate des zweiten Weltkrieges als politischer Realität, die politischen Erfahrungen mit der KSZE-Schlußakte als ein von souveränen Staaten gemeinsam vereinbarter Verhaltenskodex zeigen, daß ihre Erhaltung und Ausfüllung geeignet sind, Sicherheit und Zusammenarbeit in einem Maße (kollektive Sicherheitssysteme für geographische Großräume) zu entwikkeln, daß davon entscheidende Impulse für den Weltfrieden ausgehen könnten[63]. Um der Entspannung eine reale Zukunft geben zu können, bedarf es wirksamer Beiträge zur Entlarvung, Isolierung und Zügelung der die Sicherheit mit Rüstungseskalation, militärischer Gewaltandrohung, „begrenzter Kriegsführung" und globaler Kriegsvorbereitung sowie -bereitschaft bedrohenden imperialistischen Kräfte[64]. Dabei sind einige Aspekte besonders zu beachten, weil – wie in der Lebensfrage der Menschheit generell[65] – so auch um die darin eingebettete Sicherheitsproblematik ein ideologischer Kampf entbrannt ist, für dessen einen Akteur – die Konfrontationspolitiker und Aggressionsideologen – gilt: „Antikommunistisches Denken und Handeln waren stets borniertes Denken und Handeln. Doch der grobschlächtige und militante Antikommunismus, der heutzutage besonders grassiert – wenn auch verfeinerte und verschleiernde Formen des Antikommunismus fortbestehen und noch ausgebaut werden – operiert in überwiegendem Maße mit direkter Lüge und Fälschung, vorsätzlicher Desinformation und absichtlicher Verleumdung"[66]. Die ideologischen Attacken der Entspannungsfeinde bündeln in der Frage der Sicherheit gleichsam alle Fäden, mit denen sie das Lügengewebe von der „sowjetischen Bedrohung" ausstaffieren[67]. Deshalb sei hervorgehoben:

Erstens: Dem Traditionalismus imperialistischen „Sicherheits"-Verständnisses (in direkter Nähe zum wesensgleichen imperialistischen „Souveränitäts-Verständnis"[68]) mit seiner Favorisierung militärischer Stärke und Überlegenheit ist entgegenzuhalten, daß sich dieses Konzept im krassen Widerspruch befindet zu den Prinzipien des Gewalt-

63 Vgl. W. Hänisch/D. Vogl, Helsinki – Ergebnisse und Perspektiven, Berlin 1977.

64 Vgl. W. von Bredow, Die Zukunft der Entspannung, Köln 1979; dazu auch in: Imperialistische Außenpolitik am Beginn der 80er Jahre, IPW-Forschungshefte, 1/1981.

65 Vgl. H. Neubert, Die Lebensfrage der Menschheit, Berlin 1980.

66 K. Hager, Gesellschaftswissenschaften vor neuen Aufgaben, Berlin 1981, S. 14.

67 Vgl. W. von Bredow/R. H. Brocke, Das außenpolitische Konzept der Reagan-Administration. Darstellung, Hintergründe und Bewertung der neuen Außenpolitik der USA, in: Aus Politik und Zeitgeschichte. Beilage zur Wochenzeitung „Das Parlament", B 32/81, S. 20 ff.

68 Ausführlich bei: R. Meister, Studie zur Souveränität. Eine Kritik bürgerlicher Theorien, Berlin 1981.

verzichts und der friedlichen Streitregelung[69]. Die objektiven Bedingungen ökonomischer wie waffentechnologischer Art und die globalen Erfordernisse zur Lösung von Menschheitsproblemen lassen das imperialistische Konzept („Sicherheit" durch militärische Stärke, durch eine „glaubwürdige" Abschreckungs- bzw. aggressive „Erstschlagskapazität") nicht nur als Hindernis für den Aufbau eines kollektiven Sicherheitssystems erscheinen, dessen Konstruktionsmerkmale von einem „positiven Friedensbegriff"[70] bestimmt werden, sondern lassen darüber hinaus das imperialistische Konzept als gewollte Konfliktverschärfung (Zunahme von Unsicherheit durch direkte Kriegsvorbereitung) und als aktive Verweigerung gesellschaftlichen Fortschritts (Destruktivcharakter der in der Hochrüstung gebundenen Produktivkräfte und vergeudeten Ressourcen, irreversible Deformation von Produktionsverhältnissen, Verkrüppelung von Wissenschaft im waffentechnologischen Dienstleistungsgewerbe) erscheinen.

Zweitens: Das unserer Epoche angemessene und demzufolge die Prinzipien der friedlichen Koexistenz in sich aufnehmende realistische Sicherheitskonzept, dessen Durchsetzung wirkliche Entspannung bedeutet, muß einerseits getragen sein von den Grundsätzen des allgemein-demokratischen Völkerrechts, wie es in der UNO-Charta verankert ist, und muß andererseits berücksichtigen, daß Sicherheitspolitik als Staatspolitik eine Vertretung von Klasseninteressen bedeutet. Es wäre grundfalsch und würde zu einem Ignorieren der dialektischen Wechselbeziehung von Innen- und Außenpolitik führen, wenn man – wie in zahlreichen bürgerlichen Darstellungen[71] – angesichts gemeinsamer Interessen, übereinstimmender Ansichten, beiderseitiger Kompromißbereitschaft von Staaten unterschiedlicher Gesellschaftsordnung den Klassencharakter der jeweiligen Inhalte der Politik übersehen wollte. Das würde letztlich auf konvergenztheoretischen Utopismus hinauslaufen, wäre trügerische Sicherheit und in jedem Falle ein fauler Kompromiß[72].

Drittens: Mehr denn nur unrealistisch, vielmehr bereits sicherheitsnegierend erweist sich das imperialistische Verfahren, „Sicherheit" zu identifizieren mit Stabilität und Effizienz der Grundlagen bürgerlicher „Ordnung" schlechthin, mit der Verewigung der Herrschaft der Bourgeoisie als der besten aller realisierbaren Welten, mit einem globalen Allein-Existenzanspruch, der die allgemeinmenschlichen

69 D. B. Lewin, Das Prinzip der friedlichen Regelung internationaler Streitigkeiten, Berlin 1980.

70 F. Rupprecht, Philosophische Probleme der marxistisch-leninistischen Friedenskonzeption, in: DZfPh, 1/1976, S. 5 ff.

71 Dazu in: F.-X. Kaufmann, Sicherheit als soziologisches und sozialpolitisches Problem, Stuttgart 1970.

72 Vgl. in: J. Füllenbach/E. Schulz (Hrsg.), Chancen und Risiken einer Politik des Modus vivendi, München/Wien 1980.

Existenzvoraussetzungen und -perspektiven den bornierten bourgeoisen Existenzinteressen total subordiniert. Hier wird die Anwendung der Kategorie „Sicherheit" überflüssig bzw. zum verbalen Luxus, weil hinter der demagogischen These „Eine Welt oder keine!" die Doktrin „Unsere Welt oder keine!" der imperialistischen Alleinexistenz (Herrschaft, Macht etc.) steht[73]. Die ideologischen Grundmuster dieses aggressiven Globalismus wurzeln weltanschaulich in jener generellen bourgeoisen Verweigerung gegenüber den Resultaten der historischen Mission der Arbeiterklasse[74], die gegenüber den realen Alternativen zum Kapitalismus in der gegenwärtigen Epoche, gegenüber dem weltrevolutionären Prozeß schlechthin von „Beeinträchtigung der Sicherheitsinteressen" spricht und damit im Namen eines „Kreuzzuges gegen den Terrorismus" das ius ad bellum nicht nur gegen den realen Sozialismus, sondern auch gegen den gesellschaftlichen Fortschritt schlechthin meint[75].

Viertens: Schließlich – und das bezeugt auch die wachsende Zahl von realistischen bürgerlichen Betrachtungsweisen[76], nicht zuletzt das Gewicht zunehmenden öffentlichen Engagements in der Friedensbewegung – hat die gemäß imperialistischen Weltherrschaftsinteressen stattgefundene Ausuferung von „Sicherheit" eine besonders gefährliche Tendenz, weil Realisierung von „Sicherheit" in der gesellschaftlichen Wirklichkeit imperialistischer Staaten schließlich Militarisierung in bislang nicht bekannter Dimension bedeutet[77]. Zwischen dem Einfluß des militärisch-industriellen Komplexes (MIK),

73 Vgl. R. S. McNamara, Die Sicherheit des Westens. Bedrohung und Abwehr, München 1968; dazu kritisch: N. Pasti, Verteidigung, Sicherheit und amerikanische Kriegspropaganda, in: G. Fuchs (Hrsg.), Atomenergie, Kernwaffen und Friedensbewegung. Schriftenreihe des Internationalen Instituts für den Frieden, Wien 1979.

74 Vgl. M. Buhr/M. Klein, Friedliche Koexistenz und ideologischer Klassenkampf, in: Aktuelle Probleme der Kritik der gegenwärtigen bürgerlichen Philosophie. Hrsg. von P. Gindew, M. Klein, St. Odujew, Berlin 1975, S. 11 ff.

75 Signifikant dafür: R. Reagan, Frieden und Sicherheit für die achtziger Jahre. Ein politisches Konzept für die Vereinigten Staaten, in: Europa-Archiv, Folge 15/1980, S. 467 ff.; zur Analyse und kritischen Wertung dessen: H. Gerlach, Präsident Ronald Reagan, Konturen seines außenpolitischen Profils, in: Aus Politik und Zeitgeschichte. Beilage zur Wochenzeitung „Das Parlament", B 6/1981, S. 3 ff.

76 Neben vielen, so speziell zur „Sicherheits"-Problematik: D. Frei, Sicherheit. Grundfragen der Weltpolitik, Stuttgart/Berlin (West)/Köln/Mainz 1977; vgl. insbesondere auch in: D. S. Lutz, Kriegsgefahr und Kriegsverhütung in den 80er Jahren, in: Aus Politik und Zeitgeschichte, B 3/1981, S. 23 ff.

77 Vgl. Militarismus heute. Wesen und Erscheinungsformen des Militarismus der Gegenwart, Berlin 1979.

der Rolle des Rüstungskapitals und Rüstungsprofits sowie den Tendenzen der verschleierten und offenen Militarisierung zentraler gesellschaftlicher Bereiche (Wissenschaft, Bildung, Kultur, Medizin) hat sich eine derartige Vermaschung herausgebildet, daß bereits in den Akzentsetzungen imperialistischen „Sicherheits"-Verständnisses die Dominanz des MIK deutlich wird[78]. Nunmehr wird „Sicherheit" nicht mehr nur mit „Ordnung", „Stabilität", „Bewahrung" (als Werte bzw. Leitbilder komplizierter werdenden „Krisenmanagements")[79] identifiziert, sondern reduziert auf den Interessenumfang bzw. den Handlungsspielraum des MIK, was schließlich dazu führt, Abrüstungsbestrebungen an sich schon als „Sicherheits-Risiko" zu qualifizieren[80], um so eine existentielle Negation konstruktiver Behandlung des Weltproblems Abrüstung zu erreichen[81].

Letztlich dokumentiert sich in den Generalisierungen des „Sicherheits"-Verständnisses im Kontext systemaktivistischer politischer Ideologien des Imperialismus eine geistige Militanz, die dazu geeignet und geschaffen ist, ihrerseits ein Klima der Konfrontation zu begründen und Feindbilder entstehen zu lassen, die jeglicher vernünftigen Sicherheits-Debatte den Boden entziehen[82]. In diesen Konzepten avanciert die Affirmation bürgerlicher „Ordnung" nicht bloß zum kategorischen Imperativ, erhebt den Konsens mit dieser „Ordnung" nicht nur zum Maßstab systemgetreuer politischer Ethik, sondern fordert in Parallelität zu einem konservativistischen Systemaktivismus den unbedingten Gehorsam, die Bereitschaft zur Liquidation jeglicher „systemstörender" Elemente, Faktoren, Bewegungen[83].

78 Vgl. B. W. Rogers, Die NATO in den 80er Jahren. Ein Jahrzehnt der Herausforderungen, in: Europa-Archiv, Folge 22/1980, S. 673 ff.

79 Vgl. W. Jäger, Katastrophe und Gesellschaft. Grundlegungen und Kritik von Modellen der Katastrophensoziologie, Darmstadt/Neuwied 1977.

80 Unter vielen nur: F. Birnstiel, Krieg oder Frieden in Europa, in: Aus Politik und Zeitgeschichte, B 3/1981, S. 39 ff.; kritisch bei: S. Henke, Der globale Aspekt in der USA-Doktrin der „nationalen Sicherheit", in: Deutsche Außenpolitik, 12/1980, S. 79 ff.

81 Vgl. P. Klein/K. Engelhardt, Weltproblem Abrüstung. Politische und ökonomische Probleme des Ringens um Rüstungsbegrenzung und Abrüstung, Berlin 1979.

82 Vgl. B. P. Löwe, Die Aggressivität der „halbierten Vernunft" – zur Legitimationskrise imperialistischen Macht- und Herrschaftsstrebens, in: Schriften der Militärakademie „Friedrich Engels" der Nationalen Volksarmee, Heft 157, S. 84 ff.; siehe auch in: Friedliche Koexistenz, Konfrontationspolitik, bürgerliche Entspannungstheorie, IPW-Forschungshefte, 4/1980.

83 So typisch vertreten durch den konservativen Flügel der Realistischen Schule von der Politik in den USA, vgl. in: N. Podhorets, The Present Danger, New York 1980.

Es steht außer Frage, daß dementsprechend Sozialismus in Theorie und Praxis, aber auch demokratisch-antiimperialistische Bewegung, nationale Befreiungs- und Unabhängigkeitsbewegung, selbst liberal-emanzipatorisches Engagement a priori mit dem Etikett der Systemfeindschaft behangen und im Zuge psychologischer Aufrüstung als Abschußziele im realen Wortsinn figurieren[84].

3. Zum Problem der Abschreckung

Im Zusammenhang mit dem Konfrontationskurs in der US-amerikanischen Außenpolitik, der die NATO-Partner – wenn auch teilweise mit Abstand und gewissen Vorbehalten – folgen[85], wird die Zunahme entspannungsfeindlicher Tendenzen und sicherheitsgefährdender Optionen in der Publizistik und den Massenmedien zweifelsfrei zentral gesteuert. Das Londoner Institut für Strategische Studien veröffentlichte im Mai 1979 einen Bericht über das internationale Kräfteverhältnis, in dem die Rolle der Auslandspropaganda besonders hervorgehoben wurde. Ein Kommentator des Norddeutschen Rundfunks (BRD) faßte das Wesen dieser Analyse in dem Satz zusammen: „Ideologie und Bataillone stehen in einem engen Wechselverhältnis."[86] Als Normativ gilt hier „erklärter Antikommunismus" als „nicht entspannungsfeindlich", „im Gegenteil"[87]; wobei das handlungsleitende Modell dem skrupellosen Grundsatz folgt, daß „die moralische Disqualifikation das unangenehme Geschäft der Tötung des Gegners erleichtert"[88]. Und das theoretische Organ der militärischen Kräfte in der BRD schlußfolgert: „Offensichtlicher denn je besitzt Propaganda nun das Gewicht eines essentiellen Konfliktinstruments."[89] Als Konfliktinstrument habe Propaganda die Aufgabe „der Ausweitung regionaler Konflikte auf die Ebene der Weltöffentlichkeit. Mit dieser Strategie verbindet sich die Absicht, den auf die-

84 Vgl. G. Wirth, Krieg vor dem Kriege. Streiflichter auf Inhalt und Methoden der psychologischen Kriegsführung des Imperialismus, Berlin 1978.

85 Vgl. M. Görtemaker, Reagan-Amerika und Westeuropa. Plädoyer für eine konstruktive Zusammenarbeit, in: Aus Politik und Zeitgeschichte. Beilage zur Wochenzeitung „Das Parlament", B 32/81, S. 3 ff.

86 Norddeutscher Rundfunk, 15. 5. 1979.

87 H. Lübbe, Mut zur Vergangenheit, in: Merkur vom 8. Februar 1980 S. 2.

88 H. Lübbe, Freiheit und Terror, in: Jahrbuch der Wittheit zu Bremen, Bd. XXII, 1978, S. 125.

89 H. Koschwitz, Internationale Politik und Diplomatie im Zeitalter der Massenkommunikation, in: Europäische Wehrkunde, 9/1979, S. 432.

ser Ebene angestrebten oder errungenen Terraingewinn in spätere politische, eventuell militärische Vorteile umzusetzen ..."[90].

Die Ausformung eines solchen Konzepts erfolgte durch ein von Brzezinski formuliertes „Dreiphasenprogramm": „Die erste Phase sieht die Unterstützung antikommunistischer Regierungen in unserer Hemisphäre vor, begleitet von einer sorgsam abgestimmten Kampagne zur Aufklärung der amerikanischen Öffentlichkeit über den Ernst der kubanisch-sowjetischen Bedrohung der amerikanischen Sicherheit. Während der zweiten Phase ... würden die USA eine weltweite Kampagne der Propaganda und des politischen Drucks gegen die Sowjets und die Kubaner einleiten. Die CIA würde die Hauptverantwortung für die geheime Entfachung einer antisowjetischen Propaganda im Ausland übernehmen, wobei alle verfügbaren Mittel einschließlich der Stimme Amerikas eingesetzt werden würden. Die dritte Phase ... sieht vor, daß die USA den von kubanischen und sowjetischen militärischen Abenteuern bedrohten Regimes militärische Hilfe gewähren."[91]

Als indirekte bzw. Kriegsführung in der „vierten Dimension" hat dieses Konzept mit dem Grundsatz des früheren amerikanischen Präsidenten Thomas Jefferson völlig gebrochen, wonach „es die erste und einzige legitime Aufgabe einer guten Regierung ist, für das menschliche Leben und Glück Sorge zu tragen, nicht für seine Zerstörung". Der Geist der Verantwortlichen für den Konfrontationskurs ist – wie dies Admiral a. D. LaRocque charakterisiert – nahe paranoiden Eigenschaften, wenn diesen Kreisen „Frieden ein schmutziges Wort" ist, da es „mit Kommunismus gleichzustellen ist"[92]. Es liegt auf der Hand, wem solche entspannungsfeindliche Haltung nützt. Noch bevor die neue Administration im Amt war, ließ das Abgehen der politisch Verantwortlichen vom Kurs der Verhandlung und Verständigung Beobachter konstatieren, daß nunmehr wieder „fette Jahre für die USA-Rüstungsindustrie" kommen[93]. Und eine großbürgerliche Zeitung, die den Orientierungen von Präsidentenberater Richard Pipes, wonach die Sowjetunion entweder ihr Gesellschaftssystem ändern müsse oder gezwungen werde, Krieg zu führen, folgte, veröffentlichte eine Annonce mit der Aufforderung an ihre Leser, jetzt einen Teil ihres Kapitals in der Rüstungsindustrie zu investieren, da Profite von 100 bis 400 Prozent zu erwarten seien[94]. Auf der anderen Seite sind dies jene Meinungsmacher, die mit ihrem Moralismus gegenüber den Problemen der Entwicklungsländer ideologische Verdunkelung betreiben und beispielsweise verschweigen, daß von den 120 Millionen Kindern, die 1979 im „Jahr des Kindes" geboren wur-

90 Ebenda. 91 Washington Post, 31. 10. 1979.
92 Zit. nach: „Stern" vom 15. 10. 1981, S. 86.
93 Zit. nach: „Handelsblatt" vom 29. 1. 1980
94 Siehe in: „Frankfurter Allgemeine Zeitung" vom 31. 1. 1980.

den, bis heute 12 Millionen verhungert sind. Der Exekutiv-Direktor des UN-Kinderhilfswerks UNICEF, James P. Grant, interpretierte diese Zahl in Richtung der Initiatoren der Rüstungseskalation und stellte fest: „Diese Millionen könnte man dramatisch vergleichen mit einem ‚Hiroshima' alle drei Tage."[95]
Die Wissenschaftler tragen eine hohe Verantwortung, aufklärend dazu beizutragen, daß diese Zusammenhänge veröffentlicht, die vorhandenen Informationen richtig interpretiert werden und daß auf der Basis nüchterner Analysen und Einschätzungen sowohl zur Enthüllung der tödlichen Symbiose von Rüstungsprofit, militärisch-industriellem Komplex, Meinungsmanipulation und aggressivem Konfrontationskurs beigetragen als auch ein engagierter und wirkungsvoller Beitrag zur Klimaverbesserung in den internationalen Beziehungen geleistet wird.
Dabei ist vor allem die Aufmerksamkeit auf das wieder stärker in den Vordergrund getretene Konzept der Abschreckung mit ihren sicherheitsgefährdenden und entspannungsfeindlichen Implikationen zu richten. Diese Konzeption geht bekanntlich von der Annahme aus, daß die Wahrscheinlichkeit eines Krieges durch militärische Abschreckung verringert werden könnte. Das Risiko für einen möglichen Angreifer müßte so weit heraufgesetzt werden, daß sich der Angriff nicht mehr lohne bzw. das eigene Schadensrisiko „ertragbare Grenzen" überschreitet.
Gemäß dem häufig zitierten Kernsatz „Si vis pacem para bellum" hat die Abschreckungsthese eine lange historische Tradition. Durch die Entwicklung der Kernwaffen entstanden jedoch völlig neue Qualitäten. Die Abschreckung eines möglichen Aggressors ist nicht mehr mit Unverwundbarkeit und Sicherheit für das eigene Territorium verbunden. Die offensiv-strategischen Kernwaffen erreichen heute in kürzester Zeit jeden Punkt des Globus. Daher kann vernünftigerweise kein Staat, der im Kriegsfall mit dem Einsatz solcher Waffen gegen sich zu rechnen hat, einen militärischen Konflikt als „lokalisierbar", „begrenzbar" ausgeben. Das Konzept des „begrenzten atomaren Krieges" ist – wie sachkompetent schon in den 60er Jahren nachgewiesen – unrealistisch und gefährdet nicht nur die eigene Existenz, sondern auch die am Konflikt nicht unmittelbar Beteiligten. Die angehäufte Vernichtungskapazität (nach dem Atombericht der UNO von 1981 entspricht die Sprengkraft der vorhandenen Arsenale ungefähr einer Million Hiroshima-Bomben) und die waffentechnologische Entwicklung bei den Trägermitteln führte dazu, daß die Abschreckungsdoktrin dahingehend erweitert wurde, „Antwort-Schläge" in der Größenordnung von „Erst-Schlägen" führen zu können. „Das heißt, daß diejenige Supermacht, die von der ande-

95 Zit. nach: „Stern" vom 8. 10. 1981, S. 80.

ren nuklear-strategisch angegriffen werden sollte, auch dann die Möglichkeit zu einem nachfolgenden Gegenangriff von etwa gleicher Stärke nicht verlieren würde. Dies gilt im Westen als das Kernstück einer stabilen wechselseitigen Abschreckung."[96]
Das Abschreckungskonzept bezieht sich in seiner pathologischen Logik auf die Bündnissysteme des Warschauer Vertrages und der NATO. Es soll als „militärisches Konfliktregulativ" zwischen den beiden Weltsystemen dienen. Die Vertreter dieser Doktrin sprechen davon, daß es zwischen Abschreckung und Entspannung eine Komplementarität gebe. Das aus dem Abschreckungsverhältnis resultierende „Patt" sei die Grundlage für die Entspannungspolitik, und umgekehrt könne der Entspannungsprozeß ohne Festhalten an dieser Doktrin keine Fortschritte machen. „Aus derartigen Überlegungen heraus gilt seit 1967 in der NATO die offizielle These, daß Abschreckung und Entspannung die beiden tragenden Säulen der westlichen Sicherheit bilden"[97]. Dies wird in der einschlägigen Literatur auch als „Zwei-Pfeiler-Doktrin" beschrieben[98]. In der strategischen Planung der USA und damit auch der NATO haben sich die Optionen in letzter Zeit allerdings verschoben. Haig machte dies deutlich, als er unmißverständlich erklärte: „Um eine glaubwürdige Abschreckung aufrechtzuerhalten, stützen wir uns auf eine Strategie der flexiblen Reaktion, deren Kern die Ungewißheit ist."[99] Die „Ungewißheit" wird zur Gewißheit, d. h. zur erklärten Rückkehr zur Strategie des „Erstschlages"[100]. Haig dazu selbst: „Die USA haben die zwei Säulen, die Entspannung und Verteidigung bilden, durch zwei andere Grundprinzipien ersetzt: Gegenseitigkeit und Stärke." Und Reagan präzisiert, was unter „Stärke" zu verstehen ist: „Wir werden eine ausreichende Stärke aufrechterhalten, um, wenn es notwendig ist, die Oberhand zu behalten." Und Weinberger setzt deutlich auf Angriff, wenn er betont, daß die USA ihre „Hoffnung darauf setzen, daß wir den Sieg erringen können", weil „wir unsere Strategie so verändert haben, daß wir einen lang andauernden Krieg führen können."[101] Die mili-

96 G. Wettig, Das Abschreckungskonzept als Theorie der Friedenssicherung (Bericht des Bundesinstituts für ostwissenschaftliche und internationale Studien), Köln 1979, S. 3.
97 Ebenda, S. 16.
98 Vgl. C. Bielfeld, Zum Verhältnis von Entspannungspolitik, militärischer Sicherheitspolitik und Rüstungskontrolle in der Bundesrepublik Deutschland, in: Europäische Sicherheit und der Rüstungswettlauf, Frankfurt a. M./New York 1979, S. 157.
99 Zit. nach: „Stern" vom 8. 10. 1981, S. 84.
100 Vgl. in: B. P. Löwe, Tanz des Wahnsinns, in: Forum, 21/1981.
101 Zit. in: B. Ponomarjow, Von wo die Kriegsgefahr ausgeht und wie sie zu bannen ist, in: Probleme des Friedens und des Sozialismus, 10/1981, S. 1303.

tärische Zielplanung, die zu diesem aggressiven Konzept gehört, erläuterten die Mitarbeiter des Hudson Institute (neben der Hoover Institution, dem American Enterprise Institute und dem Center for Strategic and International Studies der Washingtoner Georgetown University wichtigster Brain-Trust der Reagan-Administration), Gray und Payne: „Die Vereinigten Staaten sollten planen, den Sowjetstaat zu besiegen, und dies zu einem Preis, der eine Erholung der USA nicht verhindert." Und – getreu dem von Haig verordneten Marschbefehl, daß „in der Tat die ganze Welt das Anliegen der USA ist"[102] – wird der Imperativ „Ein Sieg ist möglich" zum direkten Angriffsplan: „Washington müßte Kriegsziele vorweisen, die in letzter Konsequenz die Zerstörung des sowjetischen Machtapparates und das Entstehen einer Weltordnung nach dem Kriege beabsichtigen, die mit den westlichen Wertvorstellungen vereinbar ist."[103]
Wenn man die Abschreckungsdoktrin und ihre „Modifikation" einer kritischen Betrachtung unterzieht, so zeigen sich sowohl ihre politischen Gefahren, als auch ihre theoretische Fragwürdigkeit, von wissenschaftlicher Fundierung gar nicht zu reden. Angesichts der waffentechnologischen Entwicklungen ist dieses „Gleichgewicht des Schreckens" nur aufrechtzuerhalten, wenn die rüstungswirtschaftliche Entwicklung auf beiden Seiten ständig in Gang gehalten wird[104]. Das bedeutet Rüstungseskalation. Diese enthält eine eigene Dynamik, und mit der Zunahme der Zerstörungsgewalt bzw. Vernichtungskapazität neuer Waffensysteme wird dieser Rüstungs-„Wettlauf" selbst zu einer ernsten Quelle der wechselseitigen Furcht, der Verdächtigungen, der Verunsicherungen, trägt damit selbst zur Verschärfung der internationalen Spannungen bei und kann auf einem bestimmten Niveau und in einer bestimmten Situation selbst die militärische Konfliktaustragung hervorrufen[105]. Ob dies dann geschehen ist, weil unbegründete Befürchtungen überhand nahmen, weil Unsicherheit und Führungsschwächen auf abenteuerliche Weise überspielt werden sollten, weil Fehlinformationen über die Absichten des potentiellen Gegners vorlagen, weil technisches Versagen irrtümlich Aktionen auslöste oder weil einfach menschliches Versagen im Spiel war – all das zu beantworten, wird es dann möglicherweise niemanden mehr geben.[106]

102 Zit. nach: „Washington Star" vom 1. 1. 1981.
103 C. S. Gray/K. Payne, Ein Sieg ist möglich, in: Foreign Policy, zit. in: „Stern" vom 15. 10. 1981, S. 86.
104 Vgl. W. K. Panofsky, Technische und politische Faktoren des nuklearen Wettrüstens, in: Europa-Archiv, Folge 17/1981, S. 521 ff.
105 Vgl. D. S. Yost (Ed.), NATO's Strategie Options: Arms Control and Defense, New York 1981.
106 Vgl. W. Bittdorf (Hrsg.), Nachrüstung. Der Atomkrieg rückt näher, Hamburg 1981.

Es ist sicher nicht unwichtig zu betonen, daß diese kritische Einschätzung der Rüstungsaktionen und der Abschreckungsdoktrin nicht nur von marxistisch-leninistischen Theoretikern vorgenommen wird, sondern daß dazu auch viele bürgerliche Autoren gelangen[107]. Angesichts der realen Gefahren sah sich bereits 1976 ein Vertreter des Heiligen Stuhls veranlaßt, in einer Stellungnahme an die UNO zu erklären: „Unter allen Umständen – mag es sich nun um Kernwaffen oder um ‚klassische' Waffen handeln, um Groß- oder Kleinmächte – ist der Rüstungswettlauf zu einem vielschichtigen Prozeß geworden, der unabhängig von jeder Angriffslust seiner eigenen Dynamik folgt, die sich der Kontrolle durch die Staaten entzieht. Es handelt sich hier um eine vernunftslose Kettenreaktion."[108] Der Standpunkt des Vatikans in dieser Frage ist erst jüngst dahingehend verdeutlicht worden, daß man die Abschreckungs-Doktrin für eine Maskerade einseitiger Drohpolitik hält und – mit Betonung des Rechts auf Frieden – zu realistischen Abrüstungsschritten auffordert[109].

Natürlich ist das bestehende relative militärische Gleichgewicht zwischen den Bündnisformen für beide Seiten ein gewisser Sicherheitsfaktor. Aber sein Wert kann nicht darin bestehen, daß er auf das militärische Element mit Priorität festgelegt wird bzw. daß dieses Gleichgewicht auf ein stets höheres (kapazitätsmäßig und hinsichtlich der Qualität der Systeme), selbstverständlich kostspieligeres und konfliktbegünstigenderes Niveau verschoben wird. Das hat zum Effekt das genaue Gegenteil von Sicherheit[110]. Durch Vereinbarungen, internationale Verträge und einen umfassenden Katalog von vertrauensbildenden Maßnahmen muß (und kann) erreicht werden, daß dieses Gleichgewicht durch quantitativ und qualitativ ausgeglichene Rüstungsbeschränkungen und Abrüstungsmaßnahmen auf beiden Seiten Schritt für Schritt auf ein niedrigeres Niveau verlagert wird. Die legitimen Sicherheitsbedürfnisse beider Seiten könnten so hinreichend gewährleistet werden, die mit der Rüstungseskalation einhergehenden Gefahren ließen sich allmählich eliminieren, und es würden auf beiden Seiten umfangreiche materielle Mittel und entscheidende Potentiale frei, die dem Wohle der Bevölkerung in beiden Systemen und nicht zuletzt der Lösung von globalen Problemen dienen können. Diese von der Sowjetunion und den anderen

107 Siehe in: G. Schmid, Détente: Entspannung oder Spannungsverminderung? Zur Diskussion der Entspannungspolitik nach einem Jahrzehnt, in: Merkur, 8/1981, S. 772 ff.; dazu auch: W. Bruns, Über Abrüstung zum Frieden. Anmerkungen zur neueren Abrüstungsliteratur, in: Neue Politische Literatur, 2/1981, S. 213 ff.

108 Pax Christi, 6/1976, S. 8.

109 Vgl. in: „Osservatore Romano" vom 1. 10. 1981.

110 Vgl. D. S. Lutz, Weltkrieg wider Willen?, Hamburg 1981.

sozialistischen Staaten angestrebte Problemlösung geht also nicht davon aus, daß Friedenssicherung und Entspannung mit der Überwindung des Gegensatzes zwischen den sozialökonomischen Systemen identifiziert werden können oder dies gar voraussetzen. Sie geht vielmehr davon aus – und das ist das Wesen des Konzepts der friedlichen Koexistenz –, daß beide Systeme während einer längeren historischen Periode nebeneinander bestehen (also koexistieren), daß ihre Beziehungen zueinander durch Zusammenarbeit geprägt sind und daß die Austragung ihrer Interessengegensätze sowie Konflikte unbedingt in friedlicher (gewaltloser resp. nichtmilitärischer) Form verlaufen müssen (also friedliche Koexistenz).

Auch Vertreter der Abschreckungs-Doktrin unterstreichen: „Die Entspannung wird nicht als eine Überwindung des grundlegenden Antagonismus gesehen, der zwischen der amerikanisch-westeuropäischen Welt und dem sowjet-kommunistischen Lager entstanden ist."[111] Aber sie meinen, daß „folglich die entgegengesetzten Interessen und Tendenzen auf beiden Seiten wirksam (bleiben) und auch den Charakter einer potentiellen Bedrohung für die andere Seite (behalten)."[112] Der Systemantagonismus wird hier also automatisch mit ständiger militärischer Bedrohung gleichgesetzt. Dies ist ein offensichtlicher Fehlschluß. Die Erfahrungen der vergangenen 30 Jahre zeigen, daß trotz wechselhaften internationalen Klimas und komplizierter Situationen die militärische Austragung von Interessengegensätzen der beiden Bündnissysteme vermieden werden konnte, daß angesichts der Zunahme der Massenvernichtungswaffen und der Eskalation der Rüstungen sowie des Waffenhandels die friedenswilligen Kräfte und ihre Aktivitäten weltweit zugenommen haben und daß – wie die KSZE-Schlußakte von Helsinki gezeigt hat – auch auf staatlicher Ebene Möglichkeiten bestehen, die Beziehungen zwischen den entgegengesetzten Systemen nach Normativen friedlichen Zusammenlebens zu organisieren.

Wer diesen objektiven Möglichkeiten jedoch dadurch entgegensteuert, daß er bei Erlangung eines wirklichen oder vermeintlichen waffentechnologischen Vorsprungs oder militärischen Übergewichts auf einen siegbringenden Waffengang setzt, dessen strategische Prämissen sind nicht auf Entspannung angelegt und erbringen keine Sicherheit[113].

Bereits vor der direkten Liquidation von Sicherheit durch eine militärische Aggression des Imperialismus verkörpert dieser mit seiner Rüstungseskalation eine permanente, schleichende Bedrohung der

111 G. Wettig, Das Abschreckungskonzept als Theorie der Friedenssicherung, a. a. O., S. 16.

112 Ebenda.

113 Vgl. K. D. Bredthauer/K. Mannhardt (Hrsg.), Es geht ums Überleben. Warum wir Atomraketen ablehnen, Köln 1981.

Sicherheit[114]. Das schließt ein: 1. Die Absicht, den Sozialismus „totzurüsten", ist die Eröffnung eines Wirtschaftskrieges; eine Negation legitimer Souveränitäts- und Sicherheitsrechte durch indirekte Vernichtungsstrategien. 2. Militärische Hochrüstung impliziert soziale Abrüstung; die soziale Sicherheit wird im Zuge rigoroser Demontage der materiellen Lebensgrundlagen untergraben; die langfristige irreversible Deformation des Wirtschaftsorganismus trägt zur Vertiefung der Krise bei. 3. Der Neokolonialismus stellt nicht nur in den Wirtschaftsbeziehungen eine Mißachtung der Souveränität dar und trägt in der dritten Welt zu millionenfachem Tod bei, sondern bedeutet in Gestalt der Doktrin von der militärischen Durchsetzung imperialistischen Einflusses („Sicherung" von Rohstoffquellen, Absatzmärkten und militärischen Stützpunkten) auch eine direkte Mißachtung der Sicherheit dieser Staaten und Völker[115].

Der unter der Führung aggressivster Kreise des USA-Imperialismus proklamierte Neo-Globalismus („Linkage"-Politik) ist mithin in wirklich globaler Dimension Feind des Friedens und der Sicherheit, erklärter Feind des Sozialismus, jeglicher revolutionärer Befreiung der Völker und so die prinzipielle Verweigerung des gesellschaftlichen Fortschritts in unserer Epoche. Insofern diese Zusammenhänge auch in der politischen Öffentlichkeit kaum noch zu verschleiern sind und auf breiter demokratischer Basis der Widerstand wächst, nimmt das Legitimationsbedürfnis des Imperialismus für diese Konfrontationspolitik sprunghaft zu (das mußte am 22. Juni 1981 selbst der neue Leiter des USA-Amtes für Rüstungskontrolle und Abrüstung, E. V. Rostow, in einer Erklärung vor dem außenpolitischen Ausschuß des US-Senats offen zugestehen). Darüber hinwegtäuschen können auch nicht die vorwiegend scientistisch aufgeputzten Legitimationsversuche, die mit schwülstiger Verbalistik eine sicherheitspolitische Alleinvertretungsanmaßung zu begründen suchen[116], die mit dem Image des sachkompetenten Objektivismus der Begriffshülle „Gleichgewicht" die semantische Ausfüllung von „Überlegenheit" transplantieren[117], die von „vertrauensbildenden Maßnahmen" reden, nachdem sie mit gefälschtem Material zu evident erscheinenden Fol-

114 Vgl. in: Studiengruppe Militärpolitik (Hrsg.), Aufrüsten, um abzurüsten? Informationen zur Lage. Friedensforscher reagieren auf die internationale Krise. Hamburg 1980; sowie: SIPRI (Hrsg.), Rüstungsjahrbuch '80/81, Hamburg 1980.

115 Vgl. Neokolonialismus, Neue Erscheinungen, Berlin 1981.

116 Signifikant: G. Wettig, Entspannung und Sicherheit. Konzeptionelle Überlegungen an einer kritischen Wegemarke, in: Aus Politik und Zeitgeschichte, B 11/1980, S. 18 ff.

117 Typisch in dieser Weise: J. J. Holst, Abschreckung und Stabilität im Verhältnis zwischen NATO und Warschauer Pakt, in: Europa-Archiv, Folge 1/1981, S. 9 ff.

gerungen geführt haben, die als politisches Kalkül ein grober Mißbrauch von Vertrauen, von Entspannungsbereitschaft bedeutet[118]. Der Bauplan dieser entspannungsfeindlichen – demagogisch mit dem Begriff „Sicherheit" gekoppelten – Konzepte ist nun keineswegs neu, wenngleich einige Schriften diesen Eindruck zu erwecken suchen[119]. Tatsächlich handelt es sich um einen geschichtsblinden, reaktionär-utopischen, und gerade wegen der Verkennung der wirklichen Kräfteverhältnisse um so gefährlicheren Versuch, die „alten Ideale nicht der neuen Zeit, sondern die neue Zeit den alten Idealen anzupassen".[120]

Es verwundert so nicht, daß in den ideologisch-theoretischen Grundlagen der Außenpolitik der Reagan-Administration jener folgenschwere Fehler, der im Denken der Abschreckungs-„Theoretiker" in der Unterstellung besteht, daß staatliche Entscheidungen auf absolut rationellem Wege zustande kämen, nunmehr selbst vorherrschende Praxis geworden ist[121]. Denn – wie selbst von Parteigängern Reagans in den akademischen Dienstleistungszentralen offen bekannt wird – in der außenpolitischen Entscheidungsfindung spielt das Kalkül der Rationalität, der vernünftigen Kosten-Nutzen-Kalkulation gegenwärtig eine völlig untergeordnete Rolle[122]. Traditionellerweise gingen die Vertreter der Abschreckungsdoktrin davon aus, daß die jeweiligen staatlichen Entscheidungsträger genau kalkulieren, welchen Schaden und welchen Nutzen ihnen die Anwendung militärischer

118 So bereits bei: J. Alford, Vertrauensbildende Maßnahmen und Sicherheit in Europa. Perspektiven für das Madrider KSZE-Folgetreffen, in: Europa-Archiv, Folge 19/1980, S. 589 ff. Die Zeitung „Dagens Nyheter" deckte den Zahlenschwindel des Londoner Internationalen Instituts für strategische Studien – wie andere schon früher – erneut im Sommer 1981 auf, als nach näherer Prüfung der Angaben im Report „The Military Balance", für den auch Alford als Deputy Director verantwortlich zeichnet, nicht mehr aufrechtzuerhalten waren; demgegenüber: G. Krell/D. S. Lutz, Nuklearrüstung im Ost-West-Konflikt. Potentiale, Doktrinen, Rüstungssteuerung, Baden-Baden 1980.

119 Vgl. P. Eisenmann, Mit oder ohne Konzept? Brzezinski und die Außenpolitik der USA, Krefeld 1981; sowie: Ders., u. a., (Ent-)Spannung? Der Ost-West-Konflikt, Stuttgart 1981.

120 M. Görtemaker, Auferstehung des Containment. Die Politik der USA gegenüber der Sowjetunion nach den Präsidentschaftswahlen 1980, in: Osteuropa, 6/1981, S. 457.

121 Vgl. H. Rühle, Die Außenpolitik der Regierung Reagan, in: Aus Politik und Zeitgeschichte. Beilage zur Wochenzeitung „Das Parlament", B 32/1981, S. 48 ff.

122 Vgl. dazu in: H.-J. Gamm, Über den amerikanischen Begriff der „Abschreckung". Sozialpsychologische Reflexion, in: Blätter für deutsche und internationale Politik, 9/1981, S. 1057 ff.

Mittel bei der Wahrnehmung ihrer Interessen einbringt. Da bei gesicherter Zweitschlag-Kapazität des potentiellen Gegners mit größter Wahrscheinlichkeit auch das Territorium des Angreifers völlig zerstört wird – es gibt dann im eigentlichen Sinne keinen Sieger mehr –, ist der Verzicht auf den Angriff die einzig rationale Entscheidung. Die Annahme, daß dieser Mechanismus funktioniert, veranlaßte Frei, die ihm auf der weltanschaulich-methodologischen Ebene unlösbar erscheinenden Sicherheitsfragen zu transformieren in eine formalisierte Problemstellung. Für eine Typologisierung stellte er die Kategorien „Sicherheit" und „Unsicherheit" als Relationsgrößen vor, was sich als doppelte Dimension wie folgt schematisch ausdrücken läßt:

Tabelle 1

		objektive Ungewißheit in bezug auf eine Gefahr (Negation von „tutus")	
		groß	gering
subjektive Ungewißheit in bezug auf eine Gefahr (Negation von „securus")	groß	Unsicherheit	Obsession
	gering	falsche Sicherheit	Sicherheit

Danach lautet das Sicherheitsproblem: „Wie gelangt man vom Zustand der Unsicherheit in den Zustand der Sicherheit, und zwar möglichst gradlinig, ohne dem Irrtum der falschen Sicherheit oder dem Irrtum der Obsession zu verfallen?"[123]

Nun läßt allerdings die Praxis den Schluß zu, daß mit dieser Schematisierung weder problemlösende Rationalität in die Abschreckungsdoktrin einsickert, noch aber etwa den an der Rüstungseskalation Profitierenden ein Wandel in ihren Zweck-Mittel-Kalkulationen verordnet werden könnte. Den Macht- und Herrschaftsinteressen des militärisch-industriellen Komplexes kann man nicht begegnen, indem man entscheidungslogisch eine Liquidierung von „Unsicherheit" vornimmt, sondern nur, indem man die sicherheitsverweigernden Interessen verdeutlicht und politisch-ideologisch deren Zügelung wirksam verfolgt[124]. Das ist die unverzichtbare Grundlage, von der her dann – vielleicht sogar mit Nutzen – entscheidungslogische Überlegungen, spieltheoretische Erwägungen (so bei K. W. Deutsch,

123 D. Frei, Sicherheit . . ., a. a. O., S. 21.

124 Vgl. J. Grumbach (Hrsg.), Reaktoren und Raketen. Atomare Gefahren und Bürgerproteste, Köln 1980.

J. D. Singer, Th. Ch. Schelling, A. Rapoport) ihre Berechtigung haben können. Frei erkennt das insofern an, als er mit seinen Vorschlägen zu Alternativen wesentlich auf Empfehlungen der UNO, auf Prinzipien von Helsinki und so nicht zuletzt auf die realistischen Vorschläge der sozialistischen Länder rekurriert[125].

Die formalisierten Schemata lassen sich beliebig variieren, letztlich laufen sie auf die Annahme hinaus, daß politische Entscheidungen auf dem Feld der internationalen Beziehungen ähnlich einer betriebswirtschaftlichen Nutzen-Schaden-Bilanzierung fallen. Die Analogie zum Geschäftsgebaren in der Wirtschaft mit ihren Aufwands- und Ertragsvergleichen liegt tatsächlich auf der Hand. Allerdings wird in den Erwartungen aus solchen Analogieschlüssen ignoriert, daß die Militärtechnik höchster Geheimhaltung unterliegt und ihr ziviler Nutzen äußerst gering ist (durchschnittlich unter 5–7 Prozent), daß die Angaben über die Potentiale des Gegners seit Jahren äußerst ungenau bzw. – wie bei den amerikanischen „Lücken"-Debatten – manipuliert sind, daß auch bei führenden Politikern die Entscheidungsfindung durch subjektive Faktoren und ideologische Vorurteile beeinflußt wird, daß die auf Grund moderner Technik erforderliche Geschwindigkeit von Entscheidungsprozessen nicht selten die Zeit für ein rationales Kalkül verringert und daß demzufolge mit zunehmender internationaler Klimaverschlechterung und wachsender Anhäufung von Massenvernichtungsmitteln die Gefahr irrationaler Entscheidungen, die global irreversibel sind, anwächst.

Die Realitäten solcher Gefahr hat – neben anderen – Krippendorff in der US-amerikanischen politischen Geschichte nachweisen können, indem er auf die hohe Unkalkulierbarkeit der vom militärisch-industriellen Komplex ausgehenden Machtambitionen hinwies[126]. Seine Erhebungen über die Häufigkeitsverteilung militärischer Gewaltanwendung durch die verschiedenen US-Administrationen bereits in einer Zeit, da es gar keinen realen Sozialismus gab und also eine wie heute bekannte Bedrohungslüge gar keine legitimatorische Konjunktur haben konnte, macht den Ursache-Folge-Zusammenhang zwischen dem Expansionsstreben des Kapitals und aggressiver Außenpolitik zum Schlüssel für die Beantwortung der Frage nach den Quellen von Unsicherheit[127]. Tatsächlich offenbaren erst jetzt zugängliche Dokumente aus dem Pentagon, daß der dritte Weltkrieg aus keinem anderen Grund geplant wurde, als den Sozialismus zu liquidieren und

125 Vgl. D. Frei, Sicherheit . . ., a. a. O., S. 116 ff.

126 Vgl. E. Krippendorff, Die amerikanische Strategie. Entscheidungsprozeß und Instrumentarium der amerikanischen Außenpolitik, Frankfurt a. M. 1970, S. 43 ff.

127 Vgl. auch in: G. Köhler, The Nation-State Paradigm, and the Imperialism Paradigm: British War Involvements, in: Peace Research, 1/1975, S. 31 ff.

eine unbeschränkte amerikanische Weltherrschaft zu installieren[128]. Daß sich diese „Rationalität ohne Vernunft und Skrupel" (C. M. Mills) entscheidungslogischen Verfahren ebenso entzieht, wie die „Arroganz der Macht" (J. W. Fulbright) sich über moralische Appelle hinwegsetzt, macht realistische Sicherheitskonzeptionen nicht leichter, sondern schwerer durchsetzbar. Dennoch ist dieses Ziel der Anstrengung wert, weil zum Geist der Entspannung und Abrüstung nur jener Ungeist eine – allerdings wegen seiner Existenzgefährdung für die Menschheit unannehmbare – Alternative darstellt, von der Somerville sarkastisch schreibt: „Falls es notwendig ist, die Welt zu zerstören, um sie vor dem Kommunismus zu bewahren, so muß es eben geschehen. Es ist besser, daß sie durch unsere gerechte Macht zerstört würde, als daß sie Gefahr läuft, unter die Herrschaft des Kommunismus zu fallen."[129]

4. Zum Problem der Differenzierung von Entspannungstheorien

Der semantische Pluralismus des Begriffs „Sicherheit" korrespondiert mit der Vieldeutigkeit des Begriffs „Entspannung". Dabei wirken sich die Varianten des ideologisch-theoretischen Typus von „Sicherheit" auf den Prozeß der Differenzierung der Entspannungstheorien aus[130]. In dieser Hinsicht sind wesentlich drei Spezies zu erkennen:

1. Die industriegesellschaftstheoretischen Begründungsversuche von „Sicherheit": Diese Konzeptionen knüpfen an bestimmte Erscheinungen der sozialökonomischen bzw. wissenschaftlich-technischen Prozesse an (Internationalisierung der Produktivkräfte, Weltwirtschaft und Welthandel, wissenschaftlich-technische Revolution) und postulieren diese unter Abstraktion vom Klassencharakter der Politik zu konstitutiven Elementen von „Sicherheit". Wiederholt tritt hier die Forderung auf, daß der Sozialismus die Interessen der Arbeiterklasse preisgeben und auf die marxistisch-leninistische Ideologie verzichten soll, dann könne „man" über „Sicherheit" verhandeln[131].

2. Die interdependenztheoretischen Begründungsversuche von „Sicherheit": Sie operieren mit pseudomaterialistischen und vulgäröko-

128 Vgl. B. Greiner/K. Steinhaus, Auf dem Weg zum 3. Weltkrieg? Amerikanische Kriegspläne gegen die UdSSR. Eine Dokumentation, Köln 1980.

129 J. Somerville, Durchbruch zum Frieden, a. a. O., S. 136.

130 Vgl. in: International Security, Cambridge/Mass. 1979.

131 Vgl. dazu in: G. Simonis, Außenpolitik und Abschreckung. Ansätze zu einer kritischen Theorie des internationalen Systems, Frankfurt a. M./New York 1977.

nomischen Thesen bezüglich unüberwindlicher Existenzabhängigkeiten zwischen den Staaten (besonders zwischen „industrialisierten" und „nichtindustrialisierten" bzw. unter der irreführenden Formel der „Nord-Süd-Dependenz"), demzufolge ein Revolutions- und Fortschrittsverzicht das Gebot der Stunde sei. Die strategische Zielstellung gegen die Zusammenarbeit der revolutionären Hauptabteilungen und den antiimperialistischen Charakter des Kampfes um eine neue demokratische Weltwirtschaftsordnung liegt dabei auf der Hand, zumal die geopolitischen Doktrinen des Imperialismus hier zum Teil ganz offen restauriert werden[132].

3. Die systemtheoretischen oder multikausalen Begründungsversuche von „Sicherheit": Sie knüpfen an die sogenannte Mehrfaktoren-Analyse an und postulieren unter dem Aushängeschild „pluralistischen Theorienverständnisses" – in Wirklichkeit handelt es sich um einen extremen methodologischen Eklektizismus und Subjektivismus – „Sicherheit" in offener Konfrontation (Verfälschung) der Theorie und Praxis friedlicher Koexistenz[133]. Hier werden mehrheitlich traditionelle Denkansätze der imperialistischen Strategieforschung (teilweise unter dem Deckmantel von Friedens- und Konfliktforschung) aufgearbeitet, wird unter Beibehaltung alter strategischer Zielstellungen aus der Zeit des Kalten Krieges Anpassung an veränderte Bedingungen versucht[134].

Der Grad, in dem hier Wissenschaftsanspruch zum ideologischen Vehikel degeneriert, das Maß, mit dem hier mit akademischem Gehabe Theorie reduziert wird auf bloße ideologische Dienstleistung, das offenbart in aktueller Weise der weltanschaulich-theoretische Rahmen der sogenannten „Doppelstrategie von Entspannung und Abschreckung", weil dieser ja in der praktischen Politik mit dem „Doppelbeschluß" der NATO vom 12. Dezember 1979 blitzlichtartig als prinzipielle Verweigerung von Sicherheit erhellt wurde. Im Kern bedeutet dieser Raketenbeschluß – eingebettet in das Langzeitrüstungsprogramm – akute Gefährdung von Sicherheit, Aufrechterhaltung von Spannungen mit allen Mitteln, Erreichung militärischer Überlegenheit unter allen Umständen, Einkalkulierung des äußersten Risikos[135]. Das „sicherheits"-politische Konzept der „Doppelstrate-

132 Vgl. dazu in: Friedensanalysen. Für Theorie und Praxis (3), Frankfurt a. M. 1976, sowie Friedensanalysen (11), a. a. O., 1980.

133 Als Überblick typisch in: Graubuch zu den Folgewirkungen der KSZE, herausgegeben von J. Delbrück/N. Ropers/G. Zellentin, Köln 1977.

134 Ausführlicher dazu: M. Görtemaker, Die unheilige Allianz. Die Geschichte der Entspannungspolitik 1943–1979, München 1979.

135 Ein entsprechendes Szenarium findet sich u. a. in: R. J. Rummel, Der gefährdete Frieden. Die militärische Überlegenheit der UdSSR, München 1977; sowie: N. Calder, Atomares Schlachtfeld Europa.

gie" ist dergestalt den Erfordernissen eines wirklichen Entspannungsprozesses diametral entgegengesetzt, hält mit der Abschreckungsdoktrin und der „Nach-vorne-Verteidigung" an nicht nur untauglichen „Ost-West"-Strategien, sondern zugleich auch aggressiven Kriegsvorbereitungen fest, entzieht sich jeglichem sicherheitspolitischen Realismus und entspannungsförderlicher Vernunft[136].

Will man zu den Differenzierungen in den Entspannungstheorien mithin eine wissenschaftlich haltbare Position finden, so kann man gewiß von der Fragestellung ausgehen, was Entspannung nicht ist. Dafür erscheinen drei Aspekte relevant:

Erstens setzt Entspannung Gegensätze und Widersprüche voraus, die keinesfalls nur sekundärer oder vorübergehender Art sind, sondern prinzipiellen Charakter tragen – sonst brauchte man für die Garantierung ihrer friedlichen Austragung keine internationale und auf lange Sicht angelegte Politik zu entwickeln. Mit Recht stellt Stuby fest: „Entspannung ist ein Zustand zwischen den antagonistischen Gesellschafts- und Staatssystemen, vornehmlich zwischen den beiden Paktsystemen."[137] Auch Czempiel hat in Auseinandersetzung mit anderen Auffassungen schon darauf hingewiesen, „daß Entspannung nichts anderes bedeutet, als bei unverändertem Fortbestehen des Konfliktes Austragungsmittel zu wählen, die einen geringeren Grad von Gewalt enthalten." Und er unterscheidet noch einmal besonders: „Einen Konflikt zu entspannen heißt nicht, ihn im Kern aufzuheben oder auch nur zu verändern."[138] Die Bedeutung dieses Gesichtspunktes besteht darin, daß er keine Illusionen darüber zuläßt, daß mit Hilfe der Entspannung der Systemantagonismus überwunden werden könnte.

Zweitens bedeutet Entspannung nicht die Stornierung historischer Prozesse. Wenn im Inneren eines Landes die sozialen, ökonomischen und politischen Auseinandersetzungen zwischen den Klassenkräften dieses Landes und der Klassenkampf scharfe Formen annehmen, so können die revolutionären Kräfte auf die Solidarität und Unterstüt-

Report über die Wahrscheinlichkeit eines atomaren Krieges in den 80er Jahren, Hamburg 1980.

136 Vgl. dazu: U. Nerlich, Neuorientierung der amerikanischen Außenpolitik. Grundlagen des Wandels unter Präsident Reagan, in: Europa-Archiv, Folge 15/1981, S. 461 ff.; sowie: J. H. Herz, Amerikanische Außenpolitik am Scheideweg, in: Aus Politik und Zeitgeschichte. Beilage zur Wochenzeitung „Das Parlament", B 32/1981, S. 35 ff.

137 G. Stuby, Zwischen kaltem Krieg und Entspannung, in: Blätter für deutsche und internationale Politik, Köln, 4/1980, S. 397.

138 E.-O. Czempiel, Die Vereinigten Staaten und die Entspannung. Ideologie und Rüstung im Ost-West-Konflikt, in: Europäische Sicherheit und der Rüstungswettlauf, Frankfurt a. M./New York 1979, S. 82.

zung seitens der sozialistischen Länder rechnen. Dies hat insofern keinen direkten Bezug zum Entspannungsbegriff – und sollte auch den Entspannungsprozeß nicht behindern – als es sich bei der Entspannung im Sinne der friedlichen Koexistenz um die Beziehung zwischen Staaten oder Staatengruppen handelt. Für diese Beziehungen zwischen den Staaten muß die friedliche Form gesichert sein, und sie müssen mit den allgemeinen Normen des Völkerrechts übereinstimmen. Es geht also bei der Entspannung um die Gewährleistung friedlicher Beziehungen – auch friedlicher Formen der Austragung von Interessengegensätzen – zwischen Staaten, Staatengruppen bzw. zwischen den Systemen, nicht aber um die Behinderung des gesellschaftlichen Fortschritts im Inneren eines Landes.

Und *drittens* ist Entspannung auch nicht nur eine Methode der Konfliktregulierung im Sinne von Krisen-Management. Obwohl der Frage nach den Formen der Konfliktregulierung beim Entspannungsprozeß große Bedeutung zukommt, darf dabei nicht stehengeblieben werden und die Entspannung nicht zu einem formalen, instrumentalen Methodenprinzip entwertet werden. Die Entspannung muß als eine Einheit von Ziel-Mittel-Relationen aufgefaßt werden, wobei die Mittel (Verhandlungen, Verträge, Konferenzen, personelle Kontakte usw.) dem Ziel dienen müssen, substantielle Fortschritte im Klima der internationalen Beziehungen und wirksame Einschränkungen der Rüstungspotentiale zu erreichen.

Die funktionalistische Theorie der internationalen Beziehungen, wie sie zu Ende des zweiten Weltkrieges besonders von Mitrany entwikkelt wurde, ist inzwischen auch auf das Entspannungsproblem angewendet worden[139]. Die Vertreter des Funktionalismus gehen von der richtigen Auffassung aus, daß die Sicherung des Weltfriedens nicht durch die Errichtung einer neuen Weltordnung, durch eine Weltregierung oder durch die Schaffung einer internationalen Armee – sogenannte Weltpolizei – erwartet werden kann. Da aber das internationale Leben weiterhin durch politische Gegensätze und Unterschiede gekennzeichnet bleibt, müssen realistischere Wege beschritten werden. Deshalb wird darauf orientiert, daß die Nationalstaaten ihre bereits vorhandenen gemeinsamen Interessen auf technologischem, wirtschaftlichem, kulturellem usw. Gebiet weiter entwickeln und daß die in diesen „funktionalen Bereichen" entstehenden wechselseitigen Bedingungen so ausgeprägt, fest und eng werden, daß sich kein Partner mehr daraus lösen kann, um sich in einen kriegsführenden Angreifer zu verwandeln.

Das Streben nach immer engeren Beziehungen zwischen den Staaten und Völkern in allen Bereichen des gesellschaftlichen Lebens ist

139 Vgl. D. Mitrany, A. Working Peace System, Chicago 1966; siehe ebenfalls: G. Zellentin, Intersystemare Beziehungen in Europa. Bedingungen der Friedenssicherung, Leyden 1970.

natürlich nur zu unterstützen. Und daß die weitere Ausgestaltung dieser vielfältigen Verflechtungen eine enge Beziehung zum Entspannungsprozeß hat, steht auch außer Frage. Dennoch muß ein wesentlicher Einwand geltend gemacht werden. Das gute Funktionieren der immer enger werdenden Wechselbeziehungen auf vielen Gebieten zwischen Staaten und Völkern wird als selbständiger Faktor betrachtet, der mehr oder weniger automatisch zu immer größer werdender Sicherheit und Verringerung der Kriegsgefahr führt. Dabei wird übersehen, daß die Entfaltung dieser Beziehungen in der gewünschten oder zu einer anderen Richtung von politischen Entscheidungen abhängig und diesen untergeordnet ist. Es sind nicht einfach gut nachbarliche Beziehungen, die automatisch zu immer friedliebenderen politischen Entscheidungen führen, sondern umgekehrt hängt der Ausbau oder die Einschränkung aller dieser Beziehungen von der politischen Position und der politischen Strategie der jeweiligen Regierung ab. Daher ist nicht Entspannungspolitik das Resultat guter Wirtschafts-, Kultur- und Wissenschaftsbeziehungen, sondern die Entspannungspolitik muß als jene übergeordnete Kategorie betrachtet werden, von deren Gedeihen die Entwicklung der anderen Beziehungen abhängig ist.

Der Pluralismus wird ebenfalls in die Entspannungsdiskussion eingebracht. Die pluralistische Konzeption, wie sie von Schneider und anderen entwickelt wurde, geht davon aus, daß der positive Frieden in verschiedenen Ländern und Gesellschaften auf unterschiedliche Weise erstanden wird, daß dieses unterschiedliche Verständnis allseitig toleriert werden muß und daß „die Annäherung der unterschiedlichen Vorstellungen von Gerechtigkeit und Freiheit in bezug auf Staaten wie deren Bürger ... nur durch ständigen konstruktiven Dialog zu erreichen versucht werden (kann)."[140] Dieses „pluralistische Weltverständnis" geht also vom Fortbestehen unterschiedlicher politischer Systeme aus, was aber nicht als unvermeidbares Übel angesehen wird, sondern legitim und wünschenswert sei. Und um diesen Zustand aufrechtzuerhalten, wird gefordert: „Von Strategien zur gezielten Schwächung sowie Destabilisierung und von dem bewußten Ausnutzen innerer Krisen des anderen zum eigenen Vorteil wird dann der Abstand genommen werden müssen. Alle praktischen Anstrengungen wie ideologische Ansprüche, aus dem Wettkampf der Systeme eines Tages doch als Sieger hervorzugehen, werden aufgegeben werden müssen."[141]

Diese pluralistische Entspannungstheorie ruft zwei Einwände hervor. Einmal geht sie von der Annahme aus, daß es eine absolute gesellschaftspolitische Toleranz geben könne, nach welcher Staaten und

140 E. Schneider, Überlegungen zur Entspannung in einer pluralistischen Welt, Köln 1979, S. 2.

141 Ebenda, S. 25.

Gesellschaften auch andere – sogar ganz entgegengesetzte – Vorstellungen und Realitäten als gleichwertig und legitim anerkennen. Die Entwicklungsländer müßten also die neokolonialistische Politik der kapitalistischen Metropole akzeptieren, die sozialistischen Staaten müßten die kapitalistische Ausbeutung als legitim erklären, und die kapitalistischen Länder müßten den Sozialismus akzeptieren und für gleichwertig halten. Eine solche Konkretisierung der allgemein formulierten pluralistischen Thesen macht deutlich, wie utopisch sie sind.

Zweitens beruht diese pluralistische Konzeption auf ordnungspolitischem Relativismus. Er besteht in der Annahme, daß es wissenschaftlich nicht möglich sei, objektive Kriterien dafür zu finden, was im gesellschaftspolitischen Bereich historischen Fortschritt darstellt, was Ausbeutung und Unterdrückung ist, unter welchen sozialökonomischen Bedingungen sich Gerechtigkeit, Menschenwürde und Freiheit voll entfalten können und unter welchen nicht. Ein solcher Relativismus, der die wissenschaftliche Erkenntnis gesellschaftlicher Wahrheit leugnet und alles relativiert, ist nicht akzeptabel. Zu Ende gedacht, bedeutet diese Position – obwohl ihre Vertreter das natürlich nicht erklären – letztlich auch eine Legitimierung faschistischer Regimes.

Der Unilateralismus sieht den Frieden dadurch bedroht, daß Furcht, Mißtrauen, Freund-Feind-Schemata die internationale Politik bestimmen. Um dem ein Ende zu setzen, müsse eine Seite damit beginnen, Rüstungseinschränkungen durchzuführen, ohne daß dies vorher mit der anderen Seite abgesprochen sein muß und ohne daß dies mit der Forderung nach Gegenseitigkeit verbunden ist. Mehrere Maßnahmen dieser Art auf einer Seite würden dann – so wird vermutet – Mißtrauen und Furcht abbauen, die Gegenseite vom echten Friedenswillen überzeugen und dadurch dann auch zu entsprechenden Maßnahmen auf der anderen Seite führen. Diese unilateralistische Entspannungskonzeption geht also von vorrangig psychologischen Aspekten aus und ignoriert in starkem Maße ökonomische und machtpolitische Interessen. Ihre Praxisrelevanz ist daher sehr gering[142].

Das gradualistische Konzept der Entspannung bietet demgegenüber mehr Anwendungsmöglichkeiten. Es geht davon aus, daß in einem stufenweisen Prozeß durch gleichwertige Maßnahmen der Entspannung und Rüstungsbeschränkung eine Verminderung des militärischen Potentials und eine größere Sicherheit erreicht werden, ohne daß eine grundsätzliche Veränderung des Kräftegleichgewichts ein-

142 Vgl. H. Groten, Friedensforschung – Anspruch und Praxis, Baden-Baden 1977, S. 133–158; G. Wettig, a. a. O., S. 39.

tritt. Allerdings soll dieser Prozeß gemäß der unilateralen Theorie zunächst durch einseitige Maßnahmen zur Entspannung oder sogar Rüstungsbeschränkung eingeleitet werden. Weitere Schritte werden jedoch von der entsprechenden Reaktion der anderen Seite abhängig gemacht[143]. Auch der Gradualismus enthält eine starke psychologische Komponente, weshalb Groten seine „kritische Revision" für erforderlich hält. Aber er kommt in seinen praktischen Konsequenzen jener Politik sehr nahe, die von den sozialistischen Ländern vertreten wird und den Prinzipien der friedlichen Koexistenz entspricht. Der von der Sowjetunion durchgeführte Abzug von Truppen aus dem Gebiet der DDR in einer Stärke von 20 000 Mann und 1 000 Panzern ist eine solche vertrauensbildende Maßnahme, die weit mehr als nur Symbolcharakter trägt. Die Gradualisten schlagen nun vor, in der ersten Phase einseitige Maßnahmen mit Symbolcharakter durchzuführen, wozu bereits freundliche Reden von Staatsmännern (häufig angeführtes Beispiel: J. F. Kennedy), wohlwollende Berichterstattung und Information über die Gegenseite in den Massenmedien zählen. Die Sowjetunion hat mit ihrem Truppenabzug aus der DDR bereits sehr viel mehr getan. Sie will damit jenen toten Punkt überwinden, der durch den Brüsseler Raketenbeschluß der NATO im Abrüstungsdialog entstanden ist[144]. Und noch bevor die NATO auf diese einseitige Maßnahme der Sowjetunion äquivalent reagiert hat – das ganze Gegenteil ist der Fall[145] – gibt es bereits einen neuen Vorschlag der sozialistischen Länder: Nämlich in der ersten Etappe 20 000 sowjetische und 13 000 US-Militärangehörige aus Mitteleuropa abzuziehen. Der bereits verwirklichte Truppenabzug aus der DDR und der neue Vorschlag auf beiderseitige Truppenreduzierung in Mitteleuropa sind Maßnahmen, die eine positive Reaktion der NATO erfordert hätten. Es muß sich darin zeigen, ob es den herrschenden politischen Kreisen der kapitalistischen Länder – in Sonderheit der NATO-Mitgliedsstaaten – mit einer schrittweisen Rüstungsbegrenzung und gleicher Sicherheit auf qualitativ niedrigem militärischen Niveau ernst ist oder ob ihre machtpolitischen und rüstungswirtschaftlichen Interessen die Oberhand behalten. Im letzteren Falle wäre dann auch die gradualistische Entspannungstheorie falsifiziert.

143 Vgl. G. Wettig, Das Abschreckungskonzept als Theorie der Friedenssicherung, a. a. O., S. 40–43.

144 Vgl. G. Bastian, Aspekte der Friedenspolitik. Notwendige Anmerkungen zum NATO-Doppelbeschluß in der Darstellung der Bundesregierung, in: Blätter für deutsche und internationale Politik, 9/1981, S. 1033 ff.

145 Vgl. H. Rattinger, Strategieinterpretationen und Rüstungskontrollkonzepte. Anmerkungen zum NATO-Doppelbeschluß, in: Aus Politik und Zeitgeschichte. Beilage zur Wochenzeitung „Das Parlament", B 28/1981, S. 21 ff.

Um solche Entscheidung aber nicht allein den herrschenden politischen Kräften zu überlassen, fordert Groten: „Allerdings darf eine Friedensforschung, die sich um die Durchsetzung entsprechender Maßnahmen bemühen will, weniger auf die Unterstützung der etablierten Träger der Macht rechnen, sondern sie muß sich darauf konzentrieren, einer Mehrheit von Bürgern in einem Teil des internationalen Gesamtsystems die Adäquatheit der von den Gradualisten vorgeschlagenen Aktionen mit ihren eigenen Interessen bewußt zu machen. Auf diese Weise können die jeweiligen Machthaber zur Einleitung entsprechender Maßnahmen veranlaßt werden."[146]

In jüngster Zeit hat sich dieses Bewußtsein – wenn auch nicht gerade als Folge bürgerlicher Friedensforschung – als politische Massenbewegung für den Frieden in neuer Qualität konstituiert. Keiner der in Westeuropa oder den USA Regierungsverantwortung tragenden Parteien oder ihrer systemkonformen Opponenten-Parteien in den Parlamenten war es vergönnt, in dieser Weise ihre demokratische Legitimation aus der Unmittelbarkeit einer viele Hunderttausende zählenden Massenbewegung zu erhalten. Natürlich verdeutlich diese machtvolle Bewegung ein breites Spektrum von Meinungen, Standpunkten und Zielen. Niemand kann aber sinnvoll behaupten, daß diese Bewegung Ausdruck eines „Überdrusses" gegenüber der Politik sei; es ist vielmehr ein Unbehagen, ein Überdruß und eine Bewußtheit von der Falschheit der jeweiligen Regierungspolitik; in manchen Fällen auch ein Erkennen des Zusammenhangs von staatsmonopolistischer Ökonomik und Politik. Zweifellos dokumentiert die Friedensbewegung aber auch die Begrenztheit psychologischer Kriegsführung, von der die Konfrontationsstrategen wissen, daß „nur eine geängstigte Bevölkerung sich leicht manipulieren, gängeln und regieren (läßt). Nur einer solchen Bevölkerung lassen sich soziale Verbesserungen und überfällige Reformen vorenthalten ... Sind die Russen auch in fünfundzwanzig Jahren (und mehr – d. V.) nicht gekommen, so muß doch durch die Aufrechterhaltung eines aufgeblähten ‚Sicherheits'-Apparates dargetan werden, daß ein bedrohlicher äußerer Feind existiert, der kommen könnte, und muß durch kalkulierte Provokationen dafür gesorgt werden, daß stets Spannung herrscht."[147] Dazu beizutragen, daß dieser Kurs durchkreuzt werden kann, wird den Prozeß der Differenzierung von Entspannungstheorien sicherlich ebenso voranbringen wie das Begreifen der Notwendigkeit des Friedenskampfes das Bündnis der in dieser Bewegung vereinigten Kräfte festigt. Hier ergibt sich für die engagierte Friedensforschung ein großes Aufgabengebiet. Die marxistisch-lenini-

146 H. Groten, Friedensforschung – Anspruch und Praxis, a. a. O., S. 201.
147 H. W. Kahn, Die Russen kommen nicht. Fehlleistung unserer Sicherheitspolitik, München/Bern/Wien 1969, S. 15.

stische Theorie wird in diesem Prozeß – wie schon in der Vergangenheit – mit friedensförderlichen Forschungsergebnissen und seitens ihrer Vertreter mit praktischen Aktionen ihrer Verantwortung gerecht werden. Die Millionen in der Weltfriedensbewegung Vereinigten können dem Frieden eine Zukunft sichern, wenn sie die Kräfte und Geister der Vergangenheit bändigen.

E. Leibnitz

Zusätzliche Aspekte zu den Fragen von Frieden und Abrüstung

Eingangs soll auch hier noch einmal betont werden, daß die Fragen der Abrüstung und ihre Durchführung heute vorzugsweise der Erhaltung des Friedens und einer zunehmenden politischen Stabilisierung in der Welt dienen müssen. Hierbei hat notwendigerweise die Abrüstung auf dem Gebiet der Nuklearwaffen einen absoluten Vorrang. Es sollte nicht als Utopie angesehen werden, wenn hier noch einmal ausgesprochen wird, daß ein totaler Verzicht auf nukleare Waffen eine absolute Notwendigkeit ist, wenn auch dieses Ziel sicher nur schrittweise erreicht werden kann. Dennoch sollte dieses Ziel im Grundsatz nicht aufgegeben werden. Erst die letzte Konferenz der Pugwash-Bewegung in Banff hat erneut herausgestellt, daß Kernwaffen in keinem Fall als normale Kampfwaffen in Konflikten angesehen werden können, daß die Eingrenzung eines nuklearen Krieges eine völlige Illusion ist und daß die Gefahr einer weltweiten Schädigung des gesamten Erdballs praktisch nie ausgeschlossen werden kann. Hierzu haben sich die Pugwash-Konferenzen mehrmals geäußert, so in der Konferenz des Jahren 1980 in Breukelen, sogar mit einer Dokumentation einer speziellen Arbeitsgruppe aus Medizinern und zugehörigen soziologischen Sachverständnigen. Daher sollte man wirklich bis zum Ende eines solchen Prozesses, der jetzt offensichtlich mit gegenseitigen Kontakten der UdSSR und der USA in Genf begonnen hat, so weit vorstoßen, daß ein Verzicht auf Kernwaffen allseitig mit Hilfe der Vereinten Nationen oder durch einen multilateralen Vertrag erreicht werden kann. Sicher ist ein solches Vorhaben nur stufenweise zu verwirklichen. In der Zwischenzeit sollte man jedoch jeglicher Doktrin, die sich daraus ergeben hat, daß sich innerhalb des Oberbegriffes der „Abschreckungsdoktrin" scheinbar die Möglichkeit eines begrenzten Nuklearkrieges entwikkeln könnte, mit aller Entschiedenheit entgegentreten. Noch einmal sei unterstrichen: Ein endgültiger Verzicht auf Kernwaffen soll keine Utopie sein. Er sollte im Gegenteil unter den Abrüstungsbestrebungen an erster Stelle stehen. In allen Staaten wird das gegenseitige Vertrauen in einem Ausmaß wachsen, dessen positive Einflüsse kaum hinreichend hoch genug eingeschätzt werden können. Ein wirklich endgültiger Verzicht auf Kernwaffen hätte auch noch einen weiteren Vorteil.

Es ist zur Genüge bekannt, daß gegenwärtige Krisensituationen in engem Zusammenhang damit stehen, daß ein bisher kaum vorhanden gewesenes Gefälle zwischen der ökonomischen Situation in den kapitalistischen Industriestaaten auf der einen Seite und den Entwicklungsländern auf der anderen Seite besteht. Von unterschiedlichsten Politikern wird immer wieder darauf hingewiesen, daß es höchste Zeit sei, die Differenzen unterschiedlichster Art zwischen den hochindustrialisierten Staaten endgültig zu bereinigen, damit Kraft und Möglichkeiten bestehen, um dieses Gefälle aus der Welt zu schaffen. Es ist abzusehen, daß aus dieser Entwicklung weit härtere und größere Krisen und demzufolge möglicherweise auch wieder neue Kriege entstehen können.

Eines der größten Erschwernisse, die ökonomischen Verhältnisse in den Entwicklungsländern zu bessern, ist der dort vorhandene Mangel an Gebrauchsenergie, ganz vordergründig an Elektroenergie. Es ist auch bekannt, daß eine Beseitigung dieses Mangels auf die unterschiedlichsten Schwierigkeiten stößt. Abgesehen von dem keineswegs einfachen Zugriff zu einer erweiterten Menge an fossilen Brennstoffen ergeben sich immer wieder Schwierigkeiten im Transport und der Verteilung dieser auf längere Zukunft notwendigerweise als Stückgut anzusehenden Substanzen. Vielfältig und unter anderem auch durch die zugehörige Hohe Behörde der Vereinten Nationen in Wien, der International Agency for Atomic Energie, wird geltend gemacht, daß hier in diesem Kontext der weiteren Anwendung und Entwicklung von Atomenergie eine große Zukunft zuzuordnen ist. Selbst ein stufenweiser Verzicht auf Atomwaffen würde hier eine bedeutende Hilfe leisten können. Sind Atomwaffen doch so geartet, daß bei ihrer Demontage letztlich Kernbrennstoff übrigbleibt, wenn auch alle übrigen Bauteile solcher Waffen gegebenenfalls nur als Schrott angesehen werden können. Da aber anderenfalls die zusätzliche Gewinnung und Aufbereitung von in spaltbaren Metallen enthaltenen Erzen eine zusätzliche Belastung für die Wirtschaft in den hochindustrialisierten Staaten darstellen würde, käme der sozusagen im Abfall erfolgenden Beistellung von Brennstoff für Kernkraftwerke eine besondere Bedeutung zu, wobei hier nicht übersehen wird, daß in den Entwicklungsländern auch die Fragen der Kapitalien für die entsprechenden Kraftwerke noch offenbleiben. Dennoch würde eine der Kardinalfragen von vornherein bereinigt werden können, nämlich die Beistellung entsprechenden Brennstoffes, der immer noch einer sorgfältigen Kontrolle unterworfen und bei dem festgestellt werden kann, ob er wirklich auch nur der Erzeugung von Elektroenergie zugeführt wird.

Alle Fragen der dann notwendigen Aufbereitung der Brennstäbe und der zugehörigen Kontrolleinrichungen, einschließlich der Sicherheit, sind auch nach den Verlautbarungen der oben genannten Hohen Behörde der Vereinten Nationen in Wien so weit fortgeschritten, daß bei naturgemäß weiteren dazugehörigen Forschungs- und Entwicklungsarbeiten, über die gleich noch zu sprechen ist, ein ernstliches Bedenken für eine weitgehende Anwendung auch in den Entwicklungsländern nicht mehr gegeben erscheint.

Dies mag gleich zu der grundsätzlichen Frage überleiten, was eigentlich geschehen muß, um das ökonomische Gefälle zwischen den Entwicklungsländern und den hochindustrialisierten Staaten mit Erfolg zu bereinigen. Es hat sich herausgestellt, daß die Bereitstellung von Kapitalien und Investitionen Dritter in diesen Ländern allein ganz offensichtlich keine Hilfsmittel sind. Im Gegenteil ist die Verschuldung der Entwicklungsländer gegenüber anderen Staaten in einem Umfang angewachsen, der dazu führt, daß man mehr und mehr von einer endgültigen Streichung dieser Schulden spricht. So bewährt sich mehr und mehr die Verfolgung eines Grundsatzes eines sehr alten Sprichwortes aus dem fernen Osten: Wenn du einen Hungernden am Ufer eines Flusses antriffst, so schenke ihm keinen Fisch, sondern lehre ihn das Angeln. In gewissem Umfang ist eine solche Weisheit auch in dem insbesondere von Indien aus propagierten Prinzip der „selfrelies" enthalten. Wenn man aber nach einem solchen Grundsatz verfahren will, so stellt sich immer wieder heraus, daß die wissenschaftlichen Grundlagen über das, was zu lehren ist, im Detail für die unterschiedlichsten Regionen unseres Erdballs nach Klima, Bodenbeschaffenheit und sonstigen territorialen Gegebenheiten keineswegs ausreichend untersucht worden sind. Das gilt selbstverständlich auch für die Fragen der Soziologie, der anderen politischen Wissenschaften und vieles mehr. Es ist also offensichtlich eine beachtliche wissenschaftliche Leistung der hochentwickelten Länder aufzubringen, wenn man mit Erfolg den Entwicklungsländern helfen will, praktisch sich selbst zu helfen. Dabei reicht das Spektrum der einzusetzenden wissenschaftlichen Kapazitäten über alle Bereiche der Technik, der Naturwissenschaften, der Medizin und selbstverständlich auch der Gesellschaftswissenschaften.

Anscheinend paßt diese Bemerkung nur zur Sicherung des Friedens auf lange Sicht, aber nur bedingt zu den Fragen der Abrüstung, die vordergründig jetzt vor uns stehen. Dazu jedoch eine weitere Anmerkung. Die Erfahrung hat gelehrt, daß gleichsam im Schatten der ständig fortschreitenden nuklearen Aufrüstung die Weiterentwicklung von sogenannten konventionellen Waffensystemen und der Einsatz der modernsten Technik ein Ausmaß erreicht hat, das ihnen eigentlich den Namen „konventionell" gar nicht mehr zuzuordnen ermöglicht. Es ist also eine Fülle an wissenschaftlicher Detailarbeit in diese Entwicklung zusätzlich gelenkt worden, so daß sich eindeutig herausgestellt, daß von der heute tätigen Anzahl an Wissenschaftlern quer durch alle Disziplinen ein sehr hoher Anteil der eigentlichen Waffenentwicklung und der Forschung an solchen Waffensystemen zugeordnet ist, dessen Herabsetzung offensichtlich ebenso

notwendig ist wie die Entfernung von Waffensystemen unterschiedlicher Art aus den unterschiedlichen Staaten unserer Welt.
Allein aus der Entwicklung der Waffensysteme, aber auch aus der Veränderung der Vorstellung über Strategie und Taktik im Militärwesen kann leicht abgeleitet werden, daß praktisch Wissenschaftler aller Disziplinen mehr oder weniger total in diese Entwicklungs- und Forschungsvorhaben eingebunden sind. Man kann also damit rechnen, daß es innerhalb des Bereiches der Militärforschung, sei es im privatwirtschaftlichen Sektor, sei es in staatlichen Einrichtungen, eine Fülle von Persönlichkeiten mit hohem speziellem Fachwissen gibt, die andererseits dringend benötigt werden, um im oben genannten Sinne einen Wandel in den Entwicklungsländern herbeizuführen. Beispielhaft mögen einige Aspekte hier nur aufgezählt werden.
Im Vordergrund steht hier immer noch die Frage der Ernährung. Dabei ist nicht nur eine Erschließung anbaufähigen Landes für die Erzeugung von pflanzlichen Nahrungsgütern eine Notwendigkeit ersten Ranges, sondern insbesondere die Frage der Beistellung der notwendigen Proteinmengen eine Kardinalfrage, um zu einer sinnvollen Ernährungsgestaltung kommen zu können. Hierbei müßte es auf der einen Seite zur weiteren Entwicklung industriell gewonnenen Proteins aus monozellulären Organismen kommen, andererseits aber auch zu einer zunehmenden Nutzung der Proteinquelle Ozean. Hierbei wird es ganz notwendig sein, die Gesamtökologie der Weltmeere mit zu betrachten, und eine große Anzahl von bisher ungeklärten Fragen sind der Forschung zu unterwerfen.
Die nächste Frage ist ganz sicher eine wirkliche territoriale Erschließung in den Entwicklungsländern. Dort sind mit großer Wahrscheinlichkeit noch bisher keineswegs ausreichend erkundete und entdeckte Rohstoffe (einschließlich fossiler Brennstoffe) vorhanden, für die es einer geologischen Kleinarbeit größten Ausmaßes bedarf.
Weiterhin ist der Frage der Besiedlung bisher durch klimatische Bedingungen wenig besiedlungsfähiger Gebiete auf unserer Erde eine große Aufmerksamkeit zu schenken. Hierbei wird es nicht nur die Fragen der Bodenfruchtbarkeit geben, sondern auch die der sicher bisher noch nicht hinreichend bekannten und ausgereiften Technik, die den Besiedlungen solcher Landstriche zugeordnet ist. Dabei bewegen sich diese Forschungs- und Entwicklungsfragen durchaus in extremen Bedingungen. Auf der einen Seite wird es notwendig sein, sich mit industriellen Anlagen und Einrichtungen vertraut zu machen, die unter erheblichen Kälteeinwirkungen über die Hauptmenge des Jahres leiden, auf der anderen Seite wird es so sein, daß die Beistellung von Wasser den unzureichenden Anteil an Niederschlagsmengen durch andere Möglichkeiten überwinden kann. Es gibt nicht nur eine Fülle von Fragen, bei denen es keineswegs nur der Erforschung und

der eventuell erweiterten Grundlagenforschung bedarf, sondern auch eine Fülle von Fragen, bei denen mit im Prinzip bekannten Hilfsmitteln neue Techniken entwickelt werden müssen, die ihrerseits wieder einer Forschung und Entwicklung bedürfen, die dann mit einem hohen Grad an Zuverlässigkeit den Entwicklungsländern angeboten werden kann.

Für die dazu unzulänglich wissenschaftlich ausgebildeten Personen dürften derartige Ziele nicht weniger attraktiv sein als ihre derzeitige Tätigkeit an Waffensystemen. Im Gegenteil müßte es leicht möglich zu machen sein, daß auch bescheidene Erfolge auf diesem Gebiet weltweit wirksamer sind als die Herstellung von Hilfsmitteln, mit denen man vorhandene zivilisatorische Entwicklungen zerstört. Beispiele, was an Tätigkeiten aufgenommen werden kann, ließen sich in fast beliebiger Anzahl aufzählen. Die ganz vordergründigen aber, nämlich die Fragen der Ernährung und der Behausung und letztlich vielleicht auch der Bekleidung, die territorial sehr unterschiedlich sein werden, bedürfen allein schon eines solchen Potentials an wissenschaftlicher Leistungsfähigkeit, daß aus einem Bereich, in dem „Abrüstung" ebenso erfolgen sollte wie im materiellen Bereich der Abrüstung, vielleicht kaum eine ausreichende Anzahl an wissenschaftlich befähigten Kräften herausgezogen werden kann.

Es wird also hier eindringlich dafür plädiert, bei einer zunehmenden Abrüstung, auf deren Erfolge immer noch eine positive Einstellung verfolgt wird, nicht etwa die dann freiwerdenden Beträge in den Etats der unterschiedlichen Länder zu streichen, sondern diese mit vollem Bewußtsein einer völlig neuartigen Zielsetzung umzulenken. Da sicher ein erheblicher Teil der militärischen und waffentechnischen Forschung der kapitalistischen Länder nicht in Staatshaushalten untergebracht ist, sondern auch in Sektoren des Unternehmertums liegt, sollte man hier wirklich darauf hinweisen, daß es auch für diese Einrichtungen der Wirtschaft auf lange Sicht nur nützlich sein kann, sich auf völlig andersartige Ziele umzustellen. Möglicherweise wird es auch bei ihnen Veränderungen in den Produktionsanlagen und Produktionkskapazitäten geben. Werden diese aber mit der notwendigen Akribie vorbereitet, so können die entsprechenden Einrichtungen der Wirtschaft mit aussichtsreichen Möglichkeiten rechnen. Sie würden mit Gewißheit auf sehr lange Sicht eine Absatzsicherung bekommen, die bisher als Basis des Unternehmens gar nicht in Aussicht gestellt werden konnte. Natürlich ist dies ein vorwiegend moralischer Appell. Aber auch an dieser Stelle sollte man die Bemühungen nicht aufgeben, von den Wissenschaftlern her Einwirkung auf Wirtschaft und Unternehmertum vorzunehmen. Gerade der Tatbestand, daß dies bisherigen Bemühungen, die nur über das Kapitaldenken gegangen sind, in den Entwicklungsländern nur bedingt oder gar nicht zu Erfolgen geführt haben, sollte dazu führen,

daß man hier mit völlig neuartigen Denkprinzipien der wissenschaftlichen und technologischen Hilfe einschreiten muß, wobei das *dazu* notwendige geistige Potential auch in den hochindustrialisierten Staaten zumindest erst anteilig aufgebaut werden muß.
Eine totale Abrüstung bis auf einen Anteil der notwendigen Sicherheit jedes einzelnen Staates würde also voraussichtlich auch eine Fülle von weiteren Möglichkeiten eröffnen, die der langfristigen Erhaltung und Sicherung des Friedens auf unserem Erdball zugute kommen würden.

Kh. Lohs und R. Trapp

Die Einführung chemischer Binärwaffen in den USA und die Abrüstung chemischer Waffen

I.

Die Weltöffentlichkeit steht vor der Tatsache einer beispiellosen Hochrüstung seitens der USA und ihrer NATO-Partner. Damit wird zwangsläufig der militärtechnische Rüstungswettlauf weiter beschleunigt, und die ökonomischen Lasten für alle Beteiligten werden immer drückender. Jüngstes Beispiel für die von den USA ausgehende Rüstungseskalation ist der Befehl des US-amerikanischen Präsidenten Reagan zur Aufnahme der Serienproduktion der Neutronenbombe in den USA.

Bei Einschätzung der Rüstungspolitik der USA und ihrer Bündnispartner kann man die Tatsache nicht unerwähnt lassen, daß – sozusagen im Schatten der Kernwaffenentwicklung – mit hoher Intensität auch die Weiterentwicklung anderer Massenvernichtungsmittel ebenso wie der konventionellen Waffen betrieben wird. Vor allem die chemischen Waffen verdienen dabei die besondere Aufmerksamkeit der Öffentlichkeit, denn sie sind seit Jahrzehnten ein „Lieblingskind" imperialistischer Militärs ebenso wie industrieller Interessengruppen in den hochentwickelten kapitalistischen Staaten; neuerdings bekunden auch Vertreter reaktionärer Militärdiktaturen in Asien, Afrika und Lateinamerika ihr gesteigertes Interesse an den bekannten sowie an neuen chemischen Waffen. Technische Neu- und Weiterentwicklungen auf dem Gebiet der chemischen Waffen müssen daher sorgfältig beobachtet und bewertet werden. –

Auf die generelle C-Waffenproblematik ist bereits von uns (Kh. L.) an anderer Stelle ausführlich eingegangen worden[1]. Es erscheint nunmehr jedoch wichtig, daß auf eine sehr gefährliche Weiterentwicklung der chemischen Waffen hingewiesen wird; sie ist hauptsächlich von den USA und Großbritannien ausgegangen.

Am 27. Juni 1980 bestätigte das amerikanische Repräsentantenhaus ohne Debatte und ohne Anfrage an den damaligen Präsidenten der USA, J. Carter, die Bereitstellung von Mitteln zur Errichtung einer neuen Produktionsanlage für chemische Binärwaffen im Pine-Bluff-Arsenal, USA-Bundesstaat Arkansas. Dieser Schritt der USA stellt einen gefährlichen Versuch dar, die Rüstung auch auf militärchemi-

1 Kh. Lohs, Verbot chemischer Kampfstoffe dringend erforderlich, in: Deutsche Außenpolitik 1/1978, 36–48.

schem Gebiet verstärkt voranzutreiben und gleichzeitig die erreichten Fortschritte bei den Verhandlungen zur Beseitigung chemischer Waffen rückgängig zu machen oder zumindest den weiteren Fortgang solcher Verhandlungen zu verzögern.
Die Einführung binärer chemischer Waffen hat durchgängig negative Auswirkungen auf alle Aspekte der chemischen Abrüstung. Sie ordnet sich in die US-amerikanische Konzeption einer Politik der Verschärfung von Spannungen und einer Erhöhung der Rüstungen ein.

II. Zur Wirkungsweise chemischer Binärwaffen

Zum Verständnis des technischen Prinzips bzw. der Wirkungsweise von Binärwaffen sind einige Darlegungen notwendig, welche zum Verständnis der militärtechnischen Besonderheiten dieser neuen Waffenart gehören; zugleich wird damit auch verdeutlicht, wie sehr heute das Gebiet der Abrüstung mit immer komplizierter werdenden Detailkenntnissen technischer Art verflochten ist.
Bei Binärkampfstoffen handelt es sich nicht um neue, bisher unbekannte chemische Kampfstoffe, sondern um eine neue Anwendungstechnologie bzw. eine neue Munitionsart für schon bekannte chemische Kampfstoffe, insbesondere solche aus der Gruppe der phosphororganischen Verbindungen, wie z. B. des Sarin oder der V- bzw. VX-Stoffe[2]. Unter binärer chemischer Munition versteht man solche, bei der zwei relativ geringgiftige chemische Verbindungen getrennt gelagert, transportiert und in die Munition gefüllt werden[3]. Erst nach dem Abschuß der Granate oder Rakete vermischen sich die beiden Komponenten und bilden – auf dem Weg ins Zielgebiet – in einer chemischen Reaktion den hochgiftigen Kampfstoff.
Technisch wird dieses Prinzip gelöst, indem die Binärkomponenten in getrennten Containern aufbewahrt werden. Je 2 Container mit den sich ergänzenden Komponenten werden vor dem Abschuß in Stahlkapseln eingesetzt, und mehrere dieser Kapseln fügt man dann in eine Artilleriegranate ein. Die Containerwände bestehen aus einem polymeren Werkstoff, der beim Abschuß der Granate zerstört wird. Durch den Drall des Geschosses werden die Komponenten intensiv vermischt; in etwa 10 Sekunden entsteht mit 70- bis 80 %iger Ausbeute der eigentliche Kampfstoff. Im Falle des Einsatzes von Binär-

2 Kh. Lohs, Synthetische Gifte, Berlin 1974.

3 Der Begriff „geringgiftig" bezieht sich nicht auf die eigentlichen chemischen Kampfstoffe. Die phosphororganischen Binärkomponenten sind im Verhältnis zu industriellen Giften durchaus nicht ungefährlich, ihre Toxizität entspricht weitgehend derjenigen phosphororganischer Zwischen- und Finalprodukte aus der Pestizidproduktion.

stoffen in Raketen erfolgt die Durchmischung der beiden chemischen Komponenten durch ein Propeller-Aggregat, welches sich nach Abschuß der Rakete und nach Zerstörung einer Trennscheibe zwischen den Binärkomponenten in Betrieb setzt und diese so durchmischt, daß die chemische Umsetzung innerhalb von Sekunden erfolgen kann.
In den 60er Jahren und Anfang der 70er Jahre wurden in den USA verschiedene chemische Binärwaffen entwickelt, darunter neben Artilleriegranaten auch Kassettenbomben und ein Aerosolgenerator für chemische Kampfstoffe. In Abhängigkeit von Einsatzmitteln und vom Kampfstoff unterscheiden sich diese Waffentypen in einigen Details; das zugrunde liegende Prinzip einer Verlagerung der Kampfstoffherstellung aus einer Kampfstoffabrik in das jeweilige Einsatzmittel ist jedoch in allen diesen Munitionstypen dasselbe.

III. Zur Geschichte der chemischen Binärwaffen

Einen kurzen Überblick über die Chronologie des US-amerikanischen Binärwaffenprogramms gibt die nachstehende Tabelle.

Tabelle 1

Binärwaffenentwicklung in den USA

Jahr	Ereignis
1954	Beginn des Binärwaffenprogramms in den USA im Chemischen Dienst der US-Armee
1960	Beginn eines eigenen Binärwaffenprogramms der US-Navy
1960–1964	Anstieg der Kosten für Forschung und Entwicklung chemischer und biologischer Waffen von 49 Mio US-Dollar auf 129 Mio US-Dollar
1965	Patentierung der Entwicklung von binären Nervengas-Bomben vom Typ „Big eye" (US-Navy und US-Air-Forces)
1968	Patentierung von binären Kassettenbomben
1969	Feldtest mit Prototypen der binären Haubitzengranate XM 687 in der Teststation Dugway Proving Ground der US-Armee
1969	Entwicklungsprogramm für binäre Kassettenbomben
1972	Überleitung der Binärgranate XM 687 in die abschließende ingenieurtechnische Entwicklung
1973/1974	Beginn der ingenieurtechnischen Entwicklung der 8-inch-Haubitzengranate XM 736 für binäre chemische Munition
1975	Endgültiger Abschluß der ingenieurtechnischen Entwicklung der 155-mm-Granate XM 687
1980	Entscheidung des US-Repräsentantenhauses zum Bau der Binärwaffenfabrik im Pine-Bluff-Arsenal

Jahr	Ereignis
Vorgesehen:	
1983	Beginn der Serienproduktion von binären 155-mm-Artilleriegranaten XM 687
1985	Ausweitung auf die Produktion von binären 8-inch-Artilleriegranaten XM 736
1986	Ausweitung auf die Produktion von binären Big-eye-Bomben

Die Idee, ein nur unter großer Gefährdung der eigenen Mannschaften handhabbares Kampfmittel dadurch zu „entschärfen", daß bis zum eigentlichen Einsatz zwei vergleichsweise ungefährliche Vorstufen zu handhaben sind, ist durchaus nicht neu. Bereits 1909 wurde zunächst für Sprengstoffe der Vorschlag gemacht, zur Lagerung und Anwendung von Nitroglycerin ein binäres Waffenprinzip zu entwickeln. Ähnliche Konzeptionen wurden während des zweiten Weltkrieges zur Anwendung von Hochexplosivstoffen sowie eines speziellen Arsenkampfstoffes (Magnesiumarsenid und Schwefelsäure) vorgeschlagen. Einige Feldversuche mit derartigen Binärwaffen sind noch während des II. Weltkrieges durchgeführt worden. Wegen der damaligen technischen Mängel kamen jedoch solche binären Waffen seinerzeit nicht zur Geltung.
Der Beginn der eigentlichen Entwicklung binärer chemischer Waffen geht in den USA auf das Jahr 1954 zurück. Im Mittelpunkt dieser Entwicklungsarbeiten standen kleinkalibrige chemische Fliegerbomben für das phosphororganische Nervengift Sarin und großkalibrige Bomben vom Typ „Big eye" für phosphororganische Nervengifte der VX-Gruppe. Im Februar 1969 wurde dann in den USA das Entwicklungsprogramm für Kassettenbomben zur großflächigen Zielbekämpfung mit Sarin vorgelegt. Seit 1972 steht den USA-Streitkräften für den Einsatz binärer chemischer Kampfstoffe die Artilleriegranate Kaliber 155 mm (Codebezeichnung XM 687) zur Verfügung. Schon zu diesem Zeitpunkt (1971) gab das Pentagon 50 % seiner Gesamtausgaben für die chemische Rüstung zur Entwicklung der Binärwaffen aus!
In den folgenden Jahren wurden die Mittel für die Produktion neuer chemischer Kampfstoffe vorerst eingefroren, und die Versuche des Pentagon, bereits zu diesem Zeitpunkt das gesamte Binärprogramm zu verwirklichen, wurden vertagt. Die USA verfügten Anfang der 70er Jahre über bedeutende Bestände an chemischen Kampfstoffen vom Sarin und VX-Typ, die hinsichtlich der Lagerstabilität bis Mitte der 80er Jahre einsatzfähig sind, so daß eine Umrüstung der damaligen Munitions-Typen auf die Binärwaffentechnologie damals nicht sehr drängte.

Die noch von der Carter-Administration beschlossenen Pläne zur Errichtung der Binärwaffenfabrik im Pine-Bluff-Arsenal sehen nunmehr den Beginn der Serienproduktion für die 155 mm-Artilleriegranate XM 687 noch 1983, für die 8-inch-Haubitzengranate XM 736 1984 und für die binäre Big-eye-Bombe 1985 vor[4].

IV. Vor- und Nachteile der Binärwaffentechnologie

Aus der Sicht der Befürworter chemischer Waffen sprechen verschiedene Gründe für ihre Einführung.

- Erstens besteht bei der Herstellung, Lagerung und beim Transport binärer chemischer Munition ein vermindertes Risiko für die damit beauftragten Personen. Insbesondere bei längeren Schifftransporten oder bei Transporten auf der Straße oder Schiene ist das Vergiftungsrisiko für Mensch, Technik und Umwelt bedeutend geringer als bei den bislang bekannten chemischen Waffen.
- Zweitens erhöht sich ganz generell die Zahl der potentiell als chemischer Kampfstoff einsetzbaren Gifte. Es kann hier nicht auf chemische Details der Herstellung, Anwendung und der Wirkungsweise chemischer Kampfstoffe eingegangen werden; nachfolgend sollen nur einige der wesentlichen Aspekte in diesem Zusammenhang genannt werden. Eines der wesentlichen Auswahlkriterien für chemische Kampfstoffe ist neben ihrer biologischen Aktivität ihre Lagerstabilität. Bei der Binärwaffentechnologie kann hier in einigen Fällen die mögliche Lagerdauer erhöht werden. Außerdem besteht prinzipiell die Möglichkeit, durch Auswechseln einer Binärkomponente gegen eine andere (z. B. durch Austausch des Isopropyl-Containers einer binären Saringranate gegen einen anderen Alkoholcontainer) neue Kampfstoff-Arten einzusetzen.
- Drittens ist der finanzielle Aufwand für die Herstellung, Lagerung und den Transport von Binärwaffen im Vergleich zu herkömm-

4 Von amerikanischer Seite wurde mehrfach die Produktionsaufnahme binärer C-Waffen mit der Hilfe der Sowjetunion für Afghanistan und einem angeblichen Einsatz chemischer Waffen in Zusammenhang gebracht. Die Unhaltbarkeit dieser Behauptung erhellt schon daraus, daß bereits 1974 der englische C-Waffen-Experte, J. P. Robinson, darauf hinwies, daß um 1985 die USA-Bestände an chemischer Munition überlagert sein werden und ein komplettes Programm binärer chemischer Waffen bis dahin angelaufen sein wird. Vgl. J. P. Robinson, Binary nerve-gas weapons, Beitrag zum Symposium „Chemische Waffen und US-Politik" der Amerikanischen Chemischen Gesellschaft am 1. April 1974 in Los Angeles sowie zum Pugwash-Workshop über chemische Kriegführung vom 16.–18. April 1974 in Helsinki.

lichen chemischen Waffen geringer, da die notwendigen technischen Sicherheitsvorkehrungen reduziert werden können. Dieser letztgenannte Vorteil wird jedoch teilweise dadurch wieder aufgehoben, daß der Aufwand für die Umstellung der gesamten chemischen Munitionstypen auf binäre Munition – eine zu erwartende Folge eines einmal begonnenen Umstellungsprogrammes – erheblich ist und außerdem Folgeinvestitionen zur Anpassung der Struktur der zivilen chemischen Industrie an das Binärprogramm erfordert.

Neben den eingangs genannten technischen und ökonomischen Vorteilen existieren naturgemäß auch Nachteile, von denen willkürlich einige ausgewählt seien[5].

Die Konstruktion einer Binärgranate oder -bombe bedingt, daß die technische Störanfälligkeit dieser Waffe größer ist als bei den bekannten Waffen – bzw. Munitionssystemen. Hinzu kommen die unterschiedlich langen chemischen Reaktionszeiten für die Binärkomponenten; sie betragen bei den gegenwärtigen Kampfstoff-Typen immerhin 10–20 Sekunden, so daß eine Sofortbekämpfung von Nahzielen damit schwierig wird, teilweise ist sie sogar unmöglich. Wegen der meist nur 70- bis 80 %igen Ausbeute bei der chemischen Umsetzung der Binärkomponenten ist die wirksame „Nutzlast" einer binären chemischen Waffe geringer als die einer herkömmlichen chechemischen Waffe; damit wird aber auch die bekämpfte bzw. vergiftete Fläche kleiner. Ein weiteres nachteiliges Problem ist die Geruchsintensität einiger Binärkomponenten, die eine chemische Aufklärung durch den mit diesen Waffen Angegriffenen erleichert. Die meisten dieser Nachteile können bei entsprechender Berücksichtigung in der militärischen Planung weitgehend ausgeglichen werden. Eines der Hauptprobleme dürfte aber sein, daß entscheidende Nachschub- bzw. Transportfragen für die rückwärtigen Dienste und die chemischen Truppen auftreten. Eine mit Binärwaffen ausgerüstete Armee muß gewährleisten, daß auf zwei zumindest teilweise voneinander unabhängigen Transportwegen beide Komponenten in der notwendigen Menge gleichzeitig am Einsatzort eintreffen. Diese Organisation wird unter Bedingungen einer militärischen Auseinandersetzung außerordentlich kompliziert. Die Wahrscheinlichkeit von Ausfällen und Störungen im System der chemischen Truppen und ihrer technischen Mittel steigt demgemäß beträchtlich an.

Trotz der genannten Schwierigkeiten hat sich die amerikanische Regierung für die Einführung dieser Waffen ausgesprochen. Dabei spie-

5 Einen guten Überblick vermittelt die SIPRI-Publikation „Chemical Disarmament – New weapons for old", London 1975.
Vgl. auch S. Mucibabic, Die chemischen Binärwaffen, in: Vojno Delo, 2/1977, S. 126–131.

len zweifellos die zu erwartenden politischen Auswirkungen dieser Maßnahme auf die laufenden Abrüstungsverhandlungen eine nicht unwesentliche Rolle.

V. Binärwaffentechnologie und Abrüstungsverhandlungen

Neben einer Zahl von Resolutionen der Vereinten Nationen, die die Staaten zu Verhandlungen zur Abrüstung chemischer Waffen auffordern, sind die Unterzeichnerstaaten der B-Waffen-Konvention und alle anderen Staaten völkerrechtlich verpflichtet, wirksame Verhandlungen zur Abrüstung chemischer Waffen zu führen. Diese Verpflichtung ergibt sich aus der Präambel, insbesondere aber aus § 9 der B-Waffen-Konvention, in dem es heißt:
„Jeder Teilnehmerstaat der vorliegenden Konvention bekräftigt das anerkannte Ziel eines wirksamen Verbots chemischer Waffen und verpflichtet sich zu diesem Zweck, im Geiste guten Willens Verhandlungen zur Erzielung einer baldigen Übereinkunft über wirksame Maßnahmen zum Verbot ihrer Entwicklung, Produktion und Lagerung und zur Vernichtung ... fortzuführen"[6] (Hervorhebungen Kh. L./R. T.).
Damit ist zwar nicht ausdrücklich die Neuentwicklung chemischer Waffen und ihre Einführung untersagt, man muß aber davon ausgehen, daß eine solche Maßnahme mit der „Fortführung von Verhandlungen im Geiste guten Willens" unvereinbar ist. In diesem Sinne muß man die Einführung der Binärtechnologie als Versuch werten, völkerrechtlich bestehende Normen zu negieren. Die Auswirkungen eines solchen Schrittes können demgemäß nur belastend für die laufenden Abrüstungsgespräche sein. Neben dieser allgemeinen politischen Belastung treten aber einige Besonderheiten auf, die die Abrüstungsgespräche auch substanziell berühren. Auf die wesentlichsten dieser Konsequenzen soll kurz eingegangen werden.

a) Definition chemischer Waffen und Umfang einer C-Waffen-Konvention

Es ist hier nicht der Platz, umfassend auf die sehr komplexe Problematik der Definition chemischer Waffen einzugehen. Hier nur eine kurzgefaßte Übersicht:

6 Vergleiche auch Abschlußdokument der Konferenz der Teilnehmerstaaten der Konvention zum Verbot der Entwicklung, Herstellung und Lagerung bakteriologischer (biologischer) Waffen und Toxine und ihrer Vernichtung, Genf, 3.–21. 3. 1980 (BWC/Conf. I/10).

Im Genfer Protokoll von 1925 sind chemische Waffen nicht näher definiert, verboten wird die Anwendung giftiger, erstickender oder gleichartiger Gase[7] sowie der bakteriologischen Kriegführung, ohne daß jedoch konkrete Angaben zur Giftigkeit gemacht werden. Wir haben es also mit einem Anwendungskriterium zu tun, das sich auf alle als chemische Kampfstoffe einsetzbaren Substanzen bezieht.

In den Genfer Abrüstungsverhandlungen versuchen westliche und insbesondere US-amerikanische Vertreter, dieses Anwendungskriterium in einer C-Waffen-Konvention durch ein Wirkungskriterium (Toxizitätskriterium) zu ersetzen. Nach dieser Definition sind Stoffe oberhalb einer bestimmten Toxizitätsgrenze chemische Kampfstoffe, weniger toxische Stoffe wären es aber nicht. Ein Eingehen auf diesen Versuch bedeutet z. B., die chemische Kriegführung der amerikanischen Aggressoren in Vietnam mit Entlaubungsmitteln und Reizkampfstoffen im Nachhinein völkerrechtlich zu legitimieren. Außerdem wäre mit einem solchen Kriterium als Basis der Konvention von vornherein die Möglichkeit der Umgehung des Vertrages durch die Anwendung größerer Mengen weniger toxischer Chemikalien festgeschrieben. Die sozialistischen Staaten und mit ihnen eine Reihe neutraler und nichtpaktgebundener Staaten traten von Anbeginn an deshalb konsequent für ein möglichst umfassendes Verbot der chemischen Kriegführung ein und machten in ihren diesbezüglichen Vorschlägen zunächst keine Unterscheidung von chemischen Kampfstoffen unterschiedlicher Giftigkeit. Dennoch mußte die Position der USA und ihrer Verbündeten in den CCD- und CD-Verhandlungen berücksichtigt werden. So findet man in dem gemeinsamen Fortschrittsbericht der UdSSR und der USA zu den bilateralen Verhandlungen über eine gemeinsame Initiative für eine C-Waffen-Konvention[8] neben einem allgemeinen Anwendungskriterium ergänzend nun auch ein Toxitätskriterium zur Bewertung der Kampfstoffe (hochgiftige, tödliche und außergefechtsetzende Kampfstoffe). Das Problem bei binärer chemischer Munition besteht nun aber darin, daß bis zum Eintreffen des Geschosses am Zielort ja kein tödlich wirkendes Nervengas produziert, gelagert und angewendet wurde, sondern lediglich seine im Vergleich dazu relativ harmlosen Vorstufen. Es muß also gesichert werden, daß eine C-Waffen-Konvention im Rahmen eines ergänzenden Toxizitätskriteriums für tödlich wirkende Kampfstoffe nunmehr auch die Binärtechnologie berücksichtigt und die Binärkomponenten ausdrücklich mit in sich einschließt. Dies findet im genannten Fortschrittsbericht CD 112 seinen Niederschlag.

7 Genfer Protokoll vom 17. Juni 1925, veröffentl. im RGBl. 1929, Tl. II, S. 174 ff.

8 CD/112, UdSSR und USA, 7. 7. 1980.

b) Kontrolle einer C-Waffen-Konvention (Verifikation)

Hinsichtlich der Kontrollproblematik ist mit der Entwicklung von Binärwaffen und mit der Aufnahme ihrer Produktion eine grundsätzlich neue Situation entstanden. Zum Verständnis dieses Sachverhaltes ist ein kurzer Überblick über die Verifikationsfrage erforderlich.
Die sozialistischen Staaten legen bei ihrer Verhandlungsposition zur Kontrolle einer C-Waffen-Konvention die gleichen Prinzipien zugrunde, wie sie auch bei anderen Abrüstungsverhandlungen angewendet werden und sich als für alle Seiten annehmbar erwiesen haben. Solche wesentlichen Prinzipien sind z. B. die Gegenseitigkeit und die Gleichheit der Verpflichtungen. Gleichzeitig orientieren die sozialistischen Staaten darauf, keine Verpflichtungen in die Konvention aufzunehmen, die für einige Staaten nicht akzeptabel sind und dadurch die nötige Universalität der Konvention in Frage stellen. Daraus resultiert eine Orientierung auf nationale Kontrollmechanismen, wobei in Einzelfällen nach Konsultation der Vertragspartner in Zweifelsfällen zur Prüfung von Sachverhalten auch internationale Verifikationen möglich sind. Die Verhandlungsposition der USA und ihrer NATO-Verbündeten dagegen beinhaltet eine umfassende internationale Kontrolle durch Am-Ort-Inspektionen. Da derartige Kontrollen erklärtermaßen durch die private USA-Chemieindustrie nicht akzeptiert werden würden, bedeutet ein Eingehen auf diese internationalen Am-Ort-Inspektionen entweder die Legalisierung einer nicht kontrollierbaren Wirtschaftsspionage (z. B. gegen die chemische Industrie der UdSSR und ihrer Verbündeten – falls man die Kontrollen auf staatliche Unternehmen beschränken würde) oder die Belastung der C-Waffen-Konvention mit einer Forderung, die ihre Ratifikation in einigen Ländern zumindest in Frage stellen würde. Es sei in diesem Zusammenhang daran erinnert, daß die USA unter dem starken Druck der Lobby der chemischen Industrie und des Militärs das Genfer Protokoll zum Verbot der Anwendung chemischer Waffen, welches sie 1925 selbst mit ausgearbeitet und unterzeichnet hatten, erst 1975, also 50 Jahre später, ratifiziert haben!
In den Genfer Abrüstungsgesprächen wurden nun in den letzten Jahren von einigen neutralen Staaten verschiedene Kompromißvorschläge vorgebracht, die zwar eine gewisse internationale Kontrolle ermöglichen, aber internationale Inspektionen am Ort überflüssig machen sollen. Bedeutsam sind hier solche Vorschläge wie z. B. die Recherchen der wissenschaftlichen Literatur, das ökonomische Monitoring, die Fernmessung und die Untersuchung von Abgasen bzw. Abwässern zu verifizierender Objekte aus der näheren Umgebung sowie Kurzbegehungen von Chemieanlagen, die lediglich einen groben Überblick über die Produktion gestatten und trotzdem Hinweise auf die Vertragstreue des Kontrollierten liefern sollen.

Alle diese durchaus diskutablen Verifikationsmechanismen werden nunmehr durch die Einführung der Binärtechnologie unmittelbar berührt. Da einige Binärkomponenten in jeder zivilen chemischen Industrie vorrätig sind, wird z. B. ihre Einbeziehung in eine Liste zu überprüfender Chemikalien sehr problematisch. Auch eine Verifikation der chemischen Industrie ohne Am-Ort-Inspektionen wird erschwert, da wegen der vergleichbaren Toxizität der Binärkomponenten zu anderen (zivilen) Industriegiften keine außergewöhnlichen Sicherheitsmaßnahmen bei der Herstelllung oder Lagerung mehr erforderlich sind und einer Verschleierung chemischer Kriegsvorbereitungen damit entgegen kommen.
In bezug auf andere technische Überwachungsmethoden steigen die Anforderungen an derartige Verfahren nicht nur in bezug auf die Genauigkeit der Methoden, sondern auch in bezug auf die Zahl der zu kontrollierenden Stoffe.
Die Verifikationsproblematik wird seit Jahren von westlicher Seite regelrecht hochgespiegelt und damit zur Bremsung von Fortschritten der C-Waffen-Abrüstung verwandt. Der Übergang zur Binärwaffentechnologie seitens der USA soll nunmehr Argumente schaffen, die ausgedehnte Am-Ort-Inspektionen unumgänglich erscheinen lassen.
Grundsätzlich wirkt sich also die Einführung binärer chemischer Waffen politisch belastend und vertrauenssenkend auf die Kontrollfähigkeit einer künftigen C-Waffen-Konvention aus. Es wird seitens westlicher Staaten, insbesondere der USA, der Versuch unternommen, mittels technischer Neuerungen in den Waffensystemen nicht nur den Fortgang von Abrüstungsverhandlungen über chemische Waffen zu erschweren, sondern auch bereits erreichte Übereinstimmungen wieder in Frage zu stellen.
Abschließend zu diesem Problem sei auf die Erklärung des DDR-Vertreters im Genfer Abrüstungsausschuß, Botschafter Dr. Herder, vom Juli 1981 hingewiesen, in der er erklärte, daß zum gegenwärtigen Zeitpunkt alle erforderlichen Möglichkeiten zur Verifikation einer C-Waffen-Konvention gegeben sind und ein baldiger Abschluß der Konvention nicht nur dringend erforderlich, sondern auch sowohl aus politischer wie aus technischer Sicht möglich ist.

c) Nichtweiterverbreitung chemischer Waffen

Völkerrechtlich ist die Weitergabe chemischer Waffen oder die Produktionsaufnahme in Ländern, die bisher nicht über derartige Waffen verfügen, nicht untersagt. Diese Aussage berührt nicht das Verbot der Herstellung oder Beschaffung von Massenvernichtungswaffen für bestimmte Länder oder Gebiete, wie es in gesonderten Verträgen

festgelegt ist. Man muß davon ausgehen, daß einige aggressive Regimes an der Beschaffung chemischer Waffen interessiert sind. Die Situation wird dadurch noch komplizierter, daß einige dieser Regimes in Afrika, Lateinamerika und Asien konzentriert sind. Es ist eine Tatsache, daß chemische Waffen gerade in diesen Regionen besondere militärische Bedeutung besitzen. Dieser Umstand ist in früheren Jahren nicht hinreichend beachtet worden. Während z. B. in Europa gut ausgerüstete, auf einen chemischen Überfall vorbereitete und trainierte Armeen bereitstehen und auch begrenzte Möglichkeiten des Schutzes der Zivilbevölkerung existieren, so daß der militärisch-strategische Wert chemischer Waffen eingeschränkt ist, hätte ein chemischer Krieg unter den Bedingungen der Dritten Welt verheerende Auswirkungen. Es sei hier nur an den Einsatz chemischer Kampfstoffe durch die USA im Vietnamkrieg erinnert. Man halte sich dabei die Wirkungen eines chemischen Krieges mit Nervengasen vom Sarin- oder VX-Typ in den Entwicklungsländern vor Augen!
Mit der Einführung der Binärtechnologie werden nun wichtige Barrieren für die Herstellung von chemischen Waffen seitens reaktionärer Regime abgebaut, z. B. entfallen für sie die hohen Kosten und das erhebliche Risiko in technisch wenig entwickelten Ländern bei der Produktion und Lagerung derartiger Verbindungen. Damit wächst zwangsläufig die Gefahr der Weiterverbreitung chemischer Massenvernichtungsmittel; ihr kann deshalb nur durch den schnellstmöglichen Abschluß eines international verbindlichen Verbotes der Entwicklung, Herstellung, Lagerung und Anwendung dieser chemischen Waffen und der Vernichtung ihrer Bestände begegnet werden.

VI. Schlußbemerkungen

Die Entscheidungen der amerikanischen Regierung, mit dem Bau einer Anlage zur großtechnischen Herstellung binärer chemischer Waffen zu beginnen, ordnet sich in die Gesamtstrategie der USA zur Verschärfung der Spannungen und zur Rückgewinnung militärischer Überlegenheit über die sozialistische Staatengemeinschaft ein. Diese Situation schätzte Genosse Honecker auf dem X. Parteitag der SED ein, als er ausführte: „Seit geraumer Zeit hat sich die internationale Lage durch die Machenschaften der aggressivsten Kreise des Imperialismus, insbesondere der USA, durch die Hochrüstungspolitik der NATO erheblich verschlechtert. Der Wechsel von der Politik der Entspannung zum Konfrontationskurs . . . geht einher mit unverhüllter Kriegsvorbereitung“[9].

9 Bericht an den X. Parteitag der SED, Berichterstatter: E. Honecker, Berlin 1981.

Wesentliche Ursachen für die Einführung binärer Waffen zum gegenwärtigen Zeitpunkt sind folgende:

1. Möglichkeiten zur Realisierung umfangreicher Rüstungsgewinne im Rahmen eines Gesamtersatzes der C-Waffen-Bestände der USA.
2. Blockierung bzw. Bremsung der laufenden C-Waffen-Abrüstungsverhandlungen im Genfer Abrüstungsausschuß als Bestandteil der Politik, die auf eine Verschärfung der Spannungen und eine Erweiterung des Rüstungswettlaufes orientiert.
3. Einordnung in die grundsätzlichen Bestrebungen der amerikanischen Führung, die strategische Überlegenheit gegenüber der UdSSR zurückzuerobern.

Zur Begründung der Einführung der Binärtechnologie in die praktische Nutzung werden unterschiedliche politische oder technische Argumente vorgebracht, die mehr oder weniger haltlos sind. Die Binärwaffentechnologie macht aber die Anwendung chemischer Waffen in kriegerischen Auseinandersetzungen wahrscheinlicher, da die Selbstgefährdung des Aggressors geringer wird. Eine wesentlich psychologische Barriere gegen C-Waffen fällt, wenn diese Munition problemlos handhabbar und lagerfähig wird und die Entscheidung über ihre Anwendung jedem Befehlshaber einer militärischen Einheit überlassen bleibt.

Man muß abschließend zu der Einschätzung gelangen, daß die Entscheidung der amerikanischen Regierung zur Einführung der Binärwaffentechnologie durchgängig negative Auswirkungen auf die Entwicklung der chemischen Abrüstung, die Gesundung der internationalen Lage und die Stabilisierung des für effektive Abrüstungsmaßnahmen dringend erforderlichen Vertrauens zwischen den Staaten hat. Der Prozeß der Fertigstellung einer Konvention zur Abrüstung chemischer Waffen ist bereits in den gegenwärtigen Verhandlungen in Genf durch die Entwicklung der Binärwaffen verzögert worden; ihre Produktion stellt eine weitere ernste Belastung der internationalen Beziehungen dar.

H. Kröger

Die Bedeutung des Völkerrechts für den Kampf um Rüstungsbegrenzung und Abrüstung

I.

In unserer Zeit ist das Ringen um eine Eindämmung des Wettrüstens, um Rüstungsbegrenzung und Abrüstung zum vorrangigen Anliegen und zur wichtigsten Aufgabe aller Kräfte geworden, denen die friedliche Zukunft der Menschheit, ihre materielle und geistige Entwicklung am Herzen liegt. Die Verhinderung bewaffneter Konflikte, vor allem zwischen den großen militärischen Gruppierungen der Gegenwart und ihren Hauptmächten, ist heute zur Lebensfrage für alle Völker, zur wichtigsten Voraussetzung ihrer Existenz geworden. Denn einmal führen die weltweiten politischen und ökonomischen Verflechtungen, die für die internationale Situation in unseren Tagen kennzeichnend sind, dazu, daß auch zunächst lokal oder regional begrenzten politischen und militärischen Konfrontationen immer mehr die Tendenz zu ihrer Ausweitung innewohnt. Zum anderen und vor allem aber haben die modernen Kampfmittel, insbesondere die heute angehäuften Massenvernichtungswaffen, zur Folge, daß ein bewaffneter Zusammenstoß zwischen den stärksten Militärmächten unserer Zeit Auswirkungen haben müßte, die in keiner Weise mehr mit denen früherer Kriege vergleichbar sind. Es sei hier nur auf die unvorstellbare Zerstörungskraft von Kernwaffen, auf die gegenseitige praktische Einsehbarkeit aller Räume auf, über und unter der Erdoberfläche, auf die Erreichbarkeit aller dieser Räume über Kontinente hinweg mit den heute zur Verfügung stehenden Trägermitteln für Vernichtungswaffen und auf die über eine Generation hinausreichenden Schädigungen von Menschen durch radioaktive Strahlen u. ä. hingewiesen. Schließlich machen auch die ökonomischen Aufwendungen, die die ständige technische Weiterentwicklung der Waffensysteme erfordert, und deren soziale Konsequenzen für die Völker deutlich, daß wir es heute in der Frage Krieg oder Frieden mit völlig neuen Dimensionen zu tun haben. Man denke dabei nur darin, daß der erste Weltkrieg etwa 260–360 Milliarden Dollar, der zweite Weltkrieg etwa 2200–4000 Milliarden Dollar verschlangen, heute aber in der Welt bereits im Frieden täglich etwa 1,3 Milliarden Dollar für Rüstungen ausgegeben werden.

Es sind diese neuen Bedingungen, die heute die Friedenssicherung und die Verhinderung der Vorbereitung eines massenhaften Völkermordens so unausweichlich machen. Sie sind der Grund dafür, daß die Staaten, die eine prinzipielle Friedenspolitik betreiben, an ihrer Spitze die der sozialistischen Gemeinschaft, gegenwärtig so beharrlich immer neue Initiativen für Rüstungsbegrenzung und Abrüstung entwickeln und daß der Kampf der Völker gegen den Rüstungswahnsinn bestimmter imperialistischer Kreise eine Breite und Intensität erreicht hat, wie kaum je zuvor.

Da es bei diesen staatlichen und gesellschaftlichen Aktivitäten weithin um die Erreichung völkerrechtlicher Abkommen zur Rüstungseinschränkung geht, die gerade die vielfachen derartigen Vorschläge der UdSSR und anderer Staaten der sozialistischen Gemeinschaft innerhalb und außerhalb der UNO zeigen[1], stellt sich die Frage nach der Möglichkeit und Wirksamkeit solcher völkerrechtlichen Abkommen zur Rüstungsverminderung zwischen Staaten mit unterschiedlichen Gesellschaftsordnungen. Sie wird häufig auch von engagierten Friedenskämpfern angesichts der Tatsache aufgeworfen, daß die Welt immer wieder mit groben Völkerrechtsverletzungen aggressiver Kräfte konfrontiert wird, wie z. B. in jüngster Zeit mit dem israelischen Bombenüberfall auf das irakische Kernforschungszentrum, und verlangt daher eine Antwort, die von einer realistischen Analyse des Nutzens und der Grenzen völkerrechtlicher Regelungen zum Schutz des Friedens, zur Verhinderung militärischer Gewaltakte und zur Rüstungsbegrenzung ausgehen muß.

II.

Bei dem Versuch einer ausgewogenen Einschätzung der Rolle des Völkerrechts bei der Friedenssicherung sollten wir uns zunächst daran erinnern, daß seit langer Zeit bedeutende Denker und Wissenschaftler immer wieder Vorstellungen entwickelt haben, die darauf hinausliefen, die Friedenspflicht der Staaten nicht nur als ein moralisches oder politisches Postulat zu statuieren, sondern auch zu einer rechtlichen Verpflichtung auszugestalten und damit unter Rechtsgarantien zu stellen, um so ihre Effektivität zu erhöhen und ihre Erfüllung besser zu gewährleisten. Als charakteristische Beispiele dafür seien hier nur die Konzeptionen zweier in ihrer Zeitbedingheit, ihren weltanschaulichen Positionen und ihren Zielvorstellungen so unter-

1 Vgl. hierzu insbesondere: Bericht des ZK der SED an den X. Parteitag der SED, Berichterstatter: E. Honecker, Berlin 1981, S. 23 ff.; Rechenschaftsbericht des ZK der KPdSU und die nächsten Aufgaben der Partei in der Innen- und Außenpolitik, Berichterstatter: L. I. Breshnew, Berlin 1981, S. 36 ff.; Interview des Generalsekretärs des ZK der KPdSU und Vorsitzenden des Präsidiums des Obersten Sowjets der UdSSR, L. I. Breshnew, zu einigen aktuellen Fragen in: Neues Deutschland vom 3. 11. 1981.

schiedlicher großer Repräsentanten der Geistesgeschichte wie Immanuel Kant und Karl Marx genannt.

Kant formulierte drei rechtliche Aspekte zur Sicherung des „ewigen Friedens", einen staatsrechtlichen, einen völkerrechtlichen und einen – wie er es nannte – weltbürgerlichen Aspekt[2]. Die staatsrechtliche Friedensgarantie sah er in einer „republikanischen" Staatsverfassung, worunter er eine verstand, bei der die Rechtsordnung dem Willen des Volkes entspricht und die Staatsbürger gleichberechtigt und vor dem Gesetz gleich sind. Denn „wenn ... die Beistimmung der Staatsbürger dazu erfordert wird, um zu beschließen, ob Krieg sein solle, oder nicht, so ist nichts natürlicher, als daß, da sie alle Drangsale des Krieges über sich selbst beschließen müßten ..., sie sich sehr bedenken werden, ein so schlimmes Spiel anzufangen."[3] Hinsichtlich des Völkerrechts stellte Kant fest, daß sich unter diesem Begriff als „eines Rechts *zum* Kriege" „eigentlich gar nichts denken" läßt, es sei denn, „daß Menschen, die so gesinnt sind, ganz recht geschieht, wenn sie sich untereinander aufreiben und also den ewigen Frieden in dem weiten Grabe finden, daß alle Greuel der Gewalttätigkeit samt ihren Urhebern bedeckt."[4] Da aber die Zeit zu der „positiven Idee einer Weltrepublik" nicht reif sei, so könne als völkerrechtliches Instrument der Friedenssicherung nur „das negative Surrogat eines den Krieg abwehrenden, bestehenden und sich immer mehr ausbreitenden *Bundes* den Strom der rechtscheuenden, feindseligen Neigung aufhalten, doch mit beständiger Gefahr ihres Ausbruchs"[5]. Für Kant bestand somit angesichts der Existenz souveräner Staaten das völkerrechtliche Mittel zur Friedenserhaltung in einem möglichst universellen Friedensbündnis der Staaten. Unter der „weltbürgerrechtlichen" Garantie des Friedens verstand Kant schließlich das Recht eines Fremden, als „Besucher" in einem anderen Staat „nicht feindselig behandelt zu werden", solange er „sich ... friedlich verhält", wobei er zugleich das Verhalten der angeblich „gesitteten, vornehmlich handeltreibenden Staaten" Europas scharf verurteilte, „Besuche" fremder Länder als deren Eroberung zu betreiben[6].

Es liegt auf der Hand, daß diese Vorstellungen Kants von einer rechtlichen Friedenssicherung unter allen drei von ihm genannten Aspekten unter den Bedingungen der kapitalistischen Gesellschaft Utopien bleiben mußten; denn die Struktur und die objektiven Gesetzmäßigkeiten dieser – wie jeder anderen – Ausbeuterordnung schlossen gleichermaßen die von ihm proklamierte „republikanische" Staats-

2 Immanuel Kant, Zum ewigen Frieden (Ehemalige Kehrbachsche Ausgabe), Leipzig 1947.
3 Ebenda, S. 13 ff.
4 Ebenda, S. 23.
5 Ebenda. 6 Ebenda, S. 24 f.

verfassung, die Schaffung eines weltweiten „Friedensbundes" der Staaten und gleiche „Weltbürgerrechte" für alle Menschen aus.
Es war gerade die wissenschaftlich begründete Einsicht von Karl Marx und Friedrich Engels in diese Unlösbarkeit des Widerspruchs zwischen der weltweiten Herrschaft der Bourgeoisie und einer dauerhaften Friedenssicherung, die sie veranlaßte, die endgültige Durchsetzung des Friedens als „internationales Prinzip" davon abhängig zu machen, daß innerhalb jeder Nation „dasselbe Prinzip herrscht – die *Arbeit*"[7], daß im Inneren der Nationen mit der Errichtung der Herrschaft des Proletariats und der Beseitigung der Ausbeutung des einen Individuums durch das andere auch „die Exploitation einer Nation durch die andere" und „die feindliche Stellung der Nationen gegeneinander"[8] verschwindet. Für Marx war es daher ein wesentliches Element der historischen Mission der Arbeiterklasse, im Rahmen ihrer Selbstbefreiung auch „die einfachen Gesetze der Moral und des Rechts, welche die Beziehungen von Privatpersonen regeln sollen (*sollten*, was aber unter den Bedingungen des Kapitalismus keineswegs der Fall war – d. Verf.), als die obersten Gesetze des Verkehrs von Nationen geltend zu machen."[9] Seine Feststellung, daß „der Kampf für solch eine auswärtige Politik ... eingeschlossen (ist) im allgemeinen Kampf für die Emanzipation der Arbeiterklasse"[10], umschreibt damit zugleich die Bedingungen für die Schaffung einer international-rechtlich gesicherten dauerhaften Welt-Friedensforschung.
Gewiß sind diese Bedingungen auch heute noch keineswegs weltweit gegeben, vielmehr sehen wir uns gerade gegenwärtig einer von den aggressivsten Kräften des Imperialismus ausgehenden Eskalation der Kriegsgefahr gegenüber. Aber mit der Großen Sozialistischen Oktoberrevolution, mit der Entstehung des sozialistischen Weltsystems, mit der fortschreitenden Veränderung des internationalen Kräfteverhältnisses zugunsten der Kräfte des Sozialismus und des Friedens und mit der wachsenden Einheit und dem weiteren Voranschreiten der revolutionären Hauptströme unserer Zeit sind internationale Faktoren wirksam geworden, die die gesellschaftliche Entwicklung in Richtung auf die historische Zielsetzung vorantreiben, die Kant – weit seiner Zeit vorgreifend – anvisierte und die von Marx und Engels auf ein reales Fundament gestellt wurde, die Schaffung einer rechtlich gesicherten universellen Friedensordnung.

7 K. Marx, Erste Adresse über den Deutsch-Französischen Krieg, in: MEW, Bd. 17, Berlin 1962, S. 7.
8 K. Marx/F. Engels, Manifest der Kommunistischen Partei, in: MEW, Bd. 4, Berlin 1959, S. 479.
9 K. Marx. Inauguraladresse der Internationalen Arbeiter-Assoziation, in: MEW, Bd. 16, Berlin 1962, S. 13.
10 Ebenda.

Jeder weiß, wie weit wir von der Erreichung dieses Ziels noch entfernt sind, wie groß und schwierig die auf dem Wege zu ihm noch zu lösenden Ausgaben sind. Es wäre jedoch falsch und müßte zu Desorientierungen im Kampf um den Frieden führen, wenn man verkennen würde, daß es trotz des erbitterten Widerstandes der Verfechter einer Gewalt- und Kriegspolitik doch schon gelang, ein – gewiß noch sehr unvollkommenes, lückenhaftes, oft nicht wirksames und mitunter sogar zu friedensfeindlichen Zwecken mißbrauchtes – völkerrechtliches Instrumentarium zur Friedenssicherung zu schaffen. Die Bewußtmachung dieser Tatsache ist einmal bedeutsam, weil sie beweist, daß es den Friedenskräften möglich war – und zwar zum Teil unter wesentlich ungünstigeren gesellschaftlichen und politischen Bedingungen als den gegenwärtigen –, in harten Auseinandersetzungen der Kriegsvorbereitung und Kriegführung aggressiver Kreise gewisse völkerrechtliche Schranken zu setzen und diese in vielfacher Hinsicht auch zur Wirkung zu bringen. Das Wissen darum ist zweifellos geeignet, das Ringen um weitere Fortschritte auf diesem Wege zu stimulieren und einem mitunter anzutreffenden Pessimismus und Skeptizismus hinsichtlich des Erfolgs und des Nutzens unserer Bemühungen um völkerrechtliche Vereinbarungen zur Friedenssicherung und Beendigung des Rüstungswettlaufs zu begegnen. Zum anderen können manche bereits bestehenden völkerrechtlichen Normen zur Verhinderung militärischer Gewaltanwendung und zur Beschränkung der Kriegführungsmittel durchaus effektive Instrumente, nicht zuletzt auch politisch-moralischer und propagandistischer Art, im Widerstand gegen bestimmte Waffenentwicklungen und -anwendungen sowie im Bemühen um weitere derartige völkerrechtliche Regelungen sein.

III.

Die bisherige Entwicklung des Völkerrechts führte in zwei Richtungen zur Schaffung von Normen, die auf die Sicherung des Friedens und die Begrenzung von Kriegführungsmitteln zielen.
Die erste dieser Richtungen findet ihren Ausdruck in der schrittweisen Herausbildung eines grundsätzlichen Verbots der Androhung oder Anwendung von Gewalt in den internationalen Beziehungen, wie es heute in Art. 2 Ziff. 4 der UN-Charta mit universeller Rechtsverbindlichkeit formuliert ist und durch die „Deklaration über die Prinzipien des Völkerrechts betreffend die freundschaftlichen Beziehungen und die Zusammenarbeit der Staaten in Übereinstimmung mit der Charta der Vereinten Nationen" der XXV. UN-Vollversammlung vom 24. Oktober 1970 (meist kurz als „Prinzipiendeklaration"

bezeichnet)[11] sowie durch die von der XXIX. UN-Vollversammlung am 14. Dezember 1974 beschlossene Definition der Aggression[12] authentisch interpretiert bzw. präzisiert wurde. Diese prinzipielle Wendung des Völkerrechts von der praktisch auch noch der Völkerbundsatzung von 1919 zugrunde liegenden Anerkennung des Rechts jedes Staates, nach Belieben und Vermögen Kriege zu führen (sog. jus ad bellum) als wesentliches Element seiner Souveränität, zum grundsätzlichen Gewaltverbot der UN-Charta war ein eindeutiges Ergebnis der Überwindung der Alleinbestimmung des Völkerrechts durch bürgerliche bzw. imperialistische Staaten im Gefolge der Großen Sozialistischen Oktoberrevolution, der Entstehung des sozialistischen Weltsystems und des wachsenden Einflusses sozialistischer und antiimperialistischer Staaten sowie der gesellschaftlichen Friedenskräfte auf die internationale Entwicklung und damit auch auf die Gestaltung des Völkerrechts. Dem entsprach es, daß entscheidende Impulse und Initiativen zu dieser Rechtsentwicklung von sozialistischen Staaten, insbesondere der UdSSR, ausgingen.

In welchem Maße seit der UN-Charta das prinzipielle Gewaltverbot zu einem fundamentale Grundsatz und Eckstein des heute geltenden Völkerrechts geworden ist, zeigt sich nicht zuletzt darin, daß dieses Verbot ausdrücklich in einer Fülle von grundlegenden multilateralen und bilateralen zwischenstaatlichen Verträgen bekräftigt worden ist. Als Beispiele hierfür seien nur genannt die Gründungsdokumente der Arabischen Liga vom 22. März 1945, der Organisation amerikanischer Staaten vom 30. April 1948 und der Organisation der Afrikanischen Einheit vom 25. Mai 1963[13], die bedeutenden zweiseitigen Abkommen der UdSSR mit der BRD vom 12. August 1970, mit Frankreich vom 30. Oktober 1971 und mit den USA vom 29. Mai 1972[14], die Verträge zwischen der VR Polen und der BRD vom 7. Dezember 1970, zwischen der DDR und der BRD vom 21. Dezember 1972 und zwischen der ČSSR und der BRD vom 11. Dezember 1973[15] sowie die Schlußakte von Helsinki vom 1. August 1975[16].

Diese beiden Wege und Möglichkeiten völkerrechtlicher Maßnahmen zur Eindämmung militärischer Konflikte bestehen in der Schaffung von Regelungen, die die Kriegführungsmittel der Staaten beschränken, d. h. in Verboten oder Begrenzungen bestimmter Waffenarten bzw. in Verpflichtungen zu ihrer Reduzierung oder in Verboten der

11 UN-Resolution Nr. 2627/XXV, deutscher Text in: Völkerrecht, Dokumente, Berlin 1980, Teil 3, S. 705 ff.

12 UN-Resolution Nr. 3314/XXIX, deutscher Text in: Ebenda, S. 919 ff.

13 Ebenda, Teil 1, S. 94 ff., 199 ff. und Teil 2, S. 521 ff.

14 Ebenda, Teil 3, S. 702 ff., 754 ff., 812 ff.

15 Ebenda, Teil 3, S. 715 ff., 820 ff., 891 ff.

16 Ebenda, Teil 3, S. 948 ff.

Kriegführung bzw. einzelner Kriegführungsmethoden oder der Stationierung von Kriegführungsmitteln in bestimmten Räumen.
Diese beiden Wege und Möglichkeiten völkerrechtlicher Maßnahmen zur Verhinderung oder Einschränkung von militärischer Gewaltanwendung in den zwischenstaatlichen Beziehungen bzw. zur Eindämmung ihrer Vorbereitung durch unbegrenzte Rüstungen stehen in wesentlichen Wechselwirkungen zueinander. Die wohl bedeutsamste von ihnen besteht darin, daß das grundsätzliche Gewaltverbot sich als eine entscheidende Voraussetzung für effektive Rüstungsbegrenzungsvereinbarungen erwiesen hat. Denn die völkerrechtliche Anerkennung eines Rechts der Staaten zur Kriegführung nach eigener freier Entscheidung schloß es im Grunde aus, ihnen hinsichtlich der Vorbereitung von Aggressionen, insbesondere hinsichtlich ihrer militärischen Rüstung, generelle rechtliche Schranken zu setzen.
Dieser Zusammenhang ist durch die tatsächliche Entwicklung deutlich bestätigt worden. So wurden zwar auch in der Zeit vor dem Bestehen des Gewaltverbots der UN-Charta schon eine Reihe völkerrechtlicher Regelungen geschaffen, die die *Anwendung* (nicht aber die Produktion oder den Besitz) einzelner Waffen oder Kampfmittel verboten. Aber das eindeutig bekundete Motiv und Ziel dieser Normen bestand in einer gewissen „Humanisierung" des nach wie vor als uneingeschränkt zulässig betrachteten Krieges, nicht aber in einer Eindämmung der Kriegsgefahr. Derartige Abkommen zielten daher auch meist darauf ab, daß die von ihnen erfaßten Kampfmittel besonders inhuman oder moralisch verwerflich seien.
So ging z. B. die Haager Landkriegsordnung von 1907[17] davon aus, daß die Kriegführenden „kein unbeschränktes Recht in der Wahl der Mittel zur Schädigung des Feindes" haben (Art. 22) und daß insbesondere „der Gebrauch von Waffen, Geschossen oder Stoffen, die geeignet sind, unnötig Leiden zu verursachen", generell verboten ist (Art. 23 Abs. 1 Buchst. e). Dieser allgemeine Gedanke liegt auch einer Reihe von Verboten der Anwendung einzelner Waffen bzw. Kampfmittel aus der Zeit vor dem ersten und zweiten Weltkrieg zugrunde, zu denen vor allem das Verbot der sogenannten Dum-Dum-Geschosse von 1899[18] und das Genfer Protokoll vom 17. Juni 1925 über „das Verbot von erstickenden, giftigen oder ähnlichen Gasen sowie von bakteriologischen Mitteln im Kriege" gehören[19].
Die Beschränkung dieser völkerrechtlichen Verbote auf die *Anwen-*

17 Ebenda, Teil 1, S. 56 ff.
18 Vgl. die Haager Erklärung, betr. das Verbot von Geschossen, die sich leicht im menschlichen Körper ausdehnen oder plattdrücken vom 29. 7. 1899, deutscher Text in RGBl. 1910, S. 82.
19 Deutscher Text in: Ebenda, Teil 1, S. 78 f.

dung der betreffenden Waffen oder Kampfmittel bedeutet allerdings nicht, daß ihnen keinerlei Bedeutung für deren Herstellung und Bereithaltung zukommt. Sie begründen für einen Staat, der solche Verpflichtungen eingegangen ist, zwar keine *rechtliche* Pflicht, die verbotenen Waffen auch nicht zu produzieren oder zu lagern, aber ein solches Verhalten muß ihn dem Verdacht aussetzen, eine völkerrechtswidrige Kriegführung ins Auge zu fassen. Derartige Anwendungsverbote haben daher zweifellos eine über ihren juristischen Geltungsbereich hinausreichende politisch-moralische Wirkung. Das gilt auch für entsprechende Verbote lediglich des *Einsatzes* bestimmter Kampfmittel aus jüngster Zeit, wie sie z. B. in dem 1979 auf einer unter der Autorität der UNO durchgeführten Diplomatischen Konferenz ausgearbeiteten und von 30 Staaten, darunter den Warschauer Vertragsstaaten, bereits unterzeichneten Vertrag mit 3 Protokollen hinsichtlich der Verwendung von Brandwaffen, Landminen, Splitterwaffen aus Kunststoff sowie sogenannten booby traps, d. h. als Spielzeug oder Gebrauchsgegenstände getarnten Sprengkörpern, vereinbart wurden weil sie „unnötige Leiden verursachen" bzw. unterschiedslos sowohl gegen die kämpfende Truppe als auch gegen Zivilpersonen wirken[20].
Die Bedeutung des generellen völkerrechtlichen Gewaltverbots der UN-Charta für die Schaffung verbindlicher Rechtspflichten zur Rüstungsbegrenzung und Abrüstung zeigt sich auch in dem Schicksal aller vor seiner Existenz unternommenen Versuche, derartige multilaterale Verpflichtungen zu begründen. So werden in den Friedensverträgen von 1919 und 1920[21] zwar den im ersten Weltkrieg besiegten Staaten bestimmte konkrete Abrüstungs- und Rüstungsbegrenzungspflichten auferlegt. Diese wurden jedoch lediglich als Sanktionen gegen diese Staaten, nicht aber als erste Schritte zu allgemeinen Rüstungsverminderungen verstanden, die in Art. 8 der Völkerbundsatzung[22] zwar als notwendig bezeichnet, aber in einer Weise behandelt wurden, die von vornherein jedes praktische Ergebnis ausschloß. Denn diese Bestimmung begründete keinerlei verbindliche Verpflichtungen der Völkerbundsmitglieder in dieser Richtung. Im Gegenteil, indem ausdrücklich in ihr gesagt wurde, daß der Grad der Abrüstung der einzelnen Staaten durch solche Kriterien bestimmt sein solle wie die Erfordernisse der „nationalen Sicherheit", „die geografische Lage" und die „besonderen Verhältnisse" jedes Landes, lieferte sie im Grunde den Staaten sogar „legale" Argumente zur Verweigerung jeder Rüstungseinschränkung. Es versteht sich von

20 Text in Zeitschrift für ausländisches öffentliches Recht und Völkerrecht 1978, S. 86 ff.

21 Vgl. Handbuch der Verträge 1874–1964, Berlin 1968, S. 182 ff., 203 ff., 205 f., 208 ff.

22 Ebenda, S. 185.

selbst, daß unter diesen Bedingungen alle Bemühungen, im Rahmen oder mit Hilfe des Völkerbundes zu Rüstungsbegrenzungsvereinbarungen zu kommen, zum Scheitern verurteilt sein mußten. Charakteristisch hierfür war die Tätigkeit einer 1925 vom Völkerbundrat gebildeten Vorbereitungskommission für eine Konferenz „zur Reduzierung und Begrenzung der Rüstungen", in der die UdSSR am 30. November 1927 zunächst einen umfassenden Plan zur sofortigen allgemeinen und totalen Abrüstung und dann – nach dessen strikter Ablehnung durch die imperialistischen Mächte – einen Vorschlag zu einer wenigstens teilweisen, progressiv proportionalen Abrüstung unterbreitete[23]. Das Ergebnis der Kommissionsarbeit bestand infolge der Haltung der imperialistischen Regierungen, die alle sowjetischen Vorschläge zurückwiesen, in den Verhandlungen vor allem nach militärischen Vorteilen voreinander strebten und unentwegt ihre Rüstungen steigerten, lediglich in einem Abkommensentwurf, der insgesamt keine effektiven Rüstungsbeschränkungen vorsah, sondern z. T. sogar eine Vergrößerung von Waffenbeständen zuließ und überdies nie in Kraft trat[24].

Ähnlich verlief auch die nach jahrelangem diplomatischem Tauziehen endlich 1932 zustande gekommene Genfer „Allgemeine Konferenz für die Reduzierung und Begrenzung der Rüstungen". Sie stand völlig im Zeichen des Strebens der imperialistischen Staaten, ihr eigenes Rüstungspotential zu erhalten und zu erhöhen und das anderer Staaten zu schwächen, sowie der Forderungen Deutschlands und Italiens nach „Rüstungsgleichheit" mit Frankreich und Großbritannien. Sie wurde 1935 ergebnislos beendet, nachdem Deutschland bereits 1933 aus ihr und dem Völkerbund ausgetreten und zu einer hemmungslosen Aufrüstung übergegangen war und sich die Vorbereitung des zweiten Weltkrieges offen abzeichnete[25].

Erst nachdem es aufgrund des im Ergebnis des zweiten Weltkrieges entscheidend veränderten internationalen Kräfteverhältnisses, insbesondere des bedeutend gewachsenen Einflusses der Sowjetunion auf das weltpolitische Geschehen, und der nachhaltigen Friedensforderungen der Völker gelungen war, in der UN-Charta das umfassende Verbot der Gewaltanwendung und -androhung in den internationalen Beziehungen als ein allgemein verbindliches Völkerrechtsprinzip zu statuieren, waren auch rechtliche Grundlagen für die Begründung allgemeiner Verpflichtungen der Staaten zu Rüstungsverminderungen gegeben. Das fand in der UN-Charta selbst seinen Ausdruck darin, daß sie der Organisation der Vereinten Nationen ausdrücklich

23 Vgl. hierzu im einzelnen W. M. Chaizman, Die UdSSR und die Abrüstung zwischen den beiden Weltkriegen, Berlin 1963, insbes. S. 157 ff., 164 ff.

24 Ebenda, S. 212 ff.

25 Ebenda, S. 272 ff., 330 ff.

konkrete Aufgaben und Verantwortlichkeiten auf dem Gebiet der Abrüstung und Rüstungsbegrenzung übertrug. So legt Art. 11 Ziff. 1 der Charta die Zuständigkeit der UN-Vollversammlung für die Beratung „der Grundsätze für die Abrüstung und Rüstungsregulierung" und die Erteilung entsprechender Empfehlungen an die Mitgliedsstaaten und den Sicherheitsrat fest. Der Sicherheitsrat wird in Art. 2 der Charta beauftragt, Pläne zur Schaffung eines Systems der Rüstungsregulierung auszuarbeiten und den UN-Mitgliedern zu unterbreiten, damit der Weltfrieden „mit einem Mindestaufwand an Menschen und wirtschaftlichen Hilfsquellen ... für Rüstungen gewährleistet wird". Aus diesen Aufgabenstellungen für die wichtigsten UN-Organe ergibt sich zweifellos für alle Mitgliedsstaaten der Vereinten Nationen als eine der von ihnen übernommenen Verpflichtungen aus der UN-Charta auch die zur Unterstützung und Förderung der satzungsgemäßen Verantwortlichkeiten der UNO auf dem Gebiet der Rüstungsregulierung und Abrüstung.

So entstanden nach 1945 sowohl in politischer und – besonders nach der Brechung des amerikanischen Kernwaffenmonopols durch die Sowjetunion im Sommer 1949 – militärischer Hinsicht als auch – durch die Erhebung des Gewaltverbots zu einem Kernstück des Völkerrechts – unter dem Aspekt des internationalen Rechts völlig neue, weit günstigere Bedingungen für das Ringen der staatlichen und gesellschaftlichen Friedenskräfte um die Begründung verbindlicher Verpflichtungen der Staaten zu Rüstungsreduzierungen. Die aggressivsten Kreise des Imperialismus, die auch unter diesen veränderten Bedingungen aus ihrer politischen und ökonomischen Interessenlage heraus an ihrer die Möglichkeit der Anwendung militärischer Gewalt einschließenden Eindämmungs- und Zurückdrängungspolitik gegen den Sozialismus und das Unabhängigkeitsstreben kolonialer und halbkolonialer Völker festhielten, waren dem wachsenden Druck einer zunehmenden Anzahl von Staaten und breiter Kreise der Weltöffentlichkeit ausgesetzt, die rechtlich verbindliche Vereinbarungen über effektive Abrüstungsschritte verlangten. Dabei konnten zur Begründung der dringenden Notwendigkeit solcher Maßnahmen neben den vorrangigen politischen und sozialen Argumenten jetzt verstärkt auch die dargelegten völkerrechtlichen Verpflichtungen angeführt werden. So wurde es für die Regierungen, die nicht bereit waren, auf die Vorbereitung militärischer Abenteuer zu verzichten und deren Kern die Hauptmächte der NATO bildeten, immer schwieriger, glaubwürdige Rechtfertigungen für ihre ständige Ablehnung der zahllosen konkreten Abrüstungsinitiativen und -vorschläge der Staaten der sozialistischen Gemeinschaft zu finden, die vielfach von neutralen und nichtpaktgebundenen Ländern unterstützt und oft von der Mehrheit der UN-Mitglieder gebilligt wurden. Sie sahen sich daher zwar in einer Reihe von Fällen veranlaßt, zur Täuschung der

Völker über ihre wirkliche Haltung – wenn auch widerstrebend und erst nach langwierigen Verhandlungen – bestimmten rechtlich nicht verbindlichen und zum großen Teil sehr allgemein gehaltenen Entschließungen der UNO zuzustimmen, in denen die Staaten zu Rüstungsreduzierungen aufgefordert wurden.
Gleichzeitig aber verstärkten sie ihren Widerstand gegen alle Bemühungen, sie zum Abschluß völkerrechtlich verbindlicher Verträge zu bewegen durch die präzise Verpflichtungen der Teilnehmerstaaten zu bestimmten Rüstungsbegrenzungs- oder Abrüstungsmaßnahmen festgelegt werden sollten. So erklärt es sich, daß seit der Gründung der UNO in ihr zwar eine ganze Reihe von Resolutionen zur Rüstungsverminderung auch mit den Stimmen von NATO-Staaten, z. T. sogar einmütig, angenommen wurden, daß in dieser Zeit aber nur relativ wenige multilaterale Verträge über Rüstungseinschränkungen zustande kamen, denen beizutreten auch diese Staaten sich gezwungen sahen.
Zu solchen auch mit Zustimmung von NATO-Staaten oder einmütig angenommenen Beschlüssen der UNO zu Fragen der Rüstungsverminderung gehören neben Entschließungen zu speziellen Aspekten der Rüstungsreduzierung auch bestimmte Grundsatzresolutionen der UNO, die zwar eindringlich Abrüstungschritte fordern, aber keine konkreten rechtlichen Verpflichtungen in dieser Richtung begründen. Beispiele hierfür sind solche fundamentalen Dokumente der UNO wie die einmütig angenommenen Deklarationen anläßlich des 25. Jahrestages der Vereinten Nationen vom 24. Oktober 1970 (Resolution Nr. 2627 XXV)[26] und über die Prinzipien des Völkerrechts vom gleichen Tage (Resolution Nr. 2625/XXV)[27] sowie die mit nur einer Stimmenthaltung beschlossene Deklaration über die Festigung der internationalen Sicherheit vom 16. Dezember 1970 (Resolution Nr. 2734/XXV)[28]. Ferner sind in diesem Zusammenhang aus jüngster Zeit vor allem das im Konsens beschlossene Schlußdokument der 10. Sondertagung der UN-Vollversammlung über Abrüstung vom 30. Juni 1978 (Resolution Nr. S-10/2)[29], aber auch die mit Zustimmung aller Staaten außer den USA, Israel und China angenommene Deklaration über die Vorbereitung der Völker auf ein Leben in Frieden vom 15. Dezember 1978 (Resolution Nr. 33/73)[30] und die Deklaration über internationale Zusammenarbeit für Abrüstung vom 11. Dezember 1979 (Resolution Nr. 34/88)[31] zu nennen.
Gewiß sind derartige Entschließungen der UNO wichtige und wert-

26 Deutscher Text in: Völkerrecht, Dokumente, a. a. O., Teil 3, S. 705 ff.
27 Ebenda, S. 709 ff.
28 Deutscher Text in: UNO-Bilanz 1970/71, S. 163 ff.
29 Deutscher Text in: Deutsche Außenpolitik 8/1978, S. 120 ff.
30 Deutscher Text in: UNO-Bilanz 1978/79, S. 111 ff.
31 Ebenda, S. 120 ff.

volle Instrumente im politischen Ringen um Schritte zur Rüstungsreduzierung und Beendigung des Wettrüstens. Einige von ihnen wurden auch zur Grundlage für die Ausarbeitung entsprechender völkerrechtlicher Verträge. Aber ihre Schwäche besteht eben darin, daß sie keine völkerrechtlichen Verpflichtungen der Staaten begründen. Die Staaten, die sie trotz ihrer Zustimmung zu ihnen nicht befolgen oder die entgegen der übergroßen Mehrheit aller UN-Mitglieder gegen sie gestimmt haben, werden durch diese Haltung zwar politisch belastet, aber sie setzen sich durch ein solches Verhalten nicht völkerrechtlichen Sanktionen aus.

Eben in diesem nur „empfehlenden" Charakter von UN-Resolutionen liegt auch der Grund dafür, daß es weit häufiger möglich war, den imperialistischen Hauptmächten die Zustimmung zu ihnen abzuringen, als sie dazu zu bringen, verpflichtende multilaterale völkerrechtliche Verträge über konkrete Schritte abzuschließen, die direkt oder indirekt darauf gerichtet sind, die Rüstungen zu reduzieren oder wenigstens ihre weitere Steigerung zu verhindern.

So beschränkt sich der Bestand an derartigen überregionalen und für eine große Anzahl von Staaten verbindlichen internationalen Vereinbarungen gegenwärtig immer noch auf vier Abkommen über Einschränkungen in Rüstungsbereichen und auf zwei über Maßnahmen zu einer gewissen Entmilitarisierung bestimmter Räume. Zu der erstgenannten Gruppe gehören der Vertrag über die Nichtweiterverbreitung von Kernwaffen vom 1. Juli 1968[32], die Konvention über das Verbot der Entwicklung, Herstellung und Lagerung von bakteriologischen (biologischen) und Toxin-Waffen und über ihre Vernichtung vom 10. April 1972[33], die Konvention über das Verbot militärischer oder sonstiger feindseliger Anwendung von Mitteln zur Einwirkung auf die Umwelt vom 18. Mai 1977[34] sowie im Hinblick auf die durch ihn erfolgten Einschränkungen von Kernwaffenerprobungen auch der Vertrag über das Verbot der Kernwaffenversuche in der Atmosphäre, im kosmischen Raum und unter Wasser vom 5. August 1963[35].

Die zweite Gruppe bilden der Weltraumvertrag vom 27. Januar 1967[36] und der Meeresbodenvertrag vom 11. Februar 1971[37].

In unmittelbarem Zusammenhang mit diesen multilateralen Abkommen müssen aber auch die bilateralen Vereinbarungen zwischen der UdSSR und den USA über Fragen der Raketenkernwaffenrüstung genannt werden, deren Partner zwar nur zwei Staaten sind, die aber unzweifelhaft weltweite Bedeutung haben. Das gilt insbesondere für

32 Deutscher Text in: Völkerrecht, Dokumente, a. a. O., Teil 2, S. 608 ff.
33 Ebenda, Teil 3, S. 787 ff.
34 Ebenda, S. 1022 ff.
35 Ebenda, Teil 2, S. 526 ff.
36 Ebenda, S. 576 ff.
37 Ebenda, Teil 3, S. 721 ff.

den Vertrag über die Begrenzung der Raketenabwehrsysteme vom 26. Mai 1972[38], das zeitweilige Abkommen über einige Maßnahmen auf dem Gebiet der strategischen Offensivwaffen vom 26. Mai 1972[39] und das Protokoll zum Vertrag über die Begrenzung der Raketenabwehrsysteme vom 3. Juli 1974[40].

Zu diesen bisher erreichten Ergebnissen der Bemühungen um die Schaffung völkerrechtlicher Verpflichtungen der Staaten zu bestimmten Rüstungseinschränkungen, die durchweg auf Initiativen sozialistischer Staaten, insbesondere der UdSSR, zurückgehen und entscheidend auf ihrer aktiven Mitarbeit beruhen, muß einerseits festgestellt werden, daß sie zweifellos auf einigen Gebieten rüstungsbegrenzende Wirkung gehabt haben und daß ihnen vor allem eine erhebliche politische Bedeutung zukommt. Denn sie beweisen, daß unter den komplizierten Bedingungen der Gegenwart und angesichts der Komplexität aller Fragen der Rüstungsverminderung bei einem entsprechenden Willen sämtlicher Beteiligten auch auf diesem Gebiet allseitig akzeptable Vereinbarungen möglich sind, und sind schon dadurch geeignet, das internationale Klima günstig zu beeinflussen sowie weitere Anstrengungen zur Rüstungseindämmung zu stimulieren.

Andererseits kann nicht übersehen werden, daß von diesen Verträgen allein die B-Waffen-Konvention von 1972 durch ihre Bestimmung, keine solchen Waffen mehr zu produzieren und zu lagern sowie die vorhandenen zu vernichten, auf einem Teilgebiet zu einer Rüstungsverminderung führte, die allerdings durch ein Ausweichen auf andere Waffen, insbesondere chemische, unterlaufen werden kann. Alle anderen genannten Abkommen richten sich lediglich gegen weitere Ausdehnungen der Rüstungen, haben aber keinen Abbau von Rüstungen zum Gegenstand. Ferner hat noch keiner der genannten multilateralen Verträge wirklich universelle Geltung erlangt, und selbst denjenigen von ihnen, die wegen ihrer weltweiten Bedeutung die umfangreichste Mitgliedschaft aufweisen (gegenwärtig 111 Staaten), dem Kernteststoppvertrag und dem Nichtweiterverbreitungsvertrag, sind bis heute die Kernwaffenmächte Frankreich und China sowie solche zur Kernwaffenproduktion fähige, eine offen aggressive Politik betreibende Staaten wie z. B. Israel und Südafrika nicht beigetreten.

Schließlich darf nicht vergessen werden, daß es bei den meisten dieser Abkommen vor allem wegen des Widerstandes imperialistischer Regierungen gegen effektive Maßnahmen zur Rüstungseinschränkung außerordentlich schwieriger und langwieriger – z. T. mehr als 5-, ja fast 10jähriger – Verhandlungen bedurfte, um zu ihrem Abschluß und Inkrafttreten zu gelangen.

38 Ebenda, S. 806 ff.
39 Ebenda, S. 810 f.
40 Ebenda, S. 915 f.

In Ergänzung dieser Übersicht über die bisher erzielten und in Kraft befindlichen völkerrechtlichen Vereinbarungen über Rüstungseinschränkungen mit überregionalen Wirkungen sei noch auf 2 Verträge hingewiesen, die für begrenzte Gebiete militärischen Aktivitäten bestimmte Schranken setzen. Es handelt sich dabei einmal um den bereits 1959 abgeschlossenen Antarktis-Vertrag[41], der festlegt, daß die Antarktis nur zu friedlichen Zwecken genutzt werden darf und in ihr jegliche Maßnahmen militärischen Charakters, wie z. B. Anlegung von Militärstützpunkten und Befestigungen, Abhaltung von Manövern und Waffenerprobungen aller Art, verboten sind. Vor allem aber ist hier der bisher einzige Vertrag über die Schaffung einer kernwaffenfreien Zone zu nennen, nämlich der am 14. Februar 1967 unterzeichnete und am 22. April 1968 in Kraft getretene Vertrag über das Verbot von Kernwaffen in Lateinamerika (Vertrag von Tlatelolco)[42], dem mehr als 20 lateinamerikanische Staaten angehören. In ihm verpflichten sich seine Teilnehmer, in ihrem Hoheitsgebiet jegliche Art der Erprobung, des Gebrauchs, der Herstellung oder des Erwerbs irgendwelcher Kernwaffen sowie deren Entgegennahme, Lagerung, Installation, In-Stellung-Bringung und Besitz zu verbieten und zu verhindern. Zu dem Vertrag gibt es zwei Zusatzprotokolle, deren erstes die Verpflichtung derjenigen außerhalb des geographischen Geltungsbereichs des Vertrages liegenden Staaten, die zu diesem Zeitpunkt noch Befugnisse in bestimmten Gebieten innerhalb seines Geltungsbereiches ausübten, enthält, diese Gebiete kernwaffenfrei zu halten. Im Zusatzprotokoll II verpflichten sich die 5 Kernwaffenmächte, die Kernwaffenfreiheit der Mitgliedsstaaten des Vertrages von Tlatelolco zu achten und gegen sie keinen Kernwaffeneinsatz vorzunehmen oder anzudrohen.
Alle diese völkerrechtlichen Vereinbarungen über Rüstungsbegrenzungen, so gering ihre Zahl und so eng ihr Wirkungsbereich auch ist, bestätigen dennoch, daß mit den nach dem zweiten Weltkrieg eingetretenen fundamentalen Veränderungen im internationalen Kräfteverhältnis und der darauf beruhenden erstmaligen prinzipiellen völkerrechtlichen Illegalisierung der militärischen Aggression durch die UN-Charta Bedingungen eintraten, die erste, wenn auch noch sehr bescheidene Erfolge bei der Begründung von Rechtspflichten der Staaten zu Rüstungseinschränkungen ermöglichten, die weiter ausgebaut werden können und müssen.
Diese Ergebnisse weisen damit zugleich auf eine andere Seite der Wechselbeziehungen zwischen dem grundsätzlichen völkerrechtlichen Gewaltverbot der UN-Charta und Schritten zur Rüstungsverminderung hin. Sie leitet sich aus der unbestreitbaren Tatsache ab, daß

41 Ebenda, Teil 2, S. 469 ff.
42 Ebenda, S. 581 ff.

eine vollständige Beseitigung aller Kriegführungsmittel, also die allgemeine und vollständige Abrüstung, das wirksamste Mittel zur Verhinderung von Kriegen und damit zur dauerhaften Friedenssicherung sein würde. Es war und ist daher das letzte Ziel aller Abrüstungsinitiativen der Staaten der sozialistischen Gemeinschaft, eine solche allgemeine und vollständige Abrüstung zu erreichen. Besonders markanten Ausdruck fanden diese Bemühungen darin, daß die Sowjetunion 1959 auf der XIV. Tagung der UN-Vollversammlung den Vorschlag unterbreitete, die Verwirklichung der allgemeinen und vollständigen Abrüstung zu einer konkreten Aufgabe der Weltorganisation und aller Staaten der Welt zu erklären. Aufgrund dieser Initiative beschloß die UNO auf dieser Tagung einstimmig die Resolution Nr. 1378[43], in der die Mitgliedstaaten aufgefordert wurden, alle Anstrengungen zu unternehmen, um eine konstruktive Lösung der Frage der allgemeinen und vollständigen Abrüstung zu erreichen. Entsprechend dieser Aufforderung der UNO legte die Sowjetunion im März 1962 den formulierten Entwurf eines universellen Vertrages über die allgemeine und vollständige Abrüstung unter strenger internationaler Kontrolle vor[44].

Die Forderung der UNO nach einer vollständigen Abrüstung nahm für die übergroße Mehrheit der Staaten, darunter auch die USA und andere imperialistische Mächte, den Charakter einer rechtlichen Verpflichtung zu ernsthaften Bemühungen in dieser Richtung an, als die Unterzeichnerstaaten des Kernteststopp-Vertrages „die rascheste Herbeiführung eines Abkommens über die allgemeine und vollständige Abrüstung unter strenger internationaler Kontrolle" zu „ihrem Hauptziel" erklärten. Diese Verpflichtung wurde in dem Vertrag über die Nichtweiterverbreitung von Kernwaffen bekräftigt, in dessen Artikel 6 es heißt: „Jeder Partner des vorliegenden Vertrages verpflichtet sich, im Geiste guten Willens über wirksame Maßnahmen zur Einstellung des nuklearen Wettrüstens in nächster Zukunft und über die Kernabrüstung wie auch über einen Vertrag über allgemeine und vollständige Abrüstung unter strenger und wirksamer internationaler Kontrolle zu verhandeln."

Auch in den folgenden Jahren haben sowohl eine Reihe von UN-Resolutionen (in jüngster Zeit insbesondere das im Konsens angenommene Schlußdokument der 10. UN-Sondertagung über Abrüstung vom 1. Juli 1978[45]) als auch – in völkerrechtlich verbindlicher Form – solche von einer großen Anzahl von Staaten unterzeichnete Verträge wie der Meeresbodenvertrag, die B-Waffen-Konvention und die Konvention über das Verbot militärischer Einwirkung auf die

43 Deutscher Text in: Dokumente zur Abrüstung 1917–1976, Berlin 1978, S. 220.

44 Deutscher Text in: Handbuch der Verträge 1871–1964, S. 731 ff.

45 Deutscher Text in: Deutsche Außenpolitik, 8/1978, S. 118 ff.

Umwelt die Zielsetzung einer allgemeinen und vollständigen Abrüstung bzw. eines universellen Vertrages hierüber unterstrichen.
Obwohl vor allem die NATO- Staaten die von ihrer Mehrheit damit eingegangenen Verpflichtungen bisher in keiner Weise erfüllten, sondern im Gegenteil ihnen immer mehr durch forcierte Hochrüstung direkt zuwiderhandeln, halten die Staaten der sozialistischen Gemeinschaft unbeirrt an ihrer großen Zielsetzung der allgemeinen und vollständigen Abrüstung fest, die sie u. a. auch in der Deklaration der Warschauer Vertragsstaaten vom 15. Mai 1980[46] erneut bekräftigten. Aber sie sind sich auch bewußt, daß diese historische Aufgabe nicht in einem Anlauf und mit einem Schlag, sondern nur im Ergebnis eines äußerst harten und langwierigen Kampfes besonders gegen die Kräfte des militärisch-industriellen Komplexes in den imperialistischen Ländern, im Verlauf eines nur schrittweise zu erreichenden, immer umfassender und tiefgreifender werdenden politischen und militärischen Entspannungsprozesses, d. h. letztlich im Zuge weiterer grundlegender Veränderungen im internationalen Kräfteverhältnis zugunsten der Kräfte des Friedens und des Sozialismus erfüllt werden kann, daß die Erreichung dieses Zieles unter den heute gegebenen Bedingungen praktisch nur über Teilmaßnahmen in dieser Richtung möglich ist. Sie konzentrieren daher gegenwärtig ihre Bemühungen auf die in der derzeitigen Situation dringlichsten und erreichbaren Rüstungsbegrenzungen, die sie jedoch immer zugleich als Etappen auf dem Wege zur allgemeinen und vollständigen Abrüstung verstehen.

IV.

Für die Beurteilung der praktischen Bedeutung völkerrechtlicher Verpflichtungen der Staaten zu Rüstungseinschränkungen kann das entscheidende Kriterium immer nur in ihrer tatsächlichen Wirksamkeit, d. h. in dem Grad ihrer Erfüllung bestehen. Wenn man diesen Maßstab an die bisher abgeschlossenen völkerrechtlichen Verträge über konkrete Rüstungsbegrenzungen anlegt, so kann insgesamt festgestellt werden, daß ihre Unterzeichnerstaaten den in ihnen vereinbarten Pflichten zu genau festgelegten derartigen Maßnahmen auch nachgekommen sind. Das gilt nicht allein für die sozialistischen Unterzeichnerstaaten dieser Verträge, für die die strikte Einhaltung völkerrechtlicher Verpflichtungen ein Prinzip ihrer Außenpolitik ist und deren Völkerrechtstreue selbst politische und ideologische Gegner des Sozialismus vielfach bestätigt haben. Das trifft im wesentlichen auch für die imperialistischen Vertragspartner zu, obwohl deren Politik generell stets dadurch gekennzeichnet war und vielfach

46 Vgl. Neues Deutschland vom 16. 5. 1980.

auch noch ist, daß ihnen bei Konflikten zwischen ihren Interessen und ihren rechtlichen Verpflichtungen Macht vor Recht geht und sie gerade den friedenssichernden Normen des geltenden Völkerrechts, insbesondere dem Gewaltverbot, vielfach zuwiderhandeln. So konnte z. B. hinsichtlich der multilateralen Rüstungsbegrenzungsverträge der 60er und 70er Jahre, die regelmäßige Überprüfung ihrer Wirksamkeit vorsehen und zu denen solche Überprüfungskonferenzen bereits stattgefunden haben, auf diesen Konferenzen festgestellt werden, daß die in ihnen begründeten Verpflichtungen zu bestimmten Einschränkungen der Rüstungen von den Vertragsparteien eingehalten worden sind[47]. Dagegen wurden die Bestimmungen dieser und anderer Verträge, die von den Staaten lediglich verlangen, sich um bestimmte Schritte zur Rüstungsverminderung „zu bemühen", sie „anzustreben" oder über sie „zu verhandeln", die also den Staaten Ausweichmöglichkeiten lassen, von den nicht zu effektiven Rüstungsbegrenzungen bereiten imperialistischen Regierungen durchweg mißachtet.

Aber gerade diese unterschiedlichen Wirkungen von völkerrechtlichen Verpflichtungen einerseits zu konkreten, überprüfbaren Maßnahmen und andererseits lediglich zu politischen Verhaltensweisen, die nur in ihrer allgemeinen Richtung bestimmt sind, machen deutlich, daß es heute für Staaten, deren Ziele im Widerspruch zu den Geboten des geltenden Völkerrechts stehen, weit schwieriger ist als früher, eindeutige völkerrechtliche Pflichten offen zu negieren.

Diese Situation ist unzweifelhaft Ausdruck und Folge der bedeutend erhöhten Autorität und Wirksamkeit, die das Völkerrecht dadurch erlangt hat, daß sich seine Gestaltung und Entwicklung in unserer Zeit immer mehr unter dem Einfluß sozialistischer und anderer progressiver Staaten vollzieht, sein Inhalt daher zunehmend stärker von den Grundsätzen der Sicherung des Friedens und der gleichberechtigten Zusammenarbeit der Staaten bestimmt ist und eben deshalb die Mehrheit der Staaten und breiteste gesellschaftliche Bewegungen in aller Welt entschieden für seine Einhaltung und Durchsetzung eintreten. Gewiß reicht die Macht dieser Kräfte gegenwärtig noch nicht aus, um in jedem Falle Völkerrechtsbrüche, ja sogar schwerste

47 So auf der 1. (1975) und 2. (1980) Überprüfungskonferenz zum Nichtweiterverbreitungsvertrag, der 1. Überprüfungskonferenz (1977) zum Meeresbodenvertrag und der 1. Überprüfungskonferenz (1980) zur B-Waffen-Konvention.

48 Vgl. z. B. Präambel zum Vertrag über das Verbot der Kernwaffenversuche in der Atmosphäre, im kosmischen Raum und unter Wasser vom 5. 8. 1963; Präambel und Art. VI des Vertrages über die Nichtweiterverbreitung von Kernwaffen vom 1. 7. 1968; Art. V des Meeresbodenvertrages vom 11. 2. 1974; Präambel und Art. IX der B-Waffen-Konvention vom 10. 4. 1972.

völkerrechtliche Verbrechen von Staaten zu verhindern, die eine aggressive oder hegemonistische Politik betreiben. Um dies zu erreichen, bedarf es vielmehr noch einer bedeutenden weiteren Steigerung des internationalen Einflusses der friedliebenden Staaten und Völker und einer verstärkten Eindämmung und Zurückdrängung der weltpolitischen Wirkungsmöglichkeiten der eine Politik der Stärke verfolgenden und nach Vorherrschaft strebenden Kräfte, besonders in den imperialistischen Hauptländern. Dennoch ist es schon heute für diese Kreise kaum noch möglich, sich offen über allgemein verbindliche völkerrechtliche Grundsätze oder von ihnen geschlossene völkerrechtliche Verträge hinwegzusetzen, ohne sich dadurch auch für sie durchaus spürbaren Sanktionen der völkerrechtstreuen Staaten, mindestens aber sehr ernsthaften Folgen für ihr politisches Ansehen und ihre Vertrauenswürdigkeit auszusetzen.

Auf diese – vor allem als ein Ergebnis der tiefgreifenden Wandlungen im internationalen Kräfteverhältnis nach dem zweiten Weltkrieg eingetretene – Erhöhung der juristischen, politischen und moralischen Wirkungskraft des Völkerrechts ist einmal die bereits erwähnte Tatsache zurückzuführen, daß selbst Regierungen, die nicht bereit sind, auf eine friedensgefährdende Politik und ständige Rüstungssteigerungen zur politischen Erpressung anderer Staaten und Vorbereitung militärischer Abenteuer zu verzichten, doch in aller Regel gezwungen sind, von ihnen unter dem Druck der inneren und äußeren Friedenskräfte eingegangene völkerrechtliche Verpflichtungen zu konkreten Rüstungsbegrenzungen auch zu erfüllen.

In dieser gestiegenen Autorität des Völkerrechts liegt zugleich der Grund dafür, daß derartige Regierungen sich so sehr dagegen sträuben, verbindliche völkerrechtliche Verpflichtungen zu realen, auf dem Prinzip der Gleichheit und gleichen Sicherheit beider Staaten beruhenden Rüstungsbegrenzungensmaßnahmen einzugehen. Sie geben zwar zur Täuschung ihrer Völker und der Weltöffentlichkeit oft verbale Erklärungen über ihre angebliche Bereitschaft zur Rüstungskontrolle ab und stimmen mitunter auch entsprechenden, aber eben rechtlich unverbindlichen UN-Resolutionen zu, ja initiieren sie gelegentlich sogar selbst. Aber sobald es um verpflichtende völkerrechtliche Vereinbarungen über derartige Schritte geht, suchen sie mit allen Mitteln deren Zustandekommen zu verhindern, mindestens aber solange wie möglich zu verzögern. Charakteristische Beispiele für diese Praxis bietet die derzeitige Haltung der USA, angefangen von der Nichtratifizierung des schon unterzeichneten SALT-II-Abkommens mit der UdSSR, über die Blockierung bereits eingeleiteter Verhandlungen über weitere Rüstungsbegrenzungsabkommen[49] und die absurden Einwendungen gegen den sowjetischen Vorschlag eines

49 So z. B. die Verhandlungen über einen Vertrag über die vollständige

Weltvertrages über die Nichtanwendung von Gewalt in den internationalen Beziehungen[50] bis zu dem Propagandamanöver des USA-Präsidenten Reagan mit der sogenannten Null-Option für Mittelstreckenraketen in Europa[51], das von einer von vornherein für die UdSSR unannehmbaren Verhandlungsgrundlage ausgeht.

Aber sogar in den leider immer noch allzu häufigen Fällen, in denen aggressive imperialistische Kreise in Verfolgung ihrer Machtinteressen schwere Völkerrechtsverletzungen begehen, sehen sie sich in unsrer Zeit durchweg genötigt, den eigenen Völkerrechtsbruch demagogisch als eine „Verteidigung des Völkerrechts" auszugeben, um so dem belastenden Odium der offenen Rechtsmißachtung zu entgehen. So wandten die USA in den meisten der von ihnen in der Zeit vom 1. Januar 1946 bis zum 31. Dezember 1975 vorgenommenen 215 Einsätzen ihrer Streitkräfte zu politischen Zwecken bzw. Drohungen damit, d. h. also Verstößen gegen das Charta-Prinzip des Verbots der Gewaltanwendung und Gewaltandrohung in den internationalen Beziehungen[52], die schon von Hitler praktizierte Methode an, das Opfer ihrer Aggression oder Aggressionsdrohung als Rechtsbrecher und ihre eigenen Gewaltaktionen als „Verteidigung des Rechts" hinzustellen. Typische Beispiele hierfür waren die heuchlerischen Rechtfertigungsversuche für die USA-Aggression in Vietnam, aber auch für den Überfall Chinas auf Vietnam und – in jüngster Zeit – für den israelischen Luftangriff auf das irakische Kernforschungszentrum.

Diese Praktiken machen deutlich, daß es heute keine Regierung mehr wagen kann, völkerrechtliche Verpflichtungen nach dem berüchtigten Vorbild Bethmann-Hollwegs offen als „einen Fetzen Papier"[53]

Einstellung der Kernwaffenversuche, über eine Konvention über das Verbot der Entwicklung, Produktion und Lagerung chemischer Waffen sowie über ihre Vernichtung, über einen Vertrag über das Verbot der Entwicklung, Herstellung, Lagerung und Anwendung radiologischer Waffen, über einen Vertrag über das Verbot der Entwicklung und Produktion neuer Arten und Systeme von Massenvernichtungswaffen, über einen Vertrag über ein Verbot der Produktion aller Arten von Kernwaffen und über ihre schrittweise Vernichtung, über eine Konvention über das Verbot der Herstellung, Lagerung, Stationierung und Anwendung nuklearer Neutronenwaffen.

50 Vgl. hierzu im einzelnen H. Kröger, Weltvertrag über Gewaltverzicht – eine dringende Aufgabe der UNO, in: UNO-Bilanz 1978/79, Berlin 1979, S. 40 ff.

51 Vgl. Rede Reagans vom 18. 11. 1981 in: Der Tagesspiegel vom 20. 11. 1981, S. 6.

52 Nach Angaben des Brooking Instituts in Washington, in: Washington Post vom 4. 1. 1977.

53 Vgl. B. Fürst von Bülow, Denkwürdigkeiten, 3. Band, Berlin 1931, S. 176.

zu bezeichnen, wenn sie sich nicht in den Augen der Weltöffentlichkeit und des eigenen Volkes politisch und moralisch völlig diskreditieren will. Mit anderen Worten: Die internationale Autorität des Völkerrechts, insbesondere seiner der Erhaltung und Sicherung des Friedens dienenden Normen, seine juristische, politische und moralische Kraft sind trotz aller zweifellos noch bestehenden Mängel in seiner Ausgestaltung und Schwächen bei seiner Durchsetzung heute doch schon so groß, daß sich selbst Völkerrechtsverletzer bei ihrem Rechtsbruch noch auf das Recht zu berufen suchen, um der Selbstisolierung und weltweiten Verurteilung zu entgehen.
So beweist auch die Staatenpraxis, daß es heute mehr denn je große Bedeutung hat, Vereinbarungen zwischen Staaten in die Rechtsform völkerrechtlicher Verträge zu kleiden, um ihnen das unter den gegebenen Bedingungen erreichbare Höchstmaß an Verbindlichkeit und Einhaltungsgarantien zu verleihen. In ganz besonderem Grade gilt das selbstverständlich für zwischenstaatliche Vereinbarungen, bei denen es so sehr um die Lebensinteressen der Völker und um die Grundfragen der Politik der Staaten, ja heute um die Existenz der Menschheit geht, wie das in unseren Tagen bei allen Abkommen über Maßnahmen zur Friedenswahrung, zur Gewaltverhinderung und zur Rüstungsbegrenzung und Abrüstung der Fall ist.

V.

Die Staaten der sozialistischen Gemeinschaft gehen bei ihren diplomatischen Aktivitäten zur Verwirklichung ihrer gemeinsamen Friedenspolitik von der Hauptzielsetzung des heute für Staaten unabhängig von ihrer Gesellschaftsordnung geltenden Völkerrechts, der Friedenssicherung, und von seiner effektiven Bedeutung für die Entwicklung friedlicher zwischenstaatlicher Beziehungen aus, wenn sie gerade auch unter den gegenwärtigen Bedingungen der stärksten Bedrohung des Weltfriedens seit dem Ende des zweiten Weltkrieges[54] die größten Anstrengungen unternehmen, um zu verbindlichen völkerrechtlichen Vereinbarungen mit den NATO-Staaten über die Verhinderung eines Krieges mit atomaren oder anderen Massenvernichtungswaffen und über Maßnahmen zur Eindämmung des Wettrüstens zu gelangen. Dem entspricht es, daß es das vorrangige Anliegen ihrer gegenwärtigen Bemühungen um wirksame Schritte zur Rüstungsverminderung ist, bindende bi- und multilaterale Verträge mit anderen Staaten, vor allem mit den Hauptmächten der NATO, abzuschließen, die konkrete gegenseitige Verpflichtungen zu Rüstungsbegrenzungen und Abrüstungsmaßnahmen enthalten. Sie set-

54 So E. Honecker, Bericht des Politbüros an die 3. Tagung des ZK der SED, Neues Deutschland vom 20. 11. 1981.

zen damit ihre stets konsequent betriebene Politik des möglichst umfassenden Ausbaus auch der völkerrechtlichen Grundlagen und Instrumentarien der Friedenswahrung kontinuierlich fort. Als Beispiele hierfür seien im multilateralen Rahmen nur angeführt:

- das seit 1972 andauernde Ringen der UdSSR und anderen sozialistischen Staaten um den Abschluß einer internationalen Konvention über das Verbot der Entwicklung, Produktion und Lagerung sowie über die Vernichtung chemischer Waffen;
- der Vorschlag der UdSSR aus dem Jahre 1975, ein Abkommen über das Verbot der Entwicklung und Produktion neuer Arten von Massenvernichtungswaffen und neuer Systeme solcher Waffen abzuschließen;
- die Aktivitäten der Staaten der sozialistischen Gemeinschaft seit 1975 um das Zustandekommen eines Vertrages über das vollständige und allgemeine Verbot von Kernwaffenversuchen;
- die Initiative der UdSSR im Jahre 1976 zum Abschluß eines Weltvertrages über die Nichtanwendung von Gewalt in den internationalen Beziehungen, der u. a. einen allgemeinen Verzicht auf den Einsatz von Streitkräften und beliebigen Waffen sowie auf dessen Androhung vorsieht;
- der sowjetische Vorschlag aus dem Jahre 1978 für eine Konvention über die Verstärkung der Sicherheitsgarantien für nichtkernwaffenbesitzende Staaten;
- die seit 1978 erhobenen Forderungen sozialistischer Staaten nach einem Verbot der Produktion aller Arten von Kernwaffen und ihrer schrittweisen Reduzierung bis zu ihrer völligen Vernichtung;
- die Initiativen von 8 sozialistischen Staaten zum Abschluß einer Konvention über das Verbot der Herstellung, Lagerung, Stationierung und Anwendung nuklearer Neutronenwaffen im März 1978 und der jüngste derartige Vorschlag der DDR auf der 36. UN-Vollversammlung;
- die Bemühungen der UdSSR um eine Konvention über das Verbot der Entwicklung, Herstellung, Lagerung und Anwendung von radiologischen Waffen seit 1979;
- der sowjetische Vorschlag auf der 36. UN-Vollversammlung, einen Vertrag über das Verbot der Stationierung von Waffen jeder Art im Weltraum auszuarbeiten;
- die verschiedenen Initiativen vor allem der UdSSR zur Vereinbarung von kernwaffenfreien oder Friedenszonen in bestimmten Regionen sowie der Vorschlag des XXVI. Parteitages der KPdSU zum Ausbau der vertrauensbildenden Maßnahmen der Schlußakte von Helsinki.

Die Bedeutung, die insbesondere die UdSSR bilateralen völkerrechtlichen Abkommen zur Eindämmung des Wettrüstens beimißt, kam erst jüngst wieder deutlich in den Orientierungen des XXVI. Parteitages der KPdSU auf eine Fortsetzung des SALT-Prozesses, auf Vereinbarungen mit den USA über ein Moratorium für die Stationierung neuer Raketenkernwaffen mittlerer Reichweite in Europa und über vertraglich festgelegte beiderseitige Begrenzungen und Reduzierungen derartiger Waffen sowie in der Bekundung der Bereitschaft der Sowjetunion zu Rüstungsbegrenzungsabkommen auf dem Gebiet neuer U-Boote und U-Boot-gestützter ballistischer Raketen zum Ausdruck.

Alles das zeigt, daß die Staaten der sozialistischen Gemeinschaft in ihren politischen Aktivitäten zur Verringerung der Gefahr militärischer Konflikte und zum Abbau der Rüstungen von einem hohen Stellenwert des Völkerrechts ausgehen, daß sie von völkerrechtlichen Verpflichtungen wesentliche Wirkungen bei der Friedenssicherung erwarten, ohne dabei zu übersehen, daß es auch nach dem Abschluß solcher Vereinbarungen der ständigen Geltendmachung des ganzen internationalen Einflusses aller staatlichen und gesellschaftlichen Friedenskräfte bedarf, um ihre Einhaltung durch imperialistische Mächte und damit ihre reale Wirksamkeit zu gewährleisten.

Selbstverständlich nutzen die sozialistischen Staaten auch alle anderen politischen Mittel, um friedensgefährdenden Praktiken aggressiver Kreise entgegenzutreten, darunter nicht zuletzt die Herbeiführung entsprechender, mit möglichst großer Mehrheit angenommener Resolutionen der UNO, wie z. B. ihre Bemühungen auf der 36. UN-Vollversammlung um eine Deklaration über die Verhütung einer nuklearen Katastrophe sichtbar machen, durch die der Ersteinsatz von Kernwaffen als „schwerstes Verbrechen gegen die Menschheit" gebrandmarkt wird. Die sozialistischen Staaten unterschätzen die politische Bedeutung solcher Willensbekundungen von großen Staatenmehrheiten und damit der Weltorganisation der Vereinten Nationen in keiner Weise und sehen in ihnen auch bedeutsame Schritte zur Vorbereitung rechtsverbindlicher völkerrechtlicher Verpflichtungen. Aber ihr Hauptziel ist, rechtlich gesicherte Pflichten der Staaten zu konkreten Rüstungsbegrenzungen und -verminderungen zu begründen und ihre Erfüllung mit allen zur Verfügung stehenden juristischen, politischen und moralischen Mitteln zu gewährleisten.

So bestätigen und unterstreichen die Staaten der sozialistischen Gemeinschaft auch und gerade bei der Verwirklichung ihrer Friedenspolitik in der derzeitigen äußerst gefährlichen Lage, unterstützt von zahlreichen anderen Staaten und einer sich immer mächtiger zu Wort meldenden Weltöffentlichkeit, die Bedeutung des Völkerrechts unserer Zeit für das friedliche Zusammenleben der Staaten und Völker, seine bei allen noch vorhandenen Grenzen seiner Durchsetzung schon gegebenen Wirkungsmöglichkeiten und die Notwendigkeit und Erreichbarkeit seines weiteren Ausbaus vor allem im Sinne der Vertiefung und Verstärkung seiner friedenssichernden Funktion.

E. Geissler

Zum Mißbrauch molekular- und zellbiologischer Erkenntnisse: Fakten und Fiktionen

Molekularbiologie und Molekular- und Zellgenetik haben in den vergangenen zwei–drei Jahrzehnten bekanntlich einen stürmischen Verlauf genommen und eine Fülle geradezu sensationeller Erkenntnisse geliefert.

Dabei waren bis Mitte der sechziger Jahre vor allem die Bestätigung des sogenannten zentralen Dogmas und die Erkenntnis der Universalität des Aminosäurecodes von entscheidender erkenntnistheoretischer und weltanschaulicher wie auch von heuristischer Bedeutung. Wenn die Übertragung genetischer Informationen in allen Lebewesen auf diesem Planeten entsprechend dem „zentralen Dogma", auf einer „Einbahnstraße" von den Nukleinsäuren auf die Polypeptide erfolgt, wenn dabei Ver- und Entschlüsselung dieser Informationen immer nach dem gleichen Code vollzogen werden, dann muß das bedeuten, daß wir alle miteinander verwandt sind, wir Menschen untereinander, und wir mit allem anderen, was da kreucht und fleucht oder wächst: Universalität des Codes und zentrales Dogma liefern den schlüssigen, weil molekularen Beweis für die Richtigkeit der Evolutionstheorie!

Die heuristische Konsequenz war, daß man sich unbesorgt auf das Studium von Bakterien und ihren Viren konzentrieren konnte: Die Ergebnisse schienen dann ohne weiteres auf den Menschen übertragbar zu sein.

Das nahm man – zumindest mit Ausnahme der Vertreter der materialistischen Dialektik – damals Mitte der sechziger Jahre wenigstens an. J. Monod, ob seiner molekularbiologischen Entdeckungen zu Recht mit dem Nobelpreis geehrt, wegen seiner philosophischen Verallgemeinerungen aber auch zu Recht kritisiert, meinte einmal sinngemäß: „Was für E. coli (das bedeutendste biologische Versuchsobjekt, das Darmbakterium Escherichia coli) zutrifft, das trifft auch für Elefant zu" – eine typische Artikulation der damaligen Meinung. Und sein Nobel-Kollege Lederberg formulierte: „Jetzt können wir den Menschen definieren. Zumindest genotypisch ist er sechs Fuß einer besonderen molekularen Reihenfolge von Kohlenstoff-, Wasserstoff-, Sauerstoff-, Stickstoff- und Phosphoratomen – die DNS-Länge, die im Kern eines sich entwickelnden Eies eng geknäuelt ist." Alles schien – wenigstens im Prinzip – gelöst zu sein. Dubinin prophezeite: „Wir werden Tier-, Pflanzen- und Mikrobenarten von ungeahnter Produktivität schaffen ... Eine der schlimmsten Geißeln der

Menschheit, der Krebs, wird vollständig ausgerottet werden ... Die Erbkrankheiten des Menschen werden ebenso verschwinden wie die infektiösen oder inneren Krankheiten. Der Mensch wird unter Beibehaltung von Jugend und Gesundheit lange leben ...". Und der führende US-amerikanische Molekularbiologe Günther Stent schrieb in der renommierten Zeitschrift „Science" einen Nekrolog auf die Molekularbiologie unter dem programmatischen Titel „That was the molecular biology that was", einen Aufsatz, der dann später sogar zu einem Buchkapitel erweitert wurde mit der Überschrift „The rise and fall of molecular genetics".

Aber der „unaufhaltsame Abstieg der Molekularbiologie" fand nicht nur nicht statt. Die Aufwärtsentwicklung hielt an und erreichte atemberaubende Geschwindigkeiten:

- Einzelne Gene (noch von Bakterien) wurden isoliert,
- erste Gene wurden in vitro synthetisiert,
- die Restriktasen wurden entdeckt und damit die wichtigste Voraussetzung für die Entwicklung des Methodenkomplexes „genetic engineering" geschaffen, der nun seinerseits erlaubte, daß
- „physikalische" (physische) Karten von Nukleinsäuremolekülen aufgestellt und zu ihrer Charakterisierung verwendet,
- die Basensequenz nicht nur kompletter Gene, sondern auch vollständiger Virus-Genome aufgeklärt,
- erstmals Verfahren zur gerichteten Mutagenese beliebiger Gene praktiziert,
- beliebige DNS-Molekül(-Frakmente) in vitro miteinander (re)-kombiniert,
- und daß derartige Rekombinanten-DNS-Moleküle in geeignete Empfängerzellen eingeführt werden könnten.

Die Anwendung derartiger Techniken führte zu einer Reihe sensationeller Ergebnisse. Unter anderem konnte gezeigt werden, daß der Aufbau der Gene von Prokaryoten (Bakterien) und ihren Viren (Phagen) grundsätzlich verschieden ist von dem der Eukaryoten und ihren Viren und daß dementsprechend unterschiedlich komplexe Mechanismen der Genexpression entwickelt wurden. Diese Erkenntnis änderte zwar nichts an der Aussage des „zentralen Dogmas" und führte auch nicht zu Abstrichen an der Universalität des genomischen Aminosäure-Codes (während man inzwischen im Aminosäure-Code von Mitochondrien aus menschlichen und Hefezellen drei signifikante Unterschiede zum genomischen Code fand). Sie bewies aber, daß für Elefant nicht einfach das gilt, was man für E. coli bezüglich der Struktur und Funktion des genetischen Materials herausfinden kann. Außerdem muß an dieser Stelle darauf hingewiesen werden, daß die genannten Arbeiten nur Aufklärung über Speicherung und Ausprägung expliziter genetischer Informationen lieferten, worunter man nach Stent vor allem die Codierung der Aminosäuresequenzen der Genprodukte zu verstehen hat. Über die in den DNS und Virus-RNS verschlüsselten impliziten Informationen, welche die Interaktionen der Genprodukte kontrollieren und somit letztlich in mehr oder minder ausgeprägter Abhängigkeit von Umweltfaktoren Differenzierung und Ontogenese jedes einzelnen Organismus steuern, wissen wir noch fast überhaupt nichts. Die bestimmte Reihenfolge der Basen in der meterlangen DNS des Menschen ist demnach zwar für die Entwicklung und Lebensfähigkeit menschlicher Individuen essentiell – die charakteristischen morphologischen, physiologischen und psychologischen Eigentümlichkeiten des Menschen kann man aus den humanen DNS-Sequenzen trotzdem nicht reduzieren. Ganz abgesehen davon, daß der Mensch ja nicht nur ein biologisches, sondern auch ein gesellschaftliches Wesen ist! Natürlich darf man aber bei solchen Überlegungen – etwa in begründeter Abwehr biologistischer Konzeptionen – andererseits nicht den Fehler machen, ebenso undialektische soziologistische Postulate aufzustellen, daß etwa der Mensch primär ein gesellschaftliches Wesen sei, das von biologischen Gesetzmäßigkeiten nicht mehr beherrscht wird.

Genetische Manipulation für den Menschen

Die genannten Methoden und Erkenntnisse konnten auch dazu eingesetzt werden, Säuger-Gene zu isolieren oder in vitro zu synthetisieren, sie mittels geeigneter „molekularer Vehikel" in Bakterien einzuführen und diese dadurch genetisch „umzuprogrammieren". Auf diese Weise gelang es unter anderem, E. coli-Stämme „zu schaffen", die menschliches Insulin beziehungsweise Interferon H produzieren und die mittlerweile schon in 1 000 l-Tanks kultiviert werden. International arbeitet man zur Zeit daran, eine ganze Palette bioaktiver Stoffe auf diese Weise von Mikroorganismen produzieren zu lassen. Dazu gehören Impfstoffe gegen Influenza (Virusgrippe), Hepatitis B (Serumhepatitis), Maul- und Klauenseuche sowie Rinderleukämie.

Dies ist nicht nur von ganz erheblicher gesundheitspolitischer und ökonomischer Bedeutung, dies eröffnet nicht nur ein ganz neues Kapitel in der Erschließung und Nutzung neuer biologischer Wirkstoffe (erstmalig kann menschliches Insulin produziert werden, erstmalig kann man bioaktive Verbindungen in größeren Mengen gewinnen, die – wie zum Beispiel der Wachstumshormon-Antagonist Somatostatin – vom Organismus normalerweise nur in Spuren gebildet werden), sondern ist auch von außerordentlicher weltanschaulicher Relevanz. Wenn man heute Gene – auch des Menschen – isolieren, ihre Struktur aufklären, derartige Gene dann durch chemische Totalsynthese nachbauen und anschließend in Bakterien zur Ausprägung bringen kann, und wenn schließlich die Produkte dieser synthetischen Gene – etwa Insulin oder Interferon – zur medizinischen Betreuung verwendet werden können, dann beweist das weit eindrucksvoller als die seinerzeit durch Wöhler erstmalig durchgeführte Synthese von Harnstoff die materielle Einheit der Welt, die Verbindung zwischen anorganischer Natur, dem Bereich der Lebewesen und der menschlichen Gesellschaft, und demonstriert unwiderlegbar, daß es zwischen diesen Bewegungsformen der Materie tatsächlich keine unüberbrückbaren Grenzen gibt. Somit werden die Lehren der Klassiker des Marxismus-Leninismus eindrucksvoll bestätigt. Gleichzeitig wird damit ein weiteres, sehr überzeugendes Argument für die von der marxistischen Philosophie vertretene These von der Erkennbarkeit der Welt geliefert. Außerdem wird durch diese naturwissenschaftliche Großtat im Laborversuch reproduzierbar demonstriert, daß geplante gerichtete Eingriffe in die Natur, selbst in die Grundbaupläne des Menschen, ohne übernatürliche Kräfte möglich sind.

Abgesehen davon bestätigt die – beispielsweise im Falle der Manipulation des Somatostatin-Gens praktizierte – „Reaktionsfolge": Genprodukt-Isolierung – Aminosäuresequenzanalyse – Gensynthese in vitro unter Berücksichtigung des Aminosäure-Codes – Gentransfer in Bakterien – Synthese des betreffenden, biologisch aktiven Genprodukts durch die neuprogrammierten Bakterien nicht nur, daß man tatsächlich streng zwischen genetischem Material und genetischer Information unterscheiden muß und daß die explizite, genetische Information sogar ihren natürlichen Träger, die DNS (oder auch die Virus-RNS) verlassen und an andere Träger gebunden existieren kann. Wäre im Oligopeptidmolekül des Somatostatins nicht gleichzeitig dessen genetische Information gespeichert, könnte man, ausgehend von der Aminosäuresequenz dieses Hormons, niemals ein funktionstüchtiges Somatostatin-Gen nachbauen. Natürlich besteht das Hormon selbst aber trotzdem nicht aus genetischem Material, denn es kann sich ja nicht identisch reduplizieren! Gleichzeitig beweist dies, daß der Mensch als gesellschaftliches Wesen die Fähigkeit erlangt hat, „Schöpfer" völlig neuartiger Lebewesen zu sein, beispielsweise von Darmbakterien, die menschliche Genprodukte synthetisieren und die sich – zumindest als Population – unter natürlichen Bedingungen nie entwickelt hätten.

Der Mensch ist auch in der Lage – und darin äußert sich unter anderem die neue Qualität der gesellschaftlichen Bewegungsform der Materie –, das „zentrale Dogma der Molekularbiologie" aufzuheben und, beispielsweise ausgehend von bekannten Aminosäuresequenzen, Gene in vitro zu synthetisieren!

Natürlich kann man auf die oben beschriebene Weise auch Eukaryoten-Zellen umprogrammieren (z. B. Hefezellen), wieder mit dem Ziel der Entwicklung neuartiger mikrobiologischer Produktionsverfahren. Auch eine Umprogrammierung genetisch defekter Zellen etwa des Menschen, also eine „Gentherapie" oder „Genchirurgie" ist möglich. Tatsächlich ist es P. Berg, Nobelpreisträger des Jahres 1980, mit seinen Mitarbeitern gelungen, das Gen für die Guanin-Xantin-Phosphoribosyltransferase (das Enzym ist für die Wiederverwertung von Abbauprodukten der Nukleinsäuren notwendig) aus E. coli zu isolieren, in Zellen von Affen und Menschen einzuführen und dort seine normale Ausprägung nachzuweisen. Verwendet man dabei Zellen von Patienten, die am sogenannten Lesch-Nyhan-Syndrom leiden, einer unheilbaren, meist bereits im ersten Lebensjahrzehnt tödlich verlaufenden genetisch bedingten Erkrankung, die auf dem Verlust der Fähigkeit zur Bildung aktiver Hypoxanthin-Guanin-Phosphoribosyaltransferase beruht, so kann der genetische Defekt der menschlichen Zellen durch Zufuhr des Bakteriengenes völlig kompensiert werden. Auf zellulärer Ebene ist das erste Gen-Therapieexperiment also bereits gelungen! Allerdings ist noch völlig offen, ob, wann und bei welchen Erkrankungen eine solche Gentherapie auch beim Patienten selbst – und nicht nur an seinen im Labor kultivierten Zellen – praktisch möglich ist, ganz abgesehen davon, daß wir heute bereits wissen, daß eine große Anzahl genetisch bedingter Erkrankungen einer Gentherapie von vornherein überhaupt nicht zugänglich sein dürfte.

In diesem Zusammenhang sei schließlich nur noch angedeutet, daß auch die experimentelle Krebsforschung durch die Entwicklung der Methoden des genetic engineering ganz neue Impulse erhielt, woraus schon erste praktische Ansätze zur Krebsfrühdiagnose und -prophylaxe sowie zur Erfassung von Risikopatienten resultieren. Beispielhaft sei hier erwähnt, daß diese Methoden in Kombination mit anderen Verfahren erlaubten, drei DNS-Viren als menschliche Tumorviren zu identifizieren. Sie wirken im Zusammenhang mit anderen Einflüssen als Risikofaktoren für die Entstehung bösartiger Geschwülste des Menschen: Das Epstein-Barr-Virus aus der Gruppe der Herpesviren, das sehr wahrscheinlich an der Entstehung des Burkitt-Lymphoms (in Afrika) und eines Karzinoms des Nasen-Rachen-Raumes (in Südostasien) ursächlich beteiligt ist; das Hepatitis-B-Virus, das nicht nur die Serum-Hepatitis auslöst, sondern höchstwahrscheinlich auch für den – in Afrika und Asien sehr häufigen – primären Leberkrebs (mit)verantwortlich ist; und, aus der Gruppe der Papovaviren, das Menschliche Warzen-Virus Typ 5, das einen recht seltenen Warzentyp (Epidermodysplasia Verruciformis) verursacht, auf dessen Grundlage bei etwa 30 % der Patienten Plattenepithelkarzinome entstehen. Gegenwärtig gibt es unter anderem auch in den virologischen Abteilungen der Akademie-Zentralinstitute für Krebsforschung und Molekularbiologie in Berlin-Buch intensive Bemühungen, um unter anderem durch Einsatz von Methoden des genetic engineering zu klären, ob auch bestimmte RNS-haltige Tumorviren oder das Papovavirus SV 40 derartige Risikofaktoren für den Menschen darstellen.

Bezüglich der Rolle des Epstein-Barr-Virus für die Entstehung der asiatischen Nasen-Rachenraum-Karzinome gibt es Hinweise, daß das Virus erst einen relativ späten Schritt in einer ganzen Kausalkette bewirkt (während das gleiche Virus in Afrika die zur Entstehung des Burkitt-Lymphoms führende Reaktionsfolge auszulösen scheint). Daraus leiten sich Hoffnungen ab, durch immunologische, gegen das Virus gerichtete Maßnahmen diese Kausalkette effektiv unterbrechen zu können.

Mit der Prophylaxe gegen Hepatitis-B-Virus-(HBV-)Infektionen ist man sogar schon einen Schritt weiter. Es konnten bereits Impfstoffe aus dem Serum infizierter Patienten entwickelt werden, die ein Hülleiweiß des HBV enthalten und nach bisher vorliegenden Berichten guten Impfschutz, zumindest gegen Hepatitis, verleihen. Durch Einsatz dieser Vakzine, beispielsweise in einem Großversuch in Senegal, hofft man auch dem Auftreten primärer Leberkarzinome wirksam vorbeugen zu können. Allerdings ist die Gewinnung eines Impfstoffes aus Patienten-Serum aufwendig, mengenmäßig limitiert (von einem Patienten kann man etwa fünf Impfdosen gewinnen) und nicht ganz unproblematisch. Deshalb hat man jetzt das entsprechende HBV-Gen in Bakterien eingeführt, so daß in absehbarer Zukunft mit der Produktion von Hepatitis-Impfstoff auf mikrobiellem Wege gerechnet werden kann.

Soviel zu den Möglichkeiten zur genetischen Manipulation durch genetic engineering. Gröbere gerichtete Eingriffe in das genetische Material sind aber auch mittels einer ganzen Reihe neuartiger zellbiologischer Verfahren möglich. So kann man Zellen von Organismen unterschiedlichster Arten, Gattungen, Familien, Ordnungen, Klassen, ja Stämmen miteinander verschmelzen – eine Technik, die von großer Bedeutung etwa für die Genlokalisierung ist. Durch Zellfusion, gekoppelt mit bestimmten Methoden des genetic engineering, hofft man noch bis Ende unseres Jahrhunderts sämtliche 50 000 bis 100 000 Gene des Menschen auf den 2×23 Chromosomen lokalisieren zu können.

Andererseits ist die Zellfusionstechnik auch heute bereits von enormer Praxisrelevanz: Durch Verschmelzung bestimmter Tumorzellen mit Antikörper produzierenden Zellen werden sogenannte „Hybridomas“ erzeugt, die in der Zellkultur oder nach Transplantation in einen Kleinsäuger monoklonale Antikörper produzieren, das heißt Immunglobuline, die einheitlich nur mit einem bestimmten Antigen reagieren. Diese haben nun wieder für die Grundlagenforschung größte Bedeutung, etwa in der Membran-, Neuro- und Tumorbiologie für die Identifizierung einzelner, anderweitig nicht identifizier- und isolierbarer Proteine. Sie sind aber ihrerseits auch wieder praktisch nutzbar, so für die Konzentrierung und Reinigung bestimmter Proteine aus sehr komplexen Gemischen oder für die Produktion einheitlicher und damit wirksamer Immunseren für die Serumtherapie.

Neben der auch beim Menschen mindestens dreimal erfolgreich praktizierten Methode der invitro-Befruchtung, deren Produkte fälschlicherweise als „Retortenbabys" bezeichnet wurden und die gleichermaßen für die Humanmedizin als eine Methode zur Überwindung bestimmter Fruchtbarkeitsstörungen wie auch für die Tierproduktion von Bedeutung ist, sind hier auch die Versuche zur Klonierung tierischer Individuen zu erwähnen, zur Erzeugung genetisch einheitlicher Nachkommenschaften auf ungeschlechtlichem Wege. Bereits in den sechziger Jahren gelang das Klonieren von Krallenfröschen dadurch, daß man Zellkerne aus spezialisierten Zellen, etwa aus Darmzellen, entnahm und in entkernte Eizellen einführte. Von diesen entwickelte sich ein erheblicher Prozentsatz ganz normal, so daß auf diesem Wege die Erzeugung beliebig vieler, völlig erbgleicher „eineiiger Viellinge" möglich war. Entsprechende Versuche, Säuger zu klonieren, schlugen lange Zeit fehl, unter anderem wegen der geringen Größe der Säuger-Eizellen und wegen der Tatsache, daß die Embryonalentwicklung der Säuger im Mutterleib ablaufen muß. Erst Ende vergangenen Jahres gelang es Karl Illmensee und Peter Hoppe von der Universität Genf, drei lebende Mäuse durch Klonierung zu erzeugen, aber vorerst nur durch Übertragung von Zellkernen aus Embryonalzellen und mit einer außerordentlich hohen Fehlerquote: Von mehr als 500 Experimenten verliefen nur drei erfolgreich.

Genetische Erkenntnisse – Gefahren für die Gesellschaft

Damit sind wir schon mitten in der Mißbrauch-Problematik. „Ist das Klon-Kind nur eine Frage der Zeit?" fragte „Die Welt" am 19. 2. 1981 – nachdem Erfolgsautor Ira Lewin in „The Boys from Brazil" bereits 1967 genüßlich, aber von durchaus vertretbaren politischen, wissenschaftlichen und ethischen Positionen aus fabuliert hatte, der mörderische KZ-Arzt Mengele habe Adolf Hitler kloniert, und nachdem der gut beleumdete amerikanische Wissenschaftspublizist David Rorvik in seinem Buch „In His Image: The Cloning of a Man" 1978 behauptet hatte – unter ernsthafter Abwägung aller wissenschaftlicher und ethischer pro's und contra's –, die erfolgreiche Klonierung eines amerikanischen Millionärs organisiert zu haben . . .

Wie sind derartige Spekulationen zu bewerten, enthalten sie wenigstens ein Körnchen Wahrheit? Muß man deshalb wirklich Jurij Brezan folgen, der 1979 sagte: „Ich jedenfalls habe Angst vor den Biologen, und ich fürchte, wir alle müssen Angst haben"? Zunächst ist an die alte Wahrheit zu erinnern, daß jedes, aber auch jedes Ergebnis wissenschaftlicher und technischer Entwicklung ambivalent ist und sowohl zum Wohle des Menschen genutzt werden kann als auch zu seinem Schaden. Schon die erste Holzkeule konnte zum Brudermord oder zur Jagd verwendet werden – entscheidend ist, in wessen Händen sich die Holzkeule befindet. W. Scheler und ich haben dazu auf dem VII. Kühlungsborner Kolloquium über „Genetic engineering und der Mensch" in der Auseinandersetzung mit dem zentralen Thema in J. Brezans Roman „Krabat oder die Verwandlung der Welt" ausführlich wie folgt Stellung genommen: Der Genetiker Jan Serbin hat „die Formel des Lebens" gefunden, also etwas ähnliches wie das genetic engineering. Er hat damit „die Möglichkeit nicht nur der Einflußnahme auf bestimmte zentrale Gene, sondern auch des gezielten Eingriffes in das menschliche Wesen überhaupt entdeckt". Man kann mit ihr „den Krebs heilen", „verlorene Gliedmaßen nachwachsen lassen", „Erbkrankheiten ausmerzen", „defekte Hirne heilen". „Wieso ist dann Ihre Formel sinnlos", wird Krabat alias Serbin von einer Art Teufel gefragt, der dem Wissenschaftler gern die Formel abluchsen möchte. „Weil", antwortet der verantwortungsvolle Forscher, „man mit ihr auch alles umgekehrt erreichen kann: Krebs machen, Hirne deformieren, menschliche Überhirne ohne menschliche Körper schaffen ... Die Formel ist sinnlos, solange unsere Welt nicht eine integre ist, wo keine Menschengruppen mehr einer anderen Menschengruppe Schaden zufügen will". Und, als der Teufel ihn zu überreden versucht, wird Krabat = Serbin prinzipiell: „Ich widerrufe nicht meine Lehre, daß die Erforschung der Gene des Menschen zugleich die Erkundung der Trasse für die Manipulation des Menschen und eine Manipulation des Menschen ein Verbrechen ist. Widerrufe nicht meine Lehre, daß, wer Verbrechen möglich macht, Verbrechen begeht."

Die Position, die Brezan hier vertritt, geht von der Sorge um den Mißbrauch wissenschaftlicher Ergebnisse aus. Sie basiert allerdings auf der unrealistischen Prämisse, die auch bei anderen Künstlern, aber gelegentlich auch bei Molekulargenetikern wie zum Beispiel bei J. Beckwith (1977) sichtbar wird, Experimente, für die gedanklich wie methodisch „die Zeit reif ist", nicht durchzuführen, um nicht neue Gefahren für die Menschen zu schaffen. Es ist dies das Dilemma zwischen Erkenntnisfortschritt und gesellschaftlichem Fortschritt in einer Welt antagonistischer Klassen. Die Auflösung dieses Widerspruchs liegt nicht in der Erkenntnisabstinenz auf biologischem Gebiet, sondern in der Überwindung der gesellschaftlichen Verhältnisse, die im Kapitalismus einen solchen Mißbrauch der Wissenschaft möglich machen.

Hier ist zunächst von bewußtem Mißbrauch die Rede. Dabei wäre – wenn man von dem hier absichtlich völlig ausgeklammerten Bereich der Psychopharmaka und der Beeinflussung des menschlichen Bewußtseins absieht – erstens an die Entwicklung biologischer Waffen zu denken und zweitens an inhumane Projekte einer „Menschenzüchtung".

Natürlich haben sich schon die Ergebnisse der „ersten Etappe" der Molekulargenetik sehr effektiv für die Entwicklung biologischer Waffen mißbrauchen lassen, also etwa für die Entwicklung pathogener Keime, die gegenüber ultravioletter Strahlung (so daß sie auch tagsüber im Aerosol von Flugzeugen versprüht werden können) und allen möglichen anderen Agenzien unempfindlich sind, die Resistenzen gegen die gebräuchlichen Antibiotika und Chemotherapeutika aufweisen, gegen die eine angegriffene Bevölkerung keine Immunabwehr besitzt, die neuartige, die die Diagnose erschwerende Symptome verursachen, die hochwirksame Toxine produzieren, und so weiter. Wie man weiß, haben bis Anfang der siebziger Jahre allein im biologischen Forschungsinstitut der US-Army etwa 500 Biologen an der Entwicklung derartiger Waffen gearbeitet. Dem wurde durch die 1971 von der Sowjetunion und anderen Staaten vorgeschlagene „Konvention über das Verbot der Entwicklung, Produktion und Lagerung bakteriologischer (biologischer) und Toxin-Waffen und über deren Vernichtung", die im März 1975 in Kraft trat und bis Ende 1978 von 80 Staaten ratifiziert wurde, unter anderem von der UdSSR, den USA, Großbritannien und der DDR, ein völkerrechtlicher Riegel vorgeschoben. Daß dieser Riegel tatsächlich effektiv ist, wurde von den Signatarstaaten auf der „B-Waffen-Review-Konferenz" bestätigt, die im März 1980 von den Vereinten Nationen in Genf veranstaltet wurde.

Aber erstens darf man nicht völlig übersehen, daß Terroristen aller Couleur vor derartigen internationalen Konventionen kaum zurückschrecken dürften, wenn sie auch vor „gewöhnlichem" Mord zur Durchsetzung ihrer verbrecherischen Ziele nicht zurückschrekken.

Zweitens sind sich die Experten durchaus nicht einig, ob durch genetic engineering entwickelte biologische Waffen möglicherweise nicht von der erwähnten Konvention erfaßt werden. Zumindest für so erzeugte totalsynthetische Agenzien könnte man derartige Ausnahmefälle konstruieren. Wir haben derartige Möglichkeiten und Vorschläge für notwendige Konsequenzen an anderer Stelle ausführlich diskutiert. Immerhin sind aber in den meisten nationalen Richtlinien, die eine maximale Sicherheit bei Arbeiten zur in-vitro-Rekombination von DNS garantieren sollen (s. u.) bestimmte Experimente ausdrücklich verboten, zum Beispiel Versuche zur Klonierung von Genen, die starke Toxine kodieren. Ein derartiges Verbot ist auch in den Richtlinien der USA ausgesprochen (mit der Begründung, solche Experimente lieferten keinen wesentlichen Erkenntnisgewinn und dienten im wesentlichen nur einer Entwicklung biologischer Waffen). Allerdings gelten die entsprechenden Richtlinien der USA nur für die Einrichtungen der NIH und der von NIH finanzierten Institutionen und Gruppen, aber beispielsweise nicht für das Department of Defence . . .

Drittens befand im Frühjahr 1981 ein vom U.S. State Department eingesetztes Expertenteam, „durch genetisches Ingenieurwesen werden keine Pathogene entwickelt werden können, die noch tödlicher sind als solche, die bereits existieren (z. B. Milzbrand). Genetisches Ingenieurwesen ist (hierzu) wirklich nicht notwendig: NAPOLEONs Armee wurde durch Dysenterixe dezimiert". Andererseits weisen die Experten darauf hin, daß durch die Möglichkeit der Entwicklung von besseren und neuartigen Vakzinen mittels der Methoden des genetic engineering die Hemmschwelle zum Einsatz biologischer Waffen reduziert werden könnte, „da der Aggressor ein verringertes Risiko eingeht, durch die eigenen Aktionen geschädigt zu werden". Hier drohen also tatsächlich Gefahren.

Was nun die „Menschenzüchtung" angeht, so ist zunächst festzustellen, daß sich mit diesem Begriff fast automatisch die Vorstellung des Mißbrauchs biowissenschaftlicher Erkenntnisse verbindet.

Wenn man diesen Begriff aber ersetzt durch die „harmloser" klingende Formulierung „gelenkte biologische Evolution", dann kann man feststellen, daß es sich hier zunächst um eine wertfreie, eines Tages vielleicht praktizierbare, heute aber schon im Laborexperiment anzugehende Möglichkeit handelt. Wir haben an anderer Stelle ausführlich dazu Stellung genommen und vermerkt, daß man sich in diesem Zusammenhang durchaus Experimente mit humaner Zielstellung vorstellen kann: Untersuchungen, die dazu dienen könnten, den Menschen eines Tages auch biologisch in seiner typischen Individualität zu verbessern und dadurch Probleme zu bewältigen, die im biologischen Wesen des Menschen begründet sind (wie z. B. Krankheitsdispositionen) und die deshalb auf gesellschaftlicher Ebene nicht gelöst werden können. Auch in diesem Zusammenhang muß man sich von einseitigen soziologischen Auffassungen lösen, wie etwa von der, daß der Mensch prinzipiell biologisch-genetisch überhaupt nicht zu verbessern sei!

Natürlich ist in diesem Zusammenhang meist von mißbräuchlichen Manipulationen am genetischen Material des Menschen die Rede, etwa von Versuchen, Genies oder Spezialisten zu „züchten": Mathematiker, Komponisten, Raumfahrer, Taucher, Hochleistungssportler, Krieger. Theoretisch scheinen sich hier zwei Möglichkeiten anzubieten: Genetische Neuprogrammierung mittels der Methoden des genetic engineering und/oder Klonierung durch Kerntransplantation. Oben

genannte „Zuchtziele" sind aber mit keiner der beiden Möglichkeiten zu realisieren. Zwar dürfte es durch Klonieren unzweifelhaft möglich sein, genotypisch exakte Kopien des Kernspenders zu erzeugen. Und wenn man Mäuse klonieren kann, dann dürfte das rein „technisch" auch beim Menschen möglich sein. Aber wir hatten ja weiter oben schon darauf hingewiesen, daß Entwicklung und Funktion eines jeden Organismus von expliziten und impliziten genetischen Informationen bestimmt wird, deren Ausprägung jeweils mehr oder minder stark von innerer und äußerer Umwelt abhängig sind: Die vordergründig „züchterisch wertvollen" Veranlagungen des Menschen und überdies auch der Tiere werden multifaktoriell bestimmt, also durch Polygenie plus exogene Faktoren. Solche exogenen Faktoren beginnen bei Zell-Zell-Interaktionen, Hormonwirkungen und anderen Einflüssen innerhalb des sich entwickelnden Embryos, die dem impliziten genetischen Programm unterliegen, also auf epigenetischer Ebene erfolgen. Und weil hierbei der Zufall eine dominierende Rolle spielt, kommt es selbst bei der Entwicklung klonierter „eineiiger Viellinge" zur im Detail jeweils signifikant unterschiedlichen Ausprägung der multifaktoriell kontrollierten Merkmale.
Hinzu kommt, daß auch derartige Klone keine „Retortenbabys" wären, sondern sich in „Ammenmüttern" entwickeln müßten, deren Metabolismus natürlich auch einen jeweils spezifischen Einfluß auf die geklonten Viellinge nehmen müßte. Insofern ist es nicht richtig, wenn gegen das Klonieren mit dem Argument polemisiert wird, es wäre doch furchtbar langweilig, würde man nur noch Marilyn Monroes und Albert Einsteins begegnen (wobei natürlich gleich die kriminelle Konsequenz impliziert wird, der natürliche Weg zur Fortpflanzung von Menschen würde mehr oder weniger eingeschränkt). Vermutlich würden solche, auf Zellkerne von der Monroe beziehungsweise des genialen Physikers zurückzuführende Viellinge wie der Gelehrte mit wallendem Haarschopf aussehen – aber entwickeln würden sie sich sicher zu ganz anderen Individualitäten, die sowohl untereinander als auch von ihren „Vorfahren" deutlich verschieden sein dürften. Denn bei ihrer Entwicklung kommt ja außer den oben genannten biologischen Faktoren noch hinzu, daß es sich auch um gesellschaftliche Wesen handelt, die zwar unter Umständen in völlig identischer gesellschaftlicher Umwelt großgezogen werden könnten, welche aber von jedem von ihnen wegen seiner typischen Individualität völlig unterschiedlich rezipiert und reflektiert würde – ganz abgesehen von den technischen Problemen wie der Tatsache, daß es heute nur drei geklonte Mäuse gibt und daß niemand voraussehen kann, wann und mit welchem Aufwand derartige Möglichkeiten etwa bei Primaten reproduzierbar eingesetzt werden können. Auf diesem Gebiet arbeiten wird man gewiß, schon wegen der zu erwartenden gewaltigen Vorzüge dieser Techniken für die industrielle Tier-

produktion oder auch für die Erhaltung vom Aussterben bedrohter Tierarten.
Für den Menschen ist vordergründig nichts zu erwarten oder zu befürchten. Hinzu kommt, daß die Klonierung eine Fülle technischer Voraussetzungen erfordert – auch abgesehen von der eigentlichen Kerntransplantation und ihrer Erfolgsquote: Menschliche Eizellen müssen bereitgestellt werden, „Ammenmütter" müssen angeworben und motiviert werden: Nein, ich sehe das „Klon-Kind" noch nicht vor der Tür, sondern halte es vielmehr für einen Popanz, mit dem man in den westlichen Massenmedien die Auflagen und Einschaltquoten steigern und andererseits sowohl von den realen Schrecken des Alltags ablenken sowie wissenschafts- und technikfeindliche grüne Parolen fördern kann.
Nicht in den Rahmen dieses Beitrages gehören Überlegungen über eine mögliche Nutzung von Klonierungstechniken zur Gewinnung von transplantierbaren Organen. Auch dies ist noch Utopie. Wenn also vom Klonieren vordergründig nichts zu befürchten oder zu erwarten ist – wie ist es dann mit dem genetic engineering? Stellen nicht die Möglichkeiten zur gerichteten Mutagenese beliebiger Gene, die Verfahren zum Gentransfer eine wirkliche Gefahr für eine mögliche inhumane Manipulation des Menschen dar? – Nein, denn auch hier gibt es im Grunde die gleichen Barrieren. Es liegt völlig auf der Hand, daß man in derart multifaktoriell gesteuerte Prozesse nicht durch Veränderung einer einzelnen Komponente gerichtet fördernd eingreifen kann. Wir hatten ja schon an anderer Stelle darauf hingewiesen, daß durch gezieltes Verändern eines System-Elements die Gesetze dieses Systems nicht wesentlich geändert werden können. Das Verhältnis von Systemgesetz und Elementverhalten ist ebenso zu berücksichtigen wie die Existenz objektiver Zufälle, die mögliche Zielvorstellungen nicht voll erreichen lassen.
Natürlich könnte man in derartige Systemgefüge störend, nachteilig eingreifen – weiß man doch beispielsweise, daß schon monogenbedingte, also auf einzelne veränderte Anlagen zurückzuführende, genetisch bedingte Erkrankungen oft mit mehr oder weniger starken psychischen Schäden einhergehen: Auch die oben erwähnten Lesch-Nyhan-Patienten, bei denen der Basisdefekt mindestens zum Teil auf einen einzigen Basensparaustausch im HGPRT-Gen zurückzuführen ist, sind hochgradig schwachsinnig und verhaltensgestört. Aber um Menschen körperlich und/oder geistig kaputt zu machen, braucht man nicht die aufwendigen Techniken der Gen-Ingenieure: Wir kennen die breite Palette der in den kapitalistischen Staaten praktizierten Verdummungsinstrumente, erinnert sei nur an die Mehrzahl der Massenmedien und an das Rauschgiftproblem.
Abschließend noch der Hinweis, daß seit den ersten erfolgreichen Gentransferexperimenten 1972 weltweit diskutiert wird, inwieweit

die Methoden des genetic engineering selbst, speziell durch Laborunfälle, unausdenkbare Gefahren für die Menschheit zur Folge haben könnten. Seriöse, erfahrene Wissenschaftler befürchten,

- die nun mögliche Überschreitung der Grenzen zwischen Pro- und Eukaryoten könne (nicht näher definierte) schlimme Konsequenzen haben;
- Krebsgene oder die bei zahlreichen Wirbeltieren nachweisbaren endogenen Tumorviren, deren genetisches Material im Wirtsgenom eingebaut ist, könnten unkontrolliert verbreitet werden und womöglich dazu führen, daß bösartige Geschwülste seuchenartig auftreten;
- neuartige Arzneimittelresistenz-Kombinationen könnten geschaffen und wieder unkontrolliert, unter pathogenen Bakterien, verbreitet werden, so daß von diesen verursachte Infektionskrankheiten nicht mehr mit Antibiotika und Chemotherapeutika bekämpft werden könnten.

Die Furcht vor diesen Gefahren wurde vor allem dadurch genährt, daß die überwiegende Zahl der gentechnischen Experimente unter Verwendung von Abkömmlingen des normalen Escherichia coli durchgeführt werden. Man mutmaßte, daß entsprechende zufällige Infektionen von Laborarbeitern mit E. coli völlig unbemerkt vor sich gehen, und fürchtete die bekannte Tatsache, daß Colibakterien mit anderen (Darm)-Krankheiten über verschiedenartige Parasexualprozesse genetisches Material austauschen können.

Diese Warnungen, bemerkenswerterweise zuerst ausgesprochen von den beteiligten Wissenschaftlern selbst (u. a. von dem eingangs erwähnten Nobelpreisträger Paul Berg), lösten starkes Echo aus, zumal sie von aus unterschiedlichsten Gründen besorgten Politikern sowie von sensationslüsternen Journalisten stark verbreitet und außerordentlich verstärkt wurden: Der Bürgermeister der Stadt Cambridge im US-Bundesstaat Massachusetts äußerte laut Reuter öffentlich, er fürchte, in den Laboratorien der Molekularbiologen entstünden „Monster à la Frankenstein", und verbot zunächst kurzerhand die Durchführung entsprechender Experimente in seiner Stadt, die immerhin mindestens zwei sehr bedeutende molekularbiologische Institute beherbergt.

Wichtigste Folge dieser Entwicklungen war, daß in allen Industrienationen mehr oder minder strenge „Richtlinien zur Arbeit mit in-vitro-Rekombinanten" erlassen wurden. Diese Richtlinien schreiben je nach – meist nur vermuteter – Gefährlichkeit einzelner Experimente jeweils definierte biologische und Labor-Sicherheitsstufen vor. Parallel dazu wurden viele Aktivitäten eingeleitet, um die realen Gefahren solcher Arbeiten abzuschätzen. Dazu ergab sich bald, daß anfangs doch zu schwarz gesehen wurde, wobei nicht ganz klar ist, ob dies überall nur aus ehrlicher Sorge geschah oder auch nur, um

zunächst potentielle Konkurrenten an der Aufnahme ähnlicher – nicht nur Ruhm und Ehre, sondern auch runde Summen versprechender – Arbeiten zu verhindern. Immerhin ist es heute nun so, daß außerordentlich viele Experimente zur in-vitro-Rekombination von DNS, nämlich die meisten derjenigen, in denen Escherichia coli K 12 oder die Bäckerhefe Sacharomyes cerevisiae als Wirtsorganismen für solche Rekombinanten-DNS-Moleküle verwendet werden, keinerlei Genehmigung durch übergeordnete Gremien bedürfen, sondern höchstens von entsprechenden Kontrollbeauftragten des betreffenden Instituts selbst gebilligt werden müssen.
Alles in allem: Aus der stürmischen Weiterentwicklung von Molekular- und Zellgenetik resultieren nicht nur heute schon zum vertieften Verständnis der grundlegenden biologischen Strukturen und Prozessen in Pro- und Eukaryoten beitragende Erkenntnisse, sondern bereits auch praktisch nutzbare, vor allem gesundheitspolitisch und ökonomisch bedeutsame Verfahren. Hingegen sind die Möglichkeiten zum bewußten Mißbrauch dieser Techniken – außer bei der völkerrechtlich aber verbotenen Entwicklung biologischer Waffen – weitaus begrenzter, als oft von Sensationsmachern oder von wohlmeinenden Polemikern weisgemacht wird. Und zum Schutze vor unbewußter Gefährdung durch gentechnologische Verfahren gibt es wirksame Regulationen – auch in der DDR!

A. Bönisch

Zur Diskussion um den Begriff „Frieden" aus heutiger Sicht

Krieg und Frieden haben in allen historischen Perioden im Denken und Handeln der Menschen eine große Rolle gespielt. Die verheerenden Auswirkungen eines Krieges auf Gesundheit und Existenz zwangen Individuen und Völker zu Vorsorge- und Anpassungsmaßnahmen; veranlaßten Gelehrte und Politiker zu allen Zeiten, das Ideal einer harmonischen und friedlichen Gesellschaftsordnung zu begründen oder zu proklamieren, ohne zumeist hinreichend erklären zu können, was Frieden ist und wie er realisiert werden könnte. Diesbezügliche Überlegungen reflektierten einerseits den Wunsch der meisten Menschen, ihr Leben in Frieden zu verbringen, dokumentierten andererseits die Einsicht, daß gesellschaftlicher Fortschritt und persönliches Glück nur unter friedlichen Bedingungen möglich sind.

Schon in frühen Epochen der Geschichte wurde der Frieden nicht nur als Gegensatz zum Krieg, als Zustand des Nicht-Krieges verstanden, sondern mit materiellem Wohlstand und sozialökonomischem Fortschritt identifiziert. Griechische Philosophen charakterisierten den Frieden als „höchstes Gut". Das bedeutet: Der seit mehr als zwei Jahrzehnten in wissenschaftlichen Diskussionen erörterte „positive Frieden" ist keineswegs neueren Datums, sondern existiert als Begriff schon sehr lange.

Der Frieden fungierte in frühen Epochen der Menschheit vor allem als erstrebenswertes gesellschaftliches Ideal und bedeutete Vermeidung von Katastrophen und Zerstörung, Erhaltung und Ausbau menschlicher Errungenschaften. Er regulierte und stimulierte in vielfältiger Weise die Tätigkeit gesellschaftlicher Subjekte und Individuen und nahm sehr früh den Charakter eines übergeordneten Wertes mit normativen Eigenschaften an. Auch das antizipierte Ideal einer friedensbewahrenden Gesellschaftsordnung, vor allem von utopischen Denkern konzipiert, wurde häufig zu einem stimulierenden Faktor, denn es veranlaßte die Menschen, sich gegen die existierenden Verhältnisse aufzulehnen, ihr Leben für eine gerechte Gesellschaft und eine bessere Zukunft einzusetzen. Der deutsche Bauernkrieg und andere Bewegungen zeigen das sehr deutlich.

Die progressiven Gesellschaftstheorien aus Vergangenheit und Gegenwart betonen auch das Ideal harmonischer, konfliktloser Beziehungen zwischen Menschen und Völkern. Dieses Ideal wurde verbunden mit Vorstellungen über Charakter und Struktur der Gesellschaft. In diesem Zusammenhang wurde der Frieden oft als Mittel zur Realisierung anderer Ziele von Gesellschaft oder Individuen begriffen. Vielfach wurde und wird sehr abstrakt der Frieden als Ziel „an sich", als ein bestimmter Zustand der Gesellschaft aufgefaßt. Dies ist sicher ein unrealistischer Ansatz. Es ist notwendig, den Frieden konkret zu definieren und dabei die grundlegenden und typischen sozialökonomischen Probleme zu erfassen.

Die Beschäftigung mit Krieg und Frieden erfuhr in der spätfeudalen Periode einen beachtenswerten Aufschwung. Die Interessen der Bourgeoisie als progressiver Klasse fanden damals ihren Ausdruck im Humanismus der Aufklärung. Bürgerliche Denker wie Sismondi oder Kant traten gegen offensichtliche gesellschaftliche Übel, Unfreiheit des Menschen und Kriege auf, wobei sie von den bestehenden gesellschaftlichen Verhältnissen ausgingen. Ihre idealisierte Antizipation geschichtlicher Abläufe resultierte aus der Unkenntnis der Entwicklungsgesetze des Kapitalismus. Die Praxis widerlegte all die in den verschiedenen Varianten und Modifikationen des „Gesellschaftsvertrages" entwickelten Vorstellungen.

Im Widerspruch zur Wirklichkeit sahen die Repräsentanten der Aufklärung die Ursachen der Kriege vor allem in den Eigenschaften und in der Individualität der feudalen Herrscher, in deren Launen und Stimmungen, in ihrem Hang nach Macht und Reichtum. So hält zum Beispiel Voltaire den Plan eines ewigen Friedens nicht für „unsinnig an sich", weist aber in seiner Schrift „Gegen den Krieg" einschränkend darauf hin, daß ein solcher Friede ebensowenig zwischen „Herrschern" möglich ist wie „zwischen Elefant und Rhinozeros, zwischen Wolf und Hund". Der französische Materialismus geht noch einen Schritt weiter und bezieht die Volksmassen in seine Überlegungen ein. In Diderots „Enzyklopädie" heißt es fordernd: „... es ist ... wahr, daß ein Herrscher erst dann *Kriege* unternehmen dürfte, wenn er in seinem Gewissen erkannt hätte, daß sie gerecht, für das öffentliche Wohl notwendig, ja unerläßlich sind und daß gleichzeitig bei dem Unternehmen, das er wagt, mehr zu hoffen als zu befürchten ist." Und weiter: „Die Gesetze der Verträglichkeit und der Friedensliebe erlauben dem Menschen nicht, anderen Grundsätzen zu folgen. Es ist eine unerläßliche Pflicht der Herrscher, sich danach zu richten; denn dazu nötigt sie die Gerechtigkeit der Regierungsweise von Natur aus und auf Grund des Zwecks der Macht, die ihnen anvertraut ist; sie sind verpflichtet, insbesondere um die Güter und das Leben ihrer Untertanen besorgt zu sein; das Blut des Volkes darf nur vergossen werden, um dasselbe Volk aus der äußersten Not zu retten ... Angenommen jedoch, ein *Krieg* werde nur im äußersten Notfall aus einem gerechtem Grund unternommen, nämlich um der Selbsterhaltung willen, so muß man doch, während man ihn führt, in den Gesetzen der Gerechtigkeit verbleiben und darf die

Feindseligkeiten nicht über deren Grenzen und unbedingte Erfordernisse hinaus ausdehnen ...[1].

Trotz der scharfen Verurteilung der Kriege vom Charakter feudaler Expansion und Machtgier konnten keine für die internationalen Beziehungen zwischen den Staaten praxiswirksamen und dauerhaften Konzepte gefunden werden, die zur Vermeidung von Kriegen beigetragen hätten. Es ist nicht schwer, die Hauptursache zu finden: Die Denker der Aufklärung stießen nicht zu den sozialökonomischen Ursachen der Kriege vor, besonders nicht zu der Tatsache, daß jede auf Privateigentum an den Produktionsmitteln beruhende Gesellschaft notwendigerweise antagonistische Massenstrukturen und soziale Ungleichheit hervorbringt und daß es sich in dem erträumten „Reich der Vernunft" nicht anders verhalten würde, weil „dies Reich der Vernunft weiter nichts war, als das idealisierte Reich der Bourgeoisie"[2].

Der klassische bürgerliche Philosoph Kant sah es für die Erhaltung des Friedens als erforderlich an, bestimmte soziale und politische Voraussetzungen zu schaffen. Er plädierte für die Errichtung eines Staatenbundes, der jeden Streit schlichten sollte, ging allerdings in erster Linie vom Glauben an die Herrschaft der praktischen Vernunft aus und meinte, die Politik könne keinen Schritt vorwärts tun, ohne der Moral Tribut zu zollen. Obwohl diese Apriorität der Vernunft eine wirklichkeitsfremde Abstraktion darstellte, war Kants Idee vom ewigen Frieden eine für seine Zeit fortschrittliche Theorie[3].

Hegel begriff in der damaligen Zeit im Rahmen seiner dialektischen Geschichtsauffassung Krieg und Frieden am tiefsten, wenn er sie in seine Sicht der „historischen Notwendigkeit" einschloß.

Die Bourgeoisie hat in ihrer revolutionären Entwicklungsperiode den Krieg einer schonungslosen Kritik unterzogen, die spätere Entwicklung zeigte allerdings, daß sie unfähig war, den Krieg durch den „Sieg der Vernunft" aus dem Leben der Menschen zu verbannen. Der von der Aufklärung verheißene „ewige Friede" schlug vielmehr recht schnell um „in einen endlosen Eroberungskrieg"[4].

Der Frieden ist ein integraler Bestandteil aller humanistischen Ge-

1 Artikel aus der von Diderot und d'Alembert herausgegebenen Enzyklopädie, hrsg. v. Manfred Naumann, Leipzig 1972, S. 651.

2 F. Engels, Die Entwicklung des Sozialismus von der Utopie zur Wissenschaft, in: MEW, Bd. 19, Berlin 1960, S. 190 (Hervorhebungen – A. B.).

3 Vgl. in: I. S. Andrejewa, Die Lehre Kants vom ewigen Frieden, in: Die Philosophie Kants und die Gegenwart. Unter der Redaktion von T. I. Oisermann, Moskau 1974, Kap. VII, S. 236 ff.

4 F. Engels, Die Entwicklung des Sozialismus von der Utopie zur Wissenschaft, in: MEW, Bd. 19, S. 192.

sellschaftsideale. Er wird durch einen ganzen Komplex anderer Werte von unterschiedlichem Rang mitgetragen, die jedoch nicht absolut und schon gar nicht außerhalb von Raum und Zeit existieren. Man kann bereits an dieser Stelle vermerken, daß sich die Menschen bereits bis zur Herausbildung der bürgerlichen Gesellschaftsordnung sehr intensiv um eine Erklärung des Friedens bemühten und zahlreiche Überlegungen anstellten, die den jeweiligen Erkenntnisstand und auch den Fortschritt beim Begreifen des Problems verdeutlichen.

Mit dem Sieg der bürgerlichen Gesellschaftsordnung und der Determination von Krieg und Frieden durch die kapitalistische Gesellschaftsformation werden die – trotz ihres weitgehend idealistischen Charakters – progressiven Ideen der Aufklärung und der klassischen deutschen Philosophie zum Thema Krieg – Frieden (in Sonderheit Kant, Fichte, Hegel, Clausewitz) über Bord geworfen bzw. verfälscht. Nur begrenzt spielten sie in der Zeit imperialistischer Weltkriege eine Rolle. Die bürgerlichen Ideologen zeigen sich mehrheitlich unfähig, dieses progressive Erbe aufzubewahren und konstruktiv fortzusetzen. Demgegenüber ist die revolutionäre Arbeiterklasse in unserer Epoche ein würdiger Erbe des progressiven bürgerlichen Gedankengutes gerade auch zum Problemkreis Krieg und Frieden. Denn für die praktische Politik des Sozialismus gilt, was in seiner wissenschaftlichen Weltanschauung unter Einschluß dieses Erbes verankert ist: „Im Sinne von Vernunft und Rationalität sind wir bereit, mit allen gesellschaftlichen Kräften zusammenzuwirken, die den Frieden als höchstes Gut der Menschheit erstreben und eine nukleare Katastrophe abwenden wollen.“[5]

Friedensdefinitionen aus neuer Zeit

In den sechziger und siebziger Jahren sind von Wissenschaftlern aus vielen Ländern, vor allem mit der Entwicklung der Friedensforschung in kapitalistischen Ländern, zahlreiche Überlegungen darüber angestellt worden, wie man den Frieden definieren müßte oder könnte. Von der Leugnung einer Definitionsmöglichkeit des Friedens über die Definitionsversuche von Johan Galtung bis hin zur Bestimmung des Friedens durch Vertreter der sogenannten kritischen Friedensforschung existiert ein breites Spektrum von Auffassungen. Die bürgerliche Friedensforschung ihrerseits wird zunehmend als angewandte Wissenschaft charakterisiert, die jene Bedingungen zu ana-

5 K. Hager, Das Erbe Hegels liegt in unseren Händen. Rede auf dem akademischen Festakt zum 150. Todestag des großen deutschen Philosophen, in: Neues Deutschland vom 14./15. November 1981, S. 4.

lysieren habe, die den Frieden ermöglichen, gefährden oder verhindern. Aus der gegebenen Situation heraus schrieb Georg Picht Mitte der siebziger Jahre:

„Die Wissenschaft vom Krieg ist auf ihren Kulminationspunkt gelangt. Eine Wissenschaft vom Frieden hingegen gibt es nicht ... Auf der einen Seite ist nüchtern festzustellen, daß die Friedensforschung bisher keine Konzepte anzubieten hat, die politisch ernst genommen werden können. Ebenso sicher ist auf der anderen Seite, daß solche Konzepte, wenn es sie gäbe, keinen politischen Rückhalt finden würden. Die stabilierten Mächte und Institutionen sind an der Erhaltung des status quo interessiert. Die Fortschreibung des status quo führt aber in der heutigen Welt notwendig zum Krieg. Wer Frieden herstellen will, muß diese Welt verändern und sich um eine neue Ordnung bemühen. Jede neue Ordnung zerbricht aber bestehende Herrschaftsstrukturen und führt zu einer Neuverteilung von Macht. Sie verletzt die Interessen der Verwalter der großen Machtapparate. Militärwissenschaft steht mit den ihr vorgegebenen politischen Strukturen im Einklang, dem verdankt sie ihren unbezweifelbaren Gehalt an Realität. Die Wissenschaft vom Frieden hingegen bewegt sich in einem politischen Vakuum; kein Wunder, daß es ihr bisher nicht gelingt, in den Realitäten Fuß zu fassen."[6]

Picht charakterisiert die Schwierigkeiten, die eine – eben letztlich bürgerliche – Friedensforschung bei Existenz antagonistischer Produktionsverhältnisse hat und macht darauf aufmerksam, daß der Frieden eine „neue Ordnung" verlangt. Er deutet aber nicht an, daß es heute in der Welt bereits wichtige gesellschaftliche Voraussetzungen und Kräfte für die Erhaltung des Friedens und die Entwicklung einer echten Friedenswissenschaft gibt. Im Gegenteil: Zunehmend hat sich Picht in eine irrationalistisch-subjektivistische Betrachtungsweise der Welt begeben, die ihn nicht nur mehr und mehr von einer – wenigstens im Ansatz – wissenschaftlichen Herangehensweise an die Problematik Krieg und Frieden weggeführt hat, sondern ihn auch von einem wirksamen kritischen Engagement abdriften ließ, gar nicht zu fixieren seine tiefe Entfremdung gegenüber der Friedensbewegung unserer Zeit[7].

Besonders bemüht um eine Bestimmung des Komplexes Frieden in Abgrenzung zum Krieg haben sich in den letzten zwei Jahrzehnten zahlreiche Friedensforscher aus kapitalistischen Ländern, so Johan Galtung, Kenneth Boulding und Bert Röling. Hier sei nur auf die

6 G. Picht, Zum Begriff des Friedens, in: Forschung für den Frieden. Fünf Jahre Deutsche Gesellschaft für Friedens- und Konfliktforschung. Eine Zwischenbilanz. Eingeleitet von E.-O. Czempiel und J. Delbrück, Boppard am Rhein 1975, S. 45.

7 Vgl. G. Picht, Ist Humanökologie möglich? In: C. Eisenbart (Hrsg.), Humanökologie und Frieden, Stuttgart 1979.

vieldiskutierten Darlegungen von Galtung[8] verwiesen, die eine Reihe wichtiger Elemente des Friedens erfassen. Galtung weist jene Auffassungen zurück, die den Frieden nur durch eine völlig neue, gerechte, demokratische Weltordnung gewährleistet sehen wollen. Er bleibt nicht bei der relativ nichtssagenden Definition des Friedens als einfache Abwesenheit von Krieg stehen, sondern verbindet sie mit der Orientierung auf einen positiven Frieden, der die sozialökonomische Ausgestaltung jener Ordnungen zum Gegenstand hat, von denen der Frieden zu sichern ist. Galtung zeigt außerdem, daß es sich beim Frieden um keinen Zustand, sondern um einen *Prozeß* handelt, dessen Endpunkt nur erreicht werden kann, wenn die vorangegangenen Etappen erfolgreich bewältigt werden und wenn zu jedem Zeitpunkt die gesellschaftlichen Aktivitäten auf die anstehenden Hauptfragen konzentriert werden. Besonders wichtig ist, daß Galtung mit dem Begriff von der „strukturellen Gewalt", auf den hier im einzelnen nicht eingegangen werden soll, Überlegungen für eine Friedensdefinition angestellt hat.

Der Mangel von Galtungs Konzeption besteht darin, daß sowohl der negative wie der positive Frieden zu wenig in seiner Abhängigkeit von den bestehenden Gesellschaftsordnungen untersucht wird. Beim Begriff „positiver" Frieden führt die weitgehende Abstraktion vom Zusammenhang zwischen realem Frieden und einer bestimmten Gesellschaftsordnung dazu, daß die Forderung nach Ausfüllung einer Friedensordnung mit sozialer Gerechtigkeit, Humanismus, Demokratie, materiellem Wohlstand für alle Menschen durch ihre Loslösung von den Produktions- und Eigentumsverhältnissen utopische Züge erhält.

In einer Reihe von Publikationen aus kapitalistischen Ländern der siebziger Jahre wird deutlicher als bei Galtung der sozialökonomisch determinierte Friedensbegriff herausgearbeitet[9]. Die „kritische Friedensforschung" schließlich begreift den Frieden ebenfalls als Prozeß und als ständige Auseinandersetzung mit den verschiedenen Dimensionen von Gewalt[10].

Picht und andere charakterisieren seit geraumer Zeit den Frieden als *globales* Problem und verbinden dieses mit anderen globalen Problemen. Picht schreibt: „Wir brauchen:

8 Vgl. u. a. J. Galtung, Towards a definition of peace research, in: Peace Research, Trend Report and World Directory UNESCO, Paris 1979, S. 7 f.

9 Vgl. E. Krippendorf, Staatliche Organisation und Krieg, in: Friedensforschung und Gesellschaftskritik, hrsg. von D. Senghaas, München 1970.

10 Vgl. u. a. die Diskussion zwischen E. Jahn und Graf Kielmannsegg über Gewalt, Gegengewalt und strukturelle Gewalt, in: DGFK-Informationen, 1–2/1979.

1. Einen effizienten Lastenausgleich zwischen den Nationen, der dafür sorgt, daß den hungernden zwei Dritteln der Menschheit ökonomisch wenigstens das Existenzminimum gesichert wird.
2. Eine supranationale Verwaltung der Nahrungsmittelressourcen des Planeten.
3. Eine supranationale Verwaltung der Rohstoff- und Energievorräte.
4. Eine Abrüstung und Rüstungskontrolle, die so durchgreifend ist, daß es technisch unmöglich wird, einen Weltkrieg zu führen.
5. Die Einrichtung einer supranationalen Instanz, die die Vollmachten besitzt, die nötig sind, um die schlimmsten Formen der globalen Pollution, insbesondere die Verschmutzung der Ozeane, wirksam zu bekämpfen."[11]

Picht erörtert damit Zusammenhänge von Frieden und menschlicher Existenz. Die Sicherung des Friedens ist zwar das wichtigste globale Problem, denn ein Atomkrieg könnte das Ende menschlicher Zivilisation bedeuten. Aber die Erhaltung des Friedens erfordert weltweite Abrüstung und Rüstungsbeschränkung, die ihrerseits wieder eine Voraussetzung für die Bewältigung anderer globaler Probleme bilden.

Aus den bisherigen Darlegungen folgt, daß gerade in jüngster Zeit in der Begriffsbestimmung des Friedens, vor allem im Hinblick auf seine praktische Handhabung, gewisse Fortschritte gemacht worden sind, insbesondere von Wissenschaftlern, die ernsthaft um eine Klärung dieses Phänomens, um eine Sicherung des Friedens bemüht sind[12].

Politische und militärische Entspannung als Grundbestandteile einer Friedensdefinition

Die Formulierung einer auf die Gegenwart bezogenen Definition des Friedens, die den Frieden notwendigerweise als Prozeß begreift, da er in einem langwierigen Kampf durchgesetzt werden muß, hat heute die politische und militärische Entspannung als grundlegende Komponente in die Betrachtung einzubeziehen[13].

Die politische Entspannung ist ein komplizierter und widerspruchsvoller Prozeß, weil die Ziele der an der Durchsetzung des Entspannungsprozesses Beteiligten unterschiedlich oder gegensätzlich sind,

11 Vgl. G. Picht, Zum Begriff des Friedens, a. a. O., S. 50 f.

12 Vgl. z. B. in: W. v. Bredow, Die Zukunft der Entspannung, Köln 1979.

13 Vgl. W. Neubert, Die Grundfrage menschlichen Lebens in unserer Zeit, in: Einheit, 11/1981, S. 1085 ff.

weil hinsichtlich der Methoden ihrer Gestaltung, ihrer Eigengesetzlichkeit und Perspektive oft sehr unterschiedliche Positionen existieren. Die Entspannung ist aber jener unabdingbare Prozeß, über den heute der Frieden als friedliche Koexistenz zwischen kapitalistischen und sozialistischen Staaten gesichert werden kann.

So wird die Frage „Was bedeutet Entspannung?" unlösbar verbunden mit der Frage nach dem Charakter des Friedens in der gegenwärtigen Epoche.

Die internationale Entspannung ist ihrem Wesen nach Umgestaltung und Ausbau der internationalen Beziehungen zwischen sozialistischen und kapitalistischen Ländern entsprechend den Prinzipien der friedlichen Koexistenz zwischen Staaten mit unterschiedlicher Gesellschaftsordnung. Sie wird vorangetrieben und gesichert durch die Politik der sozialistischen Staatengemeinschaft, durch die Arbeiterklasse und die mit ihr verbündeten Friedenskräfte in den imperialistischen Ländern und durch den Kampf der progressiven Kräfte in den Entwicklungsländern. Auch viele Repräsentanten des Bürgertums sind am Frieden interessiert, weil sie erkannt haben, daß die Politik reaktionärer Kräfte ihre Existenz gefährdet. Die sozialistischen Länder setzen verschiedene Mittel und Maßnahmen ein, um den Entspannungsprozeß zu sichern. Dazu gehört auch die Erhöhung der ökonomischen Leistungskraft im Interesse des Volkes und die Stärkung der Verteidigungskraft.

Die Entspannung in den internationalen Beziehungen, um die es einen jahrelangen Kampf gegeben hat und weiter geben wird, bildet die Voraussetzung für eine positive Entwicklung auf zahlreichen Gebieten und kann ihrerseits von dieser Entwicklung günstig beeinflußt werden.

Der aus der BRD stammende Wissenschaftler Gerhard Stuby definiert die Entspannung als „Zustand zwischen den antagonistischen Gesellschafts- und Staatssystemen, vornehmlich zwischen den beiden Paktsystemen."[14] Stuby betont, daß von Entspannung nur gesprochen werden kann, wenn die Koexistenz friedlich ist. Heute gehe es darum, gefährliche Konfliktsituationen, die früher unausweichlich zum Kriege geführt hätten, zu vermeiden.

Der westdeutsche Friedensforscher Ernst-Otto Czempiel hat bereits vor längerer Zeit deutlich gemacht, daß Entspannung nichts anderes bedeutet, als bei Existenz von Konflikten solche Konfliktregulierungs- und -lösungsmöglichkeiten zu wählen, die einen geringeren Grad von Gewalt enthalten. Er betont weiter: „Einen Konflikt zu entspannen heißt nicht, ihn im Kern aufzuheben oder auch nur zu

14 G. Stuby, Zwischen kaltem Krieg und Entspannung, in: Blätter für deutsche und internationale Politik, Köln, 4/1980, S. 397.

verändern."[15] Czempiel unterstreicht damit, daß mit Hilfe der Entspannung der Systemantagonismus nicht überwunden werden kann. Und das trifft in der Tat zu.

Auch andere Friedensforscher aus der BRD und aus anderen Ländern bieten Entspannungsdefinitionen an. So schreiben Egbert Jahn und Jutta Tiedtke: „Intersystemare Entspannung ist kein Zustand, sondern ein Prozeß der zunehmenden Ausschaltung militärischer Mittel in den Auseinandersetzungen zwischen den Staaten beider Gesellschaftsordnungen bei gleichzeitig wachsender ökonomischer und kultureller Kooperation und sich ausweitender politischer Konfliktlösung. Entspannung bedeutet immer auch Fortdauer und Entstehung von Spannungen, Auseinandersetzungen, Konflikten, deren Häufigkeit und Intensität jedoch langfristig und im Verhältnis zu kooperativen Beziehungen sinkt."[16]

Entspannung bedeutet noch nicht „ewigen Frieden" und keinen radikalen Bruch mit bestehenden Verhältnissen. Entspannung ist vielmehr ein langsamer, in vieler Hinsicht viel zu langsamer Prozeß der Annäherung und Übereinstimmung von partiellen Interessen und Zielsetzungen, ein Prozeß der allmählichen Entmilitarisierung der Konfliktformen. Entspannung bedeutet nicht das Ende von Konflikten und Interessengegensätzen, weder im innenpolitischen, noch im internationalen Bereich.[17]

Das Feld der gemeinsamen und gegensätzlichen Interessen und Zielsetzungen ist nun nicht ein für allemal festgelegt. Interessen und Zielsetzungen unterliegen der historischen Dynamik, bedürfen auch der ständigen wissenschaftlichen Erforschung und Kritik.[18]

In diesen Zitaten werden grundlegende Elemente der intersystemaren Entspannung genannt, vor allem der Prozeßcharakter, die Ausschaltung militärischer Gewaltanwendung, die Kooperationsmöglichkeiten und das Weiterbestehen von Konflikten. Es fehlt allerdings der eindeutige Bezug zur friedlichen Koexistenz und ein Hinweis auf die ideologische Ebene der Auseinandersetzung.

Will man feststellen, wie weit der Entspannungsprozeß gediehen ist, muß man die objektiven und subjektiven Faktoren erfassen sowie analysieren, welche Interessen den Argumenten der Befürworter und Gegner der Entspannung zugrunde liegen. Ein Blick auf die inter-

15 E.-O. Czempiel, Die Vereinigten Staaten und die Entspannung. Ideologie und Rüstung im Ost-West-Konflikt, in: Europäische Sicherheit und der Rüstungswettlauf, Frankfurt a. M./New York 1979, S. 82.

16 E. Jahn/J. Tiedtke, Politische Strömungen in der sowjetischen Entspannungspolitik, in: Friedensanalysen, 9/1979, S. 50.

17 Vgl. in: R. Meister, Studie zur Souveränität. Eine Kritik bürgerlicher Theorien, Berlin 1981.

18 Vgl. Neue Schritte in der Entspannungspolitik nach der KSZE, in: Wissenschaft und Frieden, 2/1977, S. 1/2.

nationale Entwicklung seit Beginn der siebziger Jahre läßt erkennen, daß der Entspannungsprozeß trotz aller Hemmnisse zunächst Fortschritte gemacht hat. Mit den bilateralen Verträgen, mit dem erfolgreichen Abschluß der Konferenz über Sicherheit und Zusammenarbeit in Europa und der intersystemaren Kooperation auf verschiedenen Gebieten wurden wichtige Schritte auf dem Weg zu einer stabilen Friedensordnung getan. Die berechtigte Forderung, den Entspannungsprozeß kontinuierlich zu gestalten, ergibt sich sowohl aus der Gesetzmäßigkeit des gesellschaftlichen Fortschritts als auch aus den Erfahrungen beim Kampf um die Wende zur friedlichen Koexistenz.

Bestimmte Kreise westlicher Länder befinden sich in einem Dilemma. Auf der einen Seite zwingt sie das internationale Kräfteverhältnis zur – wenigstens teilweisen – Anerkennung der friedlichen Koexistenz, andererseits fürchten sie, daß die Entspannung die Positionen des Sozialismus, der Werktätigen in den kapitalistischen Ländern und der Entwicklungsländer stärkt. Deshalb verknüpfen sich heute in ihrer Politik auf widerspruchsvolle Weise Elemente der Realpolitik mit Versuchen, die Entspannung zu blockieren und den Rüstungswettlauf fortzusetzen bzw. zur offenen entspannungs- und sicherheitsfeindlichen Konfrontation überzugehen.

Es darf nicht zugelassen werden, „daß die Kompliziertheit der militärischen Entspannung entspannungsfeindlichen Kräften zur Begründung dient, um den positiven Ergebnissen auf diesem Gebiet entgegenzuwirken."[19] Das gegenwärtige Zurückbleiben der militärischen Entspannung hinter den objektiven Möglichkeiten zeugt allerdings von einer relativen Selbständigkeit beider Seiten des Entspannungsprozesses sowie davon, daß die militärische Entspannung der politischen nicht automatisch folgt.

Auch heute geht es vor allem darum, die politische Entspannung voranzutreiben und durch Rüstungsbegrenzung und Abrüstung zu vertiefen und zu ergänzen. Die ökonomischen Möglichkeiten schrittweiser Abrüstung sind, wie zahlreiche Wissenschaftler aus sozialistischen und kapitalistischen Ländern nachweisen, gegeben.

Zu jenen Faktoren, die den allgemeinen Entspannungsprozeß behindern, ihn sogar umkehren können, gehört ohne Frage die imperialistische Hochrüstung, wie sie mit dem NATO-Langzeitprogramm, dem Brüsseler Raketen-Beschluß vom Dezember 1979 und ähnlichen friedensgefährdenden Aktionen von reaktionären Kreisen forciert wird. Rüstungsproduktion ist in keinem Land für die produktive oder die individuelle Konsumtion notwendig. Dennoch hat sie in bei-

19 V. Regner, Militärische Entspannung – ein untrennbarer Bestandteil der Festigung und Erweiterung der politischen Entspannung in Europa, in: Deutsche Außenpolitik, 6/1979, S. 105.

den Systemen eine unterschiedliche Funktion. Im Sozialismus gibt es keine Klasse oder Gruppe, die aus der Rüstungsproduktion und damit der Kriegsvorbereitung Vorteile zieht.[20] Die Rüstung ergibt sich außerdem keineswegs aus der Technik- oder Technologieentwicklung als solcher.

Im Kapitalismus ist Rüstung ein Mittel zur Erzielung von Profiten und Extraprofiten und damit ein eminent wichtiges Interessen- und Reproduktionsproblem. Rüstung bringt bestimmten Gruppen des Monopolkapitals große Vorteile. Diese ergeben sich:

Erstens daraus, daß einige Unternehmen durch die Finanzierungsmethoden und Preiskalkulation im Rüstungsgeschäft besonders hohe Profite realisieren.

Zweitens durch das zeitweise Hinauszögern der allgemeinen Überakkumulation und durch inflationäre Prozesse. Eine ökonomische Funktion der Rüstung besteht darin, den Tendenzen zur Überproduktion und Überakkumulation durch staatliche Rüstungsnachfrage und staatliche Kapitalverwertung gegenzusteuern. Aber auch Rüstungsausgaben können die Überakkumulation und damit Absatzkrisen grundsätzlich nicht verhindern.

Drittens aus der Sicherung kapitalistischer Herrschaftsverhältnisse nach innen und der Expansionsmöglichkeiten nach außen.

Aus diesen Gründen wenden sich die politischen und ideologischen Interessenvertreter der Rüstungsproduktion so intensiv gegen Abrüstungsvorschläge, auch mit der These von der Bedrohung des Westens durch die Sowjetunion.

Die Gefährdung und Vernichtung von Arbeitsplätzen, die Erzeugung einer industriellen Reservearmee, sind Begleiterscheinung kapitalistischer Akkumulation. Diese Tendenz besteht unabhängig davon, ob aufgerüstet oder abgerüstet wird. Andererseits bietet die Tatsache, daß der Staat größter Auftraggeber der Rüstungswirtschaft ist und Abrüstungsmaßnahmen eine Umlenkung staatlicher Nachfrage bewirken, gewisse Möglichkeiten, die Rüstung zu verringern. Der Staat könnte weit mehr als private Produzenten die Produktion ziviler Güter erweitern und Arbeitsplätze erhalten. Wird er dazu von demokratischen Kräften gezwungen und betreibt er dann eine Wirtschaftspolitik, die sich partiell an den gesellschaftlichen Bedürfnissen und am Recht auf Arbeit orientieren, dann sind politische Optionen für eine wirksame Abrüstungspolitik gegeben.

Abschließend kann man feststellen: Die Hochrüstung verschlingt Geld und materielle Ressourcen in einem gigantischen Ausmaß. Sie beansprucht menschliches Potential, schöpferische Ideen und Erfin-

20 Ausführlicher dazu in: E. Hocke/W. Scheler, Die Einheit von Sozialismus und Frieden. Zu philosophischen Problemen von Krieg und Frieden in der Gegenwart, Berlin 1977.

dergeist. Fast die Hälfte der Wissenschaftler in den industrialisierten kapitalistischen Ländern ist in der militärischen Forschung und Entwicklung tätig. Statt sie zur Lösung von Problemen der Umweltverschmutzung, der Energieverknappung und zur Lösung anderer globaler Probleme einzusetzen, werden diese Wissenschaftler in Laboratorien beschäftigt, deren Hauptaufgabe die Entwicklung neuer Waffen ist. An die Stelle rationeller Nutzung materieller und finanzieller Mittel, der Erforschung und Anwendung neuer wissenschaftlicher Verfahren im Interesse der Menschheit treten Vergeudung und Zerstörung materieller und finanzieller Werte, die Gefährdung der Menschheit und des Fortschritts schlechthin.

Die Ausarbeitung einer Friedensstrategie und die Formulierung einer Friedensdefinition müssen somit die Kriegs*ursachen*analyse erfassen. Dabei wird sichtbar, daß Krieg und Frieden vom Klassenkampf abgeleitet sind. Der Verzicht auf eine wissenschaftliche Analyse der Kriegsursachen *und* friedensstiftender gesellschaftlicher Bedingungen gestattet weder eine zureichende Definition von Frieden, noch eine realistische Orientierung für eine praktische Politik, die die Gestaltung der internationalen Beziehungen auf den in unserer Epoche möglichen Frieden – in Gestalt der friedlichen Koexistenz von Staaten mit unterschiedlicher Gesellschaftsordnung – ausrichtet.

Der Kampf um Frieden und Abrüstung ist langwierig und stellt an alle Friedenskräfte hohe Anforderungen in bezug auf Umsicht und Elastizität. Er verläuft über die Realisierung vieler Einzelziele. Notwendig ist eine weltweite Abrüstungsstrategie, denn Sicherheit und Abrüstung haben heute globale Dimensionen. Der progressive westdeutsche Wissenschaftler Gunnar Matthiessen schreibt mit Recht, daß Verhandlungen über Rüstungsbegrenzung und Abrüstung in ihrem Ergebnis Ausdruck der Reife und des Entwicklungsgrades des politischen Entspannungsprozesses sind[21].

Zunehmende ökonomische und wissenschaftliche Kooperation als Folge und Stimulator der Entspannung und als Elemente friedlicher Entwicklung

Zu den entspannungsfördernden Faktoren gehört seit Jahren die *ökonomische Kooperation* zwischen sozialistischen und kapitalistischen Ländern. Für die Länder der sozialistischen Staatengemeinschaft ist diese Kooperation ein fester Bestandteil ihrer Politik der friedlichen Koexistenz zwischen Staaten unterschiedlicher Gesellschaftsordnung und ein wichtiges Instrument zur Erhaltung des Friedens.

21 Vgl. Blätter für deutsche und internationale Politik, 6/1979, S. 668.

Von Wissenschaftlern und Wirtschaftspraktikern aus sozialistischen und auch aus kapitalistischen Ländern wird festgestellt, daß der Impuls zur Förderung der ökonomischen Kooperation keineswegs von einer Seite ausgeht, sondern beide Seiten die Vorteile der Zusammenarbeit kennen und sie auch nutzen.
Die sozialistischen Länder haben spezielle Interessen an der ökonomischen Kooperation und lassen sich davon leiten, daß die intersystemaren Wirtschaftsbeziehungen erweitert werden sollten. Abgesehen davon ist es prinzipiell wenig nützlich, negativ erscheinende Faktoren bei der Bewertung der Wirtschaftskooperation in den Vordergrund zu rücken. Bedeutsamer ist die Orientierung auf die *positiven* Tendenzen. Diese besagen, daß seit der Konferenz für Sicherheit und Zusammenarbeit in Europa in der Wirtschaftskooperation Beachtliches erreicht wurde. Es sind *neue* Möglichkeiten und Formen für die gegenseitig vorteilhafte ökonomische und wissenschaftlich-technische Zusammenarbeit entstanden[22]. Zu diesen Formen gehören die Industriekooperation, die Zusammenarbeit auf Drittmärkten und Kompensationsgeschäfte.
Eine Vertiefung des Entspannungsprozesses ist auch durch eine kontinuierliche Ausweitung der *Wissenschaftsbeziehungen* erreichbar. Die internationale Forschungskooperation ist ein wichtiger Faktor der Entspannung. Aufnahme und Ausbau von Wissenschaftsbeziehungen können – wenn sie auf gleichberechtigter Basis, zum gegenseitigen Vorteil und bei Wahrung der Prinzipien der Souveränität sowie des Prinzips der Gleichheit und der gleichen Sicherheit erfolgen – die Spannungen zwischen den beiden antagonistischen Gesellschaftssystemen reduzieren helfen und die friedliche Koexistenz zwischen Staaten mit unterschiedlicher Gesellschaftsordnung festigen.
Die jüngste Entwicklung der Wissenschaftsbeziehungen in Europa ist teilweise eine unmittelbare Implikation der Entspannung, allerdings durch verschiedene Widersprüche und Hemmnisse charakterisiert. Eine Ursache der Widersprüchlichkeit ist die Funktion der Wissenschaft im Reproduktionsprozeß der jeweiligen Gesellschaftsordnung einerseits sowie der internationale Charakter der Wissenschaft andererseits.
Die intersystemaren Wissenschaftsbeziehungen sind auch durch den Klassenkampf bestimmt. Für sozialistische Länder sind Wissenschaftsbeziehungen mit kapitalistischen Staaten wichtig:
1. als Mittel zur Erreichung allgemeiner politischer Ziele, die nicht direkt mit der praktischen Anwendung der erzielten Resultate zusammenhängen, zum Beispiel Sicherung des Friedens;

22 Vgl. M. Schmidt, Der Entspannungsprozeß und Probleme der ökonomischen Zusammenarbeit von Staaten unterschiedlicher Gesellschaftsordnung, IPW-Berichte, 2/1979, S. 1.

2. als Mittel zur Beschleunigung des wissenschaftlich-technischen Fortschritts und zur Intensivierung des gesellschaftlichen Reproduktionsprozesses durch die Gewinnung anwendbarer neuer wissenschaftlicher Resultate und durch die Qualifizierung von Wissenschaftlern;
3. zur Lösung globaler Probleme, die seit Beginn der siebziger Jahre zunehmend in den Vordergrund treten. Dazu gehört auch der Kampf der Entwicklungsländer um ökonomische Souveränität und gegen das kapitalistische Wirtschaftssystem. Die globalen Probleme erfordern Kooperation sozialistischer und kapitalistischer Staaten zum gegenseitigen Vorteil auch auf wissenschaftlicher Ebene. Die Zusammenarbeit hat verschiedene Formen und ist auch eine Konsequenz des hohen Vergesellschaftungs- und Verflechtungsgrades der Produktivkräfte und der Internationalisierungstendenzen der Produktion. Dieser Vergesellschaftungs- und Verflechtungsgrad verlangt adäquate Leitungs- und Organisationsformen und die Anwendung von geeigneten Methoden zur Erfassung und Beherrschung der Wechselbeziehungen zwischen den Elementen des Reproduktionsprozesses.

Die Definition des Friedens kann nicht wissenschaftlich sein, wenn man weder die gesellschaftliche Bedingtheit der sozialen Subjekte noch die erreichte Entwicklungsstufe der verschiedenen Gesellschaftsordnungen und der internationalen Beziehungen in Betracht zieht. Der Frieden ist nicht nur ein Ideal, sondern auch ein Prozeß, der durch das internationale Kräfteverhältnis sowie durch gesellschaftliche Erfordernisse und Klasseninteressen bestimmt wird. Nur nach Überwindung der Klassenantagonismen sind die notwendigen sozialen Bedingungen dafür gegeben, daß sich der Frieden in ein erfüllbares Ziel verwandelt. Marx und Engels haben im Manifest der Kommunistischen Partei dazu grundsätzlich festgestellt: „In dem Maße, wie die Exploitation des einen Individuums durch das andere aufgehoben wird, wird die Exploitation einer Nation durch die andere aufgehoben. Mit dem Gegensatz der Klassen im Innern der Nation fällt die feindliche Stellung der Nationen gegeneinander."[23] Marx und Engels wiesen nach – und die spätere Entwicklung hat diesen Nachweis bestätigt –, daß es sich dabei um einen langfristigen gesellschaftlichen *Prozeß* handelt, in dessen Verlauf sich das *Ideal* des Friedens allmählich in *Wirklichkeit* verwandelt. Eine Welt des Friedens gehört zu den Idealen und zum grundlegenden Ziel der Arbeiterklasse.

Die Verhinderung neuer Kriege hängt in der Gegenwart davon ab, inwieweit sich das Verhältnis der gegensätzlichen gesellschaftlichen

23 K. Marx/F. Engels, Manifest der Kommunistischen Partei, in: MEW, Bd. 4, Berlin 1959, S. 479.

Kräfte im Weltmaßstab zugunsten der Werktätigen und den an der Erhaltung des Friedens interessierten Klassen, Gruppen und Individuen verändert, inwieweit konkrete und dauerhafte Schritte auf dem Gebiet der Abrüstung erzielt werden. Es gilt, im Interesse der Friedenssicherung dem Wettrüsten ein Ende zu bereiten und die politische Entspannung durch die Abrüstung zu ergänzen. Aufgrund der in den letzten Jahrzehnten erfolgten Umgestaltung des Kräfteverhältnisses zugunsten des Sozialismus sind Kriege im Weltmaßstab nicht mehr unvermeidlich, aber nach wie vor möglich. Die Realität, zum Beispiel die Auseinandersetzungen zwischen Irak und Iran, zeigt stets aufs Neue, wie schwer es ist, Kriege zu vermeiden oder zu beenden. Außerdem ist zu beachten, daß sich an der Wende zu den achtziger Jahren die internationale Lage vor allem durch die Konfrontationspolitik der USA verschlechtert hat. Mit dem NATO-Beschluß, 108 US-amerikanische Mittelstreckenraketen vom Typ Pershing II und 464 Marschflugkörper zu produzieren und in der BRD bzw. in anderen westeuropäischen Staaten zu stationieren, werden die politischen und militärischen Spannungen vergrößert und erneut sichtbar, daß die Urheber dieses Beschlusses an die Stelle von Entspannung die Konfrontation setzen. Ihr Ziel besteht darin, militärische Überlegenheit gegenüber der sozialistischen Staatengemeinschaft zu erlangen.

Die Praxis dokumentiert, daß bürgerliche Friedensideale, die sich den Anschein geben, über den Klassen zu stehen, von Klasseninteressen frei zu sein bzw. vom Antagonismus unberührt zu existieren, sehr wohl klassendeterminiert sind. Sie widerspiegeln als ideologische Reflexe bestimmter bourgeoiser Interessen deren soziales Selbstverständnis von Krieg und Frieden[24]. Im Unterschied zu falschen philosophischen und soziologischen Konzeptionen und „über den Klassen stehenden" Problemlösungen ermöglicht es der Marxismus-Leninismus, die in den antagonistischen Widersprüchen der kapitalistischen Gesellschaft wurzelnden Ursachen der Kriege sowie die Wege und Mittel zu ihrer Beseitigung zu erkennen.

Besonders wichtig ist bei einer Definition des Friedens die eindeutige Klärung des Zusammenhanges von *gesellschaftlichem Fortschritt* und *Frieden.*

Erich Honecker hat auf dem X. Parteitag der SED betont, „daß Fortschritt und Frieden nicht voneinander zu trennen sind." Es bedarf noch „harter Kämpfe und verstärkter Anstrengungen aller friedliebenden Kräfte", bis der Frieden dauerhaft stabilisiert ist[25]. Es geht darum, das Programm der Entspannung in allen Hauptrichtungen zu verwirklichen.

24 Vgl. in: J. P. Dawydow, Internationale Entspannung und ideologischer Kampf, Berlin 1981.

25 Ebenda, S. 13.

Weder Entspannung noch Frieden bedeuten eine Außerkraftsetzung gesellschaftlicher Gesetze. Es ist irreführend, wenn heute bürgerliche Politiker und Ideologen behaupten, die Entspannung habe nur den sozialistischen Ländern Vorteile gebracht und müsse daher durch eine andere Politik abgelöst werden. Die Entspannung hat beiden Systemen Vorteile gebracht, den Weltfrieden erhalten. Gleichzeitig hat sich der gesellschaftliche Fortschritt weltweit fortgesetzt.
Verschärfen sich in einem Lande die politischen und ökonomischen Auseinandersetzungen, so handelt es sich dabei um innergesellschaftliche Prozesse, die objektiven Charakter tragen, und ein direkter kausaler Bezug zur politischen Entspannung ist insofern nicht gegeben, weil die Entspannung sich auf die Beziehungen von Staaten, auf das System der internationalen Beziehungen richtet.
Mit anderen Worten: Die Revolution ist ein objektiver Prozeß, dessen Subjekte die gesellschaftlichen Entwicklungsgesetze kennen und im Einklang mit der Wirkung dieser Gesetze handeln. Gesellschaftlicher Fortschritt vollzieht sich als geschichtlicher Prozeß, als Höherentwicklung gesellschaftlicher und internationaler Beziehungen, als Übergang von Völkern und Staaten zu einer höheren Entwicklungsstufe, zu einer neuen Gesellschaftsordnung. Heute den Fortschritt als „inneren Zusammenhang" in den „geschichtlichen Ereignissen" (F. Engels) aufzudecken bedeutet, „in den gleichzeitig existierenden und sich entwickelnden unterschiedlichen Gesellschaften, Wirtschaftsformen, Kulturen und in der Vielgestaltigkeit sozialer Veränderungen diejenigen aufzuspüren, in denen sich die Höherentwicklung der Menschheit am sichtbarsten ausdrückt"[26].
Die Situation in der heutigen Welt zeigt, daß gesellschaftliche Veränderungen im Sinne der sozialistischen Revolution nicht nur Ergebnis des Kampfes der Arbeiterklasse sind, sondern daß auch andere Werktätige an diesem Kampf teilnehmen, sich der allgemeindemokratischen Bewegung, die nicht unmittelbar sozialistische Ziele verfolgt, anschließen.
Der demokratische Inhalt des Kampfes um den Frieden besteht heute vor allem darin, zu verhindern, den Grundwiderspruch unserer Epoche durch Krieg zu lösen. Der Kampf um den Frieden ist heute die höchste Äußerung der demokratischen Forderungen. Die Bourgeoisie kann nicht mehr die berechtigte Sehnsucht der breiten Massen in ihren Ländern nach Frieden ablehnen. Sie muß den Friedensbemühungen der demokratischen und sozialistischen Kräfte Rechnung tragen.
Es ist kein Geheimnis, daß der Sozialismus den Frieden braucht, damit er seine gesellschaftlichen Vorzüge im Interesse der Menschen

26 Dialektik des Geschichtsprozesses in der Epoche des Übergangs vom Kapitalismus zum Sozialismus, Berlin 1980, S. 15.

ungehindert entfalten kann, damit eine allseitige Entwicklung der Gesellschaft sowie jeden Individuums gesichert wird. „Die Frage des Friedens ist die aktuellste, die alle bewegende Frage der Gegenwart."[27] Mit diesen Worten leitete Lenin einen Tag nach dem Beginn der Sozialistischen Oktoberrevolution seine Rede über den Frieden ein, in der er das erste Gesetz der Sowjetmacht begründete: das Dekret über den Frieden.

Der Sozialismus tritt konsequent für eine Politik des Friedens ein und ist gemeinsam mit allen anderen Friedenskräften in der Welt willens, einen neuen Weltkrieg zu verhüten. Der Krieg kann heute nicht mehr so ohne weiteres als Mittel zur Durchsetzung der Interessen bestimmter Klasseninteressen genutzt werden, ohne die Existenz der Menschheit aufs Spiel zu setzen.

Als Ergebnis der bisherigen Darlegungen kann festgestellt werden: Frieden ist ein *Ziel*, für dessen Realisierung sich seit jeher die meisten Menschen einsetzen, das aber erst nach Überwindung antagonistischer Klassenstruktur im Rahmen eines langfristigen Prozesses gesellschaftlicher Veränderungen und damit nach Schaffung der notwendigen *materiellen* und *bewußtseinsmäßigen* Voraussetzungen erreicht werden kann. *Mittel* zur Erreichung dieses Zieles sind heute in erster Linie die Weiterführung, Vertiefung und weltweite Ausdehnung des Entspannungsprozesses durch Beendigung des Wettrüstens, durch Intensivierung der vielfältigen Kooperationsmöglichkeiten zwischen Völkern, Staaten und Staatengruppen sowie eine solche Stärkung der am Frieden interessierten Kräfte, daß militärische Konflikte zwischen Staaten verhindert werden können.

Die Entwicklung eines „materialistischen Friedensbegriffes", der den sozialen Inhalt des Friedens erfaßt und den Frieden als historische Kategorie anerkennt, verlangt die Einbeziehung und Wertung aller mit dem Charakter der gegenwärtigen Epoche verbundenen Faktoren, Prozesse und Kräfte, die entscheidend sind für eine Definition des Friedens in seiner globalen Dimension und in seiner substantiellen Bedeutung für den gesellschaftlichen Fortschritt und die Existenz der Menschheit[28].

27 W. I. Lenin, Rede über den Frieden, in: Werke, Bd. 26, Berlin 1961, S. 239.

28 Vgl. W. Scheler, Die marxistisch-leninistische Philosophie und der Kampf um den Frieden, in: DZfPh, 3–4/1981, S. 335.

R. Stöhr

Zu einigen gefährlichen waffentechnischen Entwicklungen in den imperialistischen Staaten

Die Hochrüstungsprogramme der USA und anderer NATO-Staaten haben in den letzten Jahren einen derartig hohen Stand erreicht, daß sie zu einem wesentlichen friedensgefährdenden Faktor geworden sind. Noch niemals in der Geschichte der Menschheit wurden im Frieden derartig viel Mittel für militärische Zwecke ausgegeben, wie in der heutigen Zeit von den imperialistischen Staaten. Große Kapazitäten in der Forschung und in der materiellen Produktion werden für Zwecke gebunden, die nicht dem Fortschritt der Menschheit und der Erhöhung des Lebensstandards dienen. Die Notwendigkeit einer derartigen Steigerung wird selbst von Militärfachleuten in diesen Staaten bezweifelt[1].

So erklärte z. B. der ehemalige General der Bundeswehr der BRD, Gerd Bastian, in einem Interview mit der Moskauer „Literaturnaja Gaseta", daß nur durch erfolgreiche Verhandlungen eine neue gefährliche Runde des Wettrüstens verhindert werden kann. „Abrüstung und nicht Abschreckung, das ist die Forderung unserer Zeit", stellt er abschließend dazu fest.

Selbst der damalige USA-Außenminister Vance mußte Ende 1979 auf eine Anfrage antworten: „Zusammen investieren wir und unsere Verbündeten etwa 25 % mehr in die Verteidigung, als die Sowjetunion und der Warschauer Pakt"[2]. Durch die enorme Steigerung der Entwicklung und Produktion militärischer Ausrüstungen wachsen verständlicherweise die Gefahren der Ausweitung von politischen Konfliktsituationen zu militärischen Auseinandersetzungen. Die abenteuerliche Politik der USA-Regierung in den letzten Jahren und Monaten kann die mühsam errungenen Erfolge auf dem Wege zur friedlichen Koexistenz von Staaten mit unterschiedlichen Gesellschaftsordnungen beseitigen. Auf diese akuten Gefahren wies der Generalsekretär des ZK der SED und Vorsitzende des Staatsrats der DDR, Erich Honecker, schon auf dem Neujahrempfang 1981 für das Diplomatische Korps hin. Er führte auf diesem Empfang dazu aus: „... je weiter das Wettrüsten vorangetrieben wird, um so mehr entzieht es sich einer wirksamen Kontrolle, desto akuter werden die Gefahren für den Frieden. Schon jetzt ist es so, daß das Wettrüsten

1 Vgl. Nicht Abschreckung, sondern Abrüstung, in: Neues Deutschland vom 22. 1. 1981, S. 6.

2 Nach ICA-Bulletin vom 26. 10. 1979.

beginnt, die Früchte der politischen Entspannung aufzuzehren, die Anfang der siebziger Jahre begann und so günstige Auswirkungen auf das Leben der Völker, auf die Beziehungen der Staaten und die internationale Zusammenarbeit mit sich brachte."[3]

Die Gefahren für die künftige Entwicklung der Menschheit entstehen heute bereits bei der mißbräuchlichen Nutzung von Ergebnissen der naturwissenschaftlich-technischen Forschung in den imperialistischen Staaten für ihre militärischen Zwecke. Die Ausgaben für die „militärische Grundlagenforschung" wurden stärker als die allgemeinen Rüstungsausgaben dieser Staaten erhöht. Seit 1949 haben die Mitgliedsländer der NATO ca. 2,8 Billionen Dollar für die Rüstung ausgegeben[4].

Der Trend zu immer komplizierteren und kostspieligeren Waffensystemen und anderen militärischen Ausrüstungen kommt dem Profitstreben multinationaler Konzerne entgegen. Die Entwicklung von Waffen und deren Produktion sowie die Modernisierung veralteter Waffensysteme ist heute das profitabelste „Geschäft" in den westlichen Staaten.

Die Einführung neuer Waffensysteme verläuft in einem immer schneller werdenden gefährlichen Tempo. Besonders charakteristisch für die Entwicklung militärischer Kampfmittel in den letzten Jahren ist auch ihre kurzfristige und meist massenhafte Einführung in die Streitkräfte. Infolgedessen vollziehen sich bereits im Frieden grundlegende Veränderungen im gesamten Militärwesen. Durch die Entwicklung und Einführung von Raketenkernwaffen in die Ausrüstung ergab sich erstmalig die Möglichkeit des Erreichens strategischer Aufgaben mit entsprechenden Kampfmitteln[5].

Die Dimensionen von militärischen Operationen waren schon immer von der Anzahl der Kräfte und Mittel sowie den räumlichen Ausdehnungen der Kampfhandlungen abhängig. Mit der Entwicklung weitreichender Kampfmittel wurden die Einwirkungstiefen auf das gegnerische Hinterland immer bedeutender. Durch die neueren strategischen Kampfmittel gibt es auf unserer Erde keine Stelle, die nicht einer Waffenwirkung unterliegen kann.

Infolge der Entwicklung und militärischen Verwertung von Ergebnissen der Kosmosforschung sowie der Erprobung neuer komplexer Waffensysteme, die Aufklärungs-, Nachrichten- und Navigationssatelliten nutzen, ist die Einbeziehung des erdnahen Weltraumes in militärische Operationen im Falle eines Krieges wahrscheinlich. Damit wären Räume von militärischer Bedeutung, deren Ausmaße die bisherigen Ansichten über die Größenordnungen „strategischer Ope-

3 E. Honecker in: Neues Deutschland vom 13. 1. 1981, S. 3.
4 Vgl. Horizont, 47/1980, S. 26.
5 Vgl. W. D. Sokolowski, Militärstrategie, Berlin 1965, S. 257.

rationen" in einem phantastisch anmutenden Rahmen übersteigen könnten. Diese Entwicklung ist heute bereits berechenbar. Nach Veröffentlichungen im SIPRI-Jahrbuch 1977 gab es schon in den sechziger Jahren derartige waffentechnische Projekte[6].

Bei Operationen der Landstreitkräfte sollen bei zukünftigen Kriegen nach den Vorstellungen westlicher Militärs und „Kriegstheoretiker" moderne Waffensysteme genutzt werden, die den gesamten Raum der strategischen Kampfhandlungen und der strategischen Tiefe überdecken.

In den imperialistischen Staaten werden die Waffenentwicklungen nach dem bekanntgewordenen Programm in folgenden wesentlichen Richtungen vorangetrieben:

- die Erhöhung der Präzision der Waffenwirkung bzw. der Verringerung der Streuung von Punktzielwaffen (in der US-amerikanischen Literatur werden diese Kampfmittel als PGM – Precision Guided Munition – benannt);
- die Entwicklung neuerArten von flächenwirksamen Kampfmitteln (in der deutschsprachigen Literatur werden auch die Begriffe „Streuwaffen" oder „Flächenwaffen" verwendet);
- die Entwicklung abgestimmter Systeme zur Zielaufklärung, Zielauswahl, Zielzuweisung und Bekämpfung der Ziele sowie korrelierender Waffenarten (in einem ähnlichen Zusammenhang spricht man in der westlichen Militärliteratur auch von „verbundenen Waffensystemen");
- die Entwicklung automatischer oder ferngesteuerter Waffenarten, die bei einer hohen Effektivität und großer Flächenwirksamkeit zielspezifische Bekämpfungen ermöglichen (z. B. eine automatische Auffindung von Funkmeß- oder funktechnischen Anlagen mit anschließender Vernichtung des Zielobjektes).

Die hier aufgeführten Entwicklungsrichtungen sollen und können keine umfassende Charakteristik aller Programme und Forschungsarbeiten sein. Es soll dennoch versucht werden, einige Beispiele anzuführen, die diesen Tendenzen entsprechen. Auf dem Gebiet der *Punktzielwaffen* sind bereits einige Systeme praktisch erprobt und im Verlaufe des Vietnamkrieges durch US-amerikanische Streitkräfte eingesetzt worden. Man rechnet heute mit einer zehn- bis hundertmal besseren Trefferwahrscheinlichkeit bei gelenkter Munition (Bomben, Artilleriegranaten und Lenkflugkörper) als bei ungelenkter Munition, die meist ballistischen Gesetzmäßigkeiten entsprechend die Zielobjekte erreichen. Im operativ-taktischen Rahmen – und in der nächsten Zukunft auch in strategischen Entfernungsbereichen – rechnet man bei Lenkverfahren mit folgenden mittleren wahrscheinlichen Abweichungen:

6 Vgl. SIPRI-Yearbook 1977, Stockholm, S. 121.

- Laserzielzuweisung – Artilleriegranaten weniger als 3 ... 5 m
- Radarbild-Korrelation-Raketen weniger als 50 m
- Standortbestimmung von operativen Zielen mit Satelliten für Raketen weniger als 10 m[7]

Operativ-strategisch bedeutsame autonome Lenksysteme werden für die Flugkörper von General Dynamics erprobt. Dabei wird das als TERCOM (Terrain-Contour-Matching) bezeichnete Leitsystem verwendet. Die Zielabweichungen sollen bei Reichweiten bis 3 700 km mit einer 50 %igen Wahrscheinlichkeit weniger als 30 m betragen[8].

In der letzten Zeit wurde bekannt, daß für die „Tomahawk"-Version der „taktischen" Marschflugkörper geplant ist, ein Infrarot-Sensoren-System mit der Bezeichnung IRR (immaging infrared) ab etwa 1984 einzubauen, das die Fernlenkung auf bewegliche Ziele ermöglichen soll[9].

Als *flächenwirksame Kampfmittel* werden in den letzten Jahren Waffenarten und Munitionen bezeichnet, die sowohl durch ungelenkte als auch durch gelenkte Streuung zur Bekämpfung von sogenannten Gruppenzielen[10] oder typischen Flächenzielen eingesetzt werden können. Zu den flächenwirksamen Kampfmitteln rechnet man u. a.:

- Brandmittel, wie z. B. Napalmbomben;
- Splitter- oder Kugelmunition;
- Brennstoff-Luft-Waffen, wie z. B. die FAE-Kampfmittel (Fuel Air Explosives);
- Minenstreu-Munition;
- Mehrfachwerfer der verschiedensten Typen, die in den USA, der BRD und anderen NATO-Staaten entwickelt werden.

Zu ihnen zählt man selbstverständlich auch die „chemischen Waffen", deren Hauptmerkmale gerade die Flächenwirksamkeit ist. Viele „Flächenwaffen" gehören zu den Waffenarten, die „unterschiedslos wirken oder unnötige Leiden verursachen". Mit dem Verbot analoger Waffenarten beschäftigten sich mehrere Konferenzen und Beratungen der Generalversammlung der Vereinten Nationen[11]. Ent-

7 Vgl. H. Pickert, in: Soldat und Technik, 6/1980, S. 301.
8 Vgl. Österr. Milit. Zeitschrift, 1/1979, S. 49.
9 Vgl. Allgem. schweiz. Militärzeitschrift, 12/1980, S. 732.
10 Vgl. Ein Gruppenziel besteht aus mehreren Einzelzielen, z. B. einer Anzahl von Panzern oder Geschützen, die auf einer begrenzten Fläche vorhanden sind oder sich darauf bewegen. Als Flächenziele werden z. B. Lager, Eisenbahnknotenpunkte oder Ortschaften angesehen.
11 Vgl. Vereinte Nationen, Offizielles Protokoll der 33. Tagung, Beilage Nr. 44, New York 1979.

gegen diesen Bemühungen werden jedoch derartige Waffen in vielen imperialistischen Staaten entwickelt und produziert.
Nach dem Wirkungsgrad können moderne „Flächenwaffen" in den Bereich der Waffen zur Gruppen- und Massenbekämpfung eingeordnet werden. Somit sind sie ungeachtet der jeweiligen Wirkungsart Kampfmittel, die der „Grauzone" zwischen ihnen entsprechen. Bei einer weiteren Entwicklung flächenwirksamer Kampfmittel muß mit einer Einstufung in die Kategorie der Waffen zur Massenbekämpfung gerechnet werden. Damit wachsen auch die Schwierigkeiten zur eindeutigen Formulierung von Verboten neuer flächenwirksamer Kampfmittel und zur Abgrenzung des Begriffes „Massenvernichtungswaffen" von sogenannten „konventionellen Kampfmitteln".
Eine wesentliche Weiterentwicklung flächenwirksamer Waffen stellen die „splitterwirksamen Munitionsarten" dar. Diese Munitionsarten wurden nicht nur für die Vernichtung sogenannter „weicher Ziele", sondern auch für leichtgepanzerte Bekämpfungsobjekte entwickelt.
Im ersten Weltkrieg wurden Artilleriegeschosse mit vorwiegender Splitterwirkung in großem Umfang eingesetzt. Es gelang auch, durch Stabzünder eine Zerlegung in Höhen von mehreren Metern über dem Erdboden technisch zu lösen. Als eine neue und für den Nahkampf geeignete Munitionsart kamen Gewehrgranaten mit großer Splitterwirkung auf und wurden von fast allen Armeen eingesetzt. Die „Hale"-Granaten der englischen Feldarmee konnten auf eine Reichweite bis 35 ... 45 m geworfen werden und zerlegten sich in 72 Teile mit je 2,7 g. Die gesamte Masse dieser Granate betrug 650 g. In der kaiserlich-deutschen Armee wurden ähnliche Gewehrgranaten mit hoher Splitterwirkung genutzt, die bis zu einer Entfernung von 400 m verschossen werden konnten. Als Einsatzmittel wurden normale Gewehre verwendet, auf die ein besonderer Abschußtopf aufgesteckt wurde[12].
Während und besonders nach dem zweiten Weltkrieg wurden in imperialistischen Staaten große Anstrengungen unternommen, um die Wirkung der Splittermunition zu vergrößern. In den NATO-Staaten werden diese meist grausamen Waffenwirkungen mit dem Terminus „Vernichtung – weicher Ziele –" umschrieben. Als „weiche Ziele" werden Menschen und im erweiterten Sinne nichtgepanzerte oder nicht speziell geschützte Zielobjekte verstanden. Allen friedliebenden Menschen sind in diesem Zusammenhang noch die grausamen Bilder der Wirkung der sogenannten „Ananas-Bömbchen" und der „Kugelbomben" in Erinnerung, die von den US-amerikanischen Bombenflugzeugen gegen die Bevölkerung Vietnams einge-

12 Vgl. Waffen, Sprengstoffe und Munition, 1/1916, S. 3.

setzt wurden. Die „Ananas"-Cluster enthalten etwa 400 „Bömbchen", die durch Preßluft oder den Luftstrom beim Fluge ausgestoßen werden. Jede 2-pound-Bombe enthält selbst wiederum 200 ... 300 Stahlkugeln mit je 6,3 mm Durchmesser. Die Stahlkugeln sollen in einem Umkreis von 10 ... 15 m bei ungeschützten Menschen schwere bis tödliche Wirkungen hervorrufen.
Sehr große Flächenwirkungen wurden durch die Anwendungen von „Kugelbomben" durch die USA-Streitkräfte in Vietnam erreicht. Jede Kugelbombe, die etwa apfelsinengroß ist, hat einen Vernichtungsradius bis zu etwa 25 m. Damit ergibt sich eine Gesamtflächenwirkung von minimal ca. 250×1000 m[13].
Bei Verwendung nichtmetallischer Splitterfragmente und mineralischer Sinterelemente zur Vergrößerung der Flächenwirkung der Splitter läßt sich die Gesamtwirkung auf ungeschützte Menschen noch weiter steigern. Damit könnten Wirkungen auf die Zivilbevölkerung und „unterschiedslos" auch gegen Kinder, Verwundete und andere „Nichtkombattanten" erreicht werden, die auch bei Berücksichtigung sogenannter „militärischer Kampfnotwendigkeiten" als völlig sinnlos beurteilt werden müssen. Diese Waffenwirkungen verstoßen selbst gegen die primitivsten Vorstellungen „humaner Kriegführung", wie sie in internationalen Vereinbarungen zu den Regeln der Führung bewaffneter Auseinandersetzungen enthalten sind. In den USA-Streitkräften wurden auch Waffensysteme für Hubschrauber entwikkelt und in die Ausrüstung aufgenommen, die sowohl zur Bekämpfung gepanzerter, wie auch „weicher Ziele" dienen. Als ein Beispiel soll hier nur der Raketenstartbehälter XM-159 angeführt werden, der mit Splittermunition gefüllt werden kann[14].
Eine flächenwirksame Version der sogenannten „Mehrzweckwaffe 1" wird unter Aufsicht und direkter Auftragserteilung durch das Bundesverteidigungsministerium der BRD vom Rüstungskonzern MBB (Messerschmitt-Bölkow-Blohm) erprobt. Sie soll für das Jagdbombenflugzeug MRCA „Tornado" und andere Flugzeugtypen der NATO produziert werden. Diese „Flächenfeuerwaffe" ist nach dem „cluster"-Prinzip konstruiert und enthält vier Teilsegmente mit insgesamt 224 Rohren, die mit multiwirksamer Submunition gefüllt werden. Beim Einsatz dieser Waffe soll ein 500 m breiter und 2500 m langer Streifen mit ca. 4000 Wirkkörpern bekämpft werden[15]. Die Verteilung der „Submunition" auf die Länge des zu bekämpfenden Streifens ist vom Piloten einstellbar. Flächenwirksame Kampfmittel sind auch die modernen Splitterbomben. Von den USA-Luftstreitkräften wurden sie schon im zweiten Weltkrieg eingesetzt.

13 Vgl. Autorenkollektiv, Schutz vor Massenvernichtungsmitteln, Berlin 1976, S. 162.
14 Vgl. H.-J. Bamberg, in: Militärtechnik, 5/1974, S. 234.
15 Vgl. H. Pickert, in: Soldat und Technik, 6/1980, S. 303.

Die Reichweite der Splitter ist von der Detonationshöhe abhängig. Sie liegt etwa bei 100 m und bei neueren Modellen bis zu 150 m.
Über große Flächenwirksamkeiten verfügen die erst nach dem zweiten Weltkrieg entwickelten und angewendeten Brennstoff-Luft-Waffen. Diese in den USA als FAE-Waffen (Fuel Air Explosive) bezeichneten Kampfmittelsysteme wurden bereits von den US-Luftstreitkräften in Vietnam eingesetzt. Zur Zerstörung werden Brennstoff-Luft-Explosionsgemische genutzt, die aus den Einsatzmitteln freigesetzt und danach gezündet werden. Als Brennstoffe werden nach den bekanntgewordenen Einzelheiten Propan, Äthylenoxid, Diboran und andere Kohlenwasserstoffverbindungen verwendet. Auch Methan oder Dimethylhydrazin wurden bereits für derartige Waffensysteme erprobt. Beim Einsatz moderner Waffenkonstruktionen sollen Überdrücke von 50 ... 60 kp/cm^2 in den mit mehr als 2000 m/s anlaufenden Druckwellenfronten gemessen worden sein. Trifft die Druckwelle einer Detonation auf die Erdoberfläche oder ein dichteres Medium, dann entsteht ein Reflektionsdruck, ähnlich wie bei einer Kernwaffendetonation, der das Doppelte bis zum Achtfachen des Überdrucks der einfallenden Druckwelle erreichen kann. Bereits mit der in den Jahren 1969/70 vom US-Marinekorps erprobten „FAE-Bündelbombe CBU-55B" wurden Flächenwirkungen über mehrere Hektar erreicht. Weder Geländeformen noch einfache Schutzbauten sollen die Wirkung dieser Waffen wesentlich einschränken.
Es unterliegt keinem Zweifel, daß diese gefährlichen Entwicklungen zur Einführung weiterer Generationen von „unterschiedslos" wirkenden Waffenarten führen und damit auch weitere Verhandlungen auf dem Gebiete der Abrüstung erschweren.
Zu den flächenwirksamen Waffenarten müssen auch die neueren Minentypen und die sogenannten „Streuminen" gerechnet werden. Nach dem zweiten Weltkrieg sah es auf dem Gebiete der Minenentwicklung so aus, als wäre eine gewisse Entwicklungsgrenze erreicht. In den letzten Jahren wurden neue Minentypen, neuartige Verlegesysteme und vermutlich auch wirksamere Sprengstoffe bekannt, die zu einer neuen Dimension im Minenkampf führen. In den USA wurden Minen für das Verlegen aus der Luft, z. B. mit Hubschraubern, und in den europäischen NATO-Staaten zur Verlegung mit Rohrartilleriewaffen und Mehrfachwerfern in die Ausrüstung der Truppen eingeführt. Der amerikanische Streubehälter SUU-13 enthält 40 Tochtersegmente mit je zwei Minen des Typs M-56. Der Sprengstoff dieser Mine mit einem Anteil von 1,35 kg soll die gleiche Wirkung entfalten, wie 9,07 kg des in der älteren Mine M-15 enthaltenen Sprengstoffes. Das Abwerfen der Minen erfolgt aus dem Streubehälter, und die Verteilung wird über ein Kontrollpult gesteuert, welches von der Hubschrauberbesatzung be-

dient wird. Ein Hubschrauber UH-1H kann zwei Behälter tragen. Man rechnet, daß sich durch dieses Einsatzverfahren die Zeit zur Verlegung von Minen erheblich verkürzt[16].

Hochwirksame Minen und andere „Flächenmunition" sollen auch durch Mehrfachwerfer oder durch die Rohrartillerie zum Einsatz gebracht werden. Der sich in der Abschlußphase der Erprobung befindende Werfer MLRS (Multiple Launch Rocket System) der Firma Boeing ist ein Beispiel für derartige Waffensysteme mit größerer Reichweite. Diese und ähnliche Werfer sollen in die Armeekorps der USA-Landstreitkräfte und anderer NATO-Staaten eingeführt werden. Das ursprünglich gestellte Ziel, Mehrfachwerfer mit einer Reichweite von mehr als 40 ... 60 km zu entwickeln, ist vermutlich noch nicht erreicht worden. Die Erprobungen sollen jedoch die prinzipielle Einsatzfähigkeit „mittlerer Mehrfachwerfer" gezeigt haben. Für die Mehrfachwerfer der USA-Streitkräfte werden umfangreiche „Munitionsfamilien" entwickelt. Sie sollen die unterschiedlichsten Aufgaben zur Bekämpfung von Zielen erfüllen. Wie aus den westlichen Veröffentlichungen zu entnehmen ist, werden für diese Waffensysteme neben Spreng-, Splitter-, Minenverlege-, Brand- und anderen Munitionsarten auch Einsatzmittel für chemische Kampfstoffe vorbereitet. Eine derartige Munitionsvariante wird mit der Bezeichnung „Chemofeuerkopf" umschrieben[17].

Die Entwicklung neuer Punktziel- und Flächenwaffen erfordert auch die Weiterentwicklung der Führungsmittel. In den hochentwickelten Armeen wurde eine neue Generation von Zielaufklärungs-, Zielzuweisungs- und Lagedarstellungssystemen eingeführt. Die früheren Methoden der Verwendung von optischen Aufklärungsgeräten sind weitgehend durch automatisierbare funk- und funktechnische Aufklärungsmittel ersetzt worden. Zur Zielzuweisung dienen mehr und mehr laseroptische Verfahren und sogenannte „Punktzielmarkierungen". Auch ist die Ausnutzung kosmischer Navigations- und Zielerkennungsmittel in den Bereich der taktischen Anwendung vorangeschritten. Auf modern ausgerüsteten Gefechtsständen der Landstreitkräfte sind automatische Lagedarstellungsgeräte und komplexe computergestützte Führungshilfsmittel keine Seltenheit mehr. Damit können die militärischen Führungsprozesse wesentlich beschleunigt werden. Erst eine teilautomatisierte Führung der Truppen und der Waffensysteme läßt eine volle Ausnutzung der Wirkungsmöglichkeiten moderner Waffen zu[18].

Die Entwicklung derartig komplexer Systeme ist sehr kosten- und mittelaufwendig. In den imperialistischen Staaten werden Milliar-

16 Vgl. Militärtechnik, 6/1977, S. 281.
17 Vgl. Internationale Wehrrevue, 1/1978, S. 87.
18 Vgl. H.-G. Salomo, in: Militärtechnik, 5/1981, S. 263.

denbeträge von Profit von den Rüstungskonzernen damit verdient. Von diesen Konzernen, ihrem Profitstreben und dem unheilvollen Wirken des militärisch-industriellen Komplexes in den USA und anderen imperialistischen Staaten geht eine Gefahr für die Menschheit aus, die nicht unterschätzt werden darf. Im Bestreben, einen Maximalprofit zu erreichen, werden von diesen Kräften alle moralischen und humanen Bedenken gegen die Hochrüstung über Bord geworfen.

Es ist eine der Hauptaufgaben der Friedensbewegung in der gesamten Welt, im Kampf um die Abrüstung und zum dauerhaften Erhalt des Friedens dem friedensgefährdenden Treiben der Rüstungskonzerne Einhalt zu gebieten und den Einfluß des militärisch-industriellen Komplexes zu verringern. Erst damit können dauerhafte und wirksame Schritte zur Abrüstung und zur friedlichen Koexistenz von Staaten unterschiedlicher Gesellschaftsordnung erreicht werden. Die Bedeutung dieses Kampfes unterstrich der Generalsekretär des ZK der KPdSU in Antworten zu Fragen des Hamburger Nachrichtenmagazins „Der Spiegel" mit den Worten: „Es darf nicht zugelassen werden, daß die Potenzen der Wissenschaft und Technik im Rüstungsbereich die Potenzen im Bereich der Kontrolle der Rüstungsbegrenzung und -reduzierung überholen. Das bedeutet, daß eine Vereinbarung darüber schon heute notwendig ist. Sie ist notwendig, um das Rüstungsfließband stillzulegen und die Rüstungsreduzierung unter zuverlässige Kontrolle im Interesse der Sicherheit aller Völker zu gewährleisten"[19].

19 In: Neues Deutschland vom 3. 11. 1981, S. 6.

M. M. Schneider

Neue Massenvernichtungswaffen – eine drohende Gefahr des qualitativen Wettrüstens

In der Auseinandersetzung zwischen dem sozialistischen und dem kapitalistischen Weltsystem spielt der wissenschaftlich-technische Fortschritt auf allen Gebieten des gesellschaftlichen Lebens eine bedeutende Rolle. Das trifft besonders auch auf den militärischen Bereich zu. Neue wissenschaftliche Entdeckungen und Forschungsergebnisse werden für die Vervollkommnung bekannter Waffen und Waffensysteme genutzt. Darüber hinaus können auf der Grundlage entscheidender wissenschaftlich-technischer und technologischer Erkenntnisse neuartige Waffen und Waffensysteme entwickelt und für die Streitkräfte bereitgestellt werden. Die Konsequenzen eines bedeutenden Qualitätssprunges in der militärischen Technik, speziell in der Waffentechnik, können für das annähernde militärische Gleichgewicht zwischen den entgegengesetzten Militärkoalitionen weitreichend sein. Insbesondere das Auftauchen neuer Arten von Massenvernichtungswaffen könnte das bestehende Kräftegleichgewicht destabilisieren, die Illusion abenteuerlicher imperialistischer Kreise über die Möglichkeit militärischer Vorherrschaft nähren und ihre Versuchung zu einer bewaffneten Auseinandersetzung mit den Staaten der sozialistischen Gemeinschaft erhöhen.
Leonid Iljitsch Breshnew hat in seiner Rede auf dem XXVI. Parteitag der KPdSU am 23. Februar 1981 auf die raschen und tiefgreifenden Veränderungen in der Entwicklung der Militärtechnik hingewiesen: „Qualitativ neue Waffen werden entwickelt, in erster Linie Massenvernichtungswaffen; solche Waffenarten, die ihre Überwachung und folglich auch ihre abgestimmte Begrenzung außerordentlich schwierig, wenn nicht gar unmöglich machen können. Eine neue Etappe des Wettrüstens untergräbt die internationale Stabilität und verstärkt die Kriegsgefahr beträchtlich."[1]
Wie aus der Deklaration der Teilnehmerstaaten des Warschauer Vertrages vom 15. Mai 1980 hervorgeht, haben praktische Maßnahmen zur Kernwaffenabrüstung, zum vollständigen und allgemeinen Verbot der Kernwaffenversuche sowie zum Verbot der chemischen Waffen im Ringen um echte Fortschritte zur Rüstungsbegrenzung und

1 Rechenschaftsbericht des ZK der KPdSU und die nächsten Aufgaben der Partei in der Innen- und Außenpolitik, XXVI. Parteitag der KPdSU, Berichterstatter: L. I. Breshnew, Berlin 1981, S. 36 f.

Abrüstung unverändert hohe Priorität[2]. Aber andere gefährliche Waffen existieren oder sind im Entstehen begriffen. Sie nicht zuzulassen ist eine weitere wichtige Aufgabe. Erich Honecker bekräftigte die Entschlossenheit der DDR, ihren Beitrag zu leisten, daß die politische Entspannung durch die militärische ergänzt wird, und führte aus: „Wie wir meinen, gibt es keine Waffenarten, über deren Begrenzung und Reduzierung man sich nicht verständigen könnte, wenn man auf der Grundlage der Gegenseitigkeit, unter strikter Einhaltung der Prinzipien der Gleichheit und der gleichen Sicherheit an die Dinge herangeht."[3]

Es ist erfahrungsgemäß leichter, neuartige Waffen und Waffensysteme zu verbieten, bevor sie entwickelt werden, als dann, wenn sie für die Streitkräfte potentiell bereitstehen oder in deren Arsenale schon eingeführt sind. Folglich muß man alles tun, solche gefährlichen Entwicklungen, die aus dem wissenschaftlich-technischen Fortschritt hervorgehen könnten, bereits in ihren Anfängen und grundsätzlich zu verhindern.

Bereits 1975 hatte die XXX. UN-Vollversammlung mit überwältigender Mehrheit den sowjetischen Entwurf für ein Abkommen über das Verbot der Entwicklung und Produktion neuer Arten von Massenvernichtungswaffen und neuer Systeme solcher Waffen verabschiedet. Die Zuversicht, daß im Genfer Abrüstungsausschuß bald eine Übereinkunft über einen allseitig annehmbaren Vertragstext erzielt werden könnte, erfüllte sich jedoch nicht. Die scheinbare Verhandlungsbereitschaft der imperialistischen Staaten entpuppte sich bald als eine destruktive Hinhaltetechnik. Sie verzögerten die Behandlung des gesamten Problems und bezeichneten sie offen als verfrüht. Sie erklärten, es wäre nicht ersichtlich, welche Waffen die UdSSR eigentlich meinte, und bezeichneten den Umfang des vorgeschlagenen Abkommens als unklar. Von ihnen wurde die Notwendigkeit und Durchführbarkeit eines präventiven Verbots neuer Arten und Systeme von Massenvernichtungswaffen geradewegs bestritten. Ein solches Verbot sei nicht verifizierbar und gefährde die Freiheit der wissenschaftlichen Forschung. Für eine Reihe von Beispielen, welche von Experten aus der UdSSR und anderen sozialistischen Staaten in den weiteren Beratungen des Genfer Abrüstungsausschusses als potentielle Richtungen der Entwicklung von Massenvernichtungswaffen erläutert worden waren, stellten Vertreter westlicher Staaten ohne stichhaltige Argumente den Wirkungscharakter einer Massenvernichtung in Abrede.

Seit 1976 konnten keine wesentlichen Fortschritte beim Erarbeiten eines umfassenden präventiven Verbots der Entwicklung und Pro-

2 Neues Deutschland vom 16. 5. 1980, S. 4.
3 Ebenda, vom 13. 1. 1981, S. 1.

duktion neuer Arten und Systeme von Massenvernichtungswaffen erzielt werden. Eine Ausnahme bilden die radiologischen Waffen. Über das Verbot der Entwicklung, Herstellung, Lagerung und Anwendung dieser neuen Art von Massenvernichtungswaffen haben zwischen der UdSSR und den USA seit 1977 zweiseitige Verhandlungen stattgefunden. Als deren Ergebnis wurden 1979 die Hauptelemente eines Abkommens vorgelegt und im Genfer Abrüstungsausschuß beraten[4]. Ein solches Verbot steht noch immer aus. Es wäre ein wirksamer Teilschritt zur Lösung des Gesamtproblems, neue Arten von Massenvernichtungswaffen aus den Entwicklungslaboratorien und Fertigungsstätten zu verbannen. Weitere solche Teilschritte könnten folgen, wenn sich entsprechende Möglichkeiten bieten.
Eine Anzahl westlicher Staaten möchte mit unterschiedlichen Begründungen ein präventives Gesamtverbot der Entwicklung und Produktion neuer Arten von Massenvernichtungswaffen durch weitere ähnliche Teilabkommen ersetzen, die zu gegebener Zeit – wenn sich spezielle Entwicklungsrichtungen für neue Massenvernichtungswaffen erkennen lassen – vereinbart werden könnten. Hinter einer solchen Verfahrensweise ist die reale Gefahr verborgen, daß die führenden NATO-Staaten im Rahmen eines verstärkten qualitativen Wettrüstens die Möglichkeit erhalten, durch neue Entwicklungen auf den verschiedensten Gebieten der wissenschaftlichen Forschung sowohl bestehende internationale Vereinbarungen zur Rüstungsbegrenzung und Abrüstung als auch solche, um deren Abschluß gerungen wird, zu unterlaufen.
Bei den Beratungen im Genfer Abrüstungsausschuß haben die UdSSR und die sozialistischen Staaten immer wieder im unbeirrbaren Streben, zu einer allseitig annehmbaren Übereinkunft zu gelangen, ihre konstruktive Haltung bewiesen. 1977 hat die UdSSR ihre Vorstellungen über einen Vertragsentwurf zum Verbot der Entwicklung und Produktion neuer Arten von Massenvernichtungswaffen konkretisiert[5]. Sie berücksichtigte die Haltung der imperialistischen und nichtpaktgebundenen Staaten in den vorausgegangenen Beratungen sowie auch eine Reihe substantieller Vorschläge zu dem ursprünglichen sowjetischen Entwurf. Bereits kurze Zeit danach war aber am Ausbleiben ihrer Mitarbeit in den Beratungen deutlich sichtbar, daß die imperialistischen Staaten nicht daran interessiert waren, das Problem zu lösen. Schon in der Sommersession 1978 des Genfer Abrüstungsausschusses enthielten sich die Vertreter der westlichen Staaten in den Diskussionen über das präventive Verbot neuer Arten und

4 CD/31 u. CD/32 vom 10. 7. 1979. – CCD bzw. CD kennzeichnen offizielle Dokumente des Genfer Abrüstungsausschusses (Conference of the Committee on Disarmament bzw. seit 1979 Committee on Disarmament).
5 Dokumente zur Abrüstung 1917–1976, Berlin 1978, S. 422–426.

Systeme von Massenvernichtungswaffen aller substantiellen Stellungnahmen. Um sachbezogene Erörterungen zu erleichtern, schlugen die sozialistischen Staaten vor, einer internationalen Gruppe wissenschaftlicher Experten die Aufgabe zu übertragen, die möglichen Gebiete zu untersuchen, auf denen neuartige Massenvernichtungswaffen entstehen könnten. Aber nicht einmal zur Bildung einer solchen Gruppe ihre Zustimmung zu geben waren einige Vertreter westlicher Staaten im Genfer Abrüstungsausschuß in der Sommersession 1981 bereit. Nach wie vor steht die Frage jedoch auf der Tagesordnung dieses wichtigsten multilateralen Gremiums für Verhandlungen zur Rüstungsbegrenzung und Abrüstung. Unter Beachtung der bestehenden Prioritäten in den Abrüstungsverhandlungen verdient der Kampf um das Verbot neuartiger Massenvernichtungswaffen wegen seiner grundsätzlichen und perspektivischen Bedeutung auch weiterhin das volle Engagement. Ihn erfolgreich zu führen, erfordert Geduld, Ausdauer und Entschlossenheit.

Neben der völkerrechtlichen und militärwissenschaftlichen Seite hat das Problem einen bedeutenden naturwissenschaftlichen Aspekt. Der erweiterte sowjetische Vertragsentwurf vom 9. August 1977[6] bestimmt den Begriff „neue Arten und Systeme von Massenvernichtungswaffen" wie folgt: „Waffen, die in der Zukunft entwickelt werden könnten

entweder auf der Basis von heute bekannten wissenschaftlichen und technischen Prinzipien, die aber weder einzeln noch gemeinsam für die Entwicklung von Massenvernichtungswaffen genutzt wurden oder auf der Basis von wissenschaftlichen und technischen Prinzipien, die in der Zukunft entdeckt werden könnten,

und deren Eigenschaften bezüglich der zerstörenden und schädigenden Wirksamkeit

denen der bekannten Arten von Massenvernichtungswaffen gleichkommen

oder sie übertreffen."

Diese Begriffsbestimmung schließt sich eng an eine Formulierung an, die 1948 in der seinerzeitigen UN-Kommission für konventionelle Rüstungen breite Zustimmung gefunden hat und die besagt: „Massenvernichtungswaffen sollten so definiert werden, daß sie atomare Explosivwaffen, radiologische Waffen, tödliche chemische und biologische Waffen und alle Waffen einschließen, die in der Zukunft entwickelt werden und die Eigenschaften haben, die in ihrer Zerstörungswirkung jenen der Atombombe oder anderer oben erwähnter Waffen vergleichbar sind."[7]

Wesentliche Gesichtspunkte der neuen Begriffsbestimmung – die

6 Ebenda.

7 The United Nations and disarmament 1945–1970, New York 1970, S. 28.

den wissenschaftlich-technischen Fortschritt der vergangenen drei Jahrzehnte und seine Fortsetzung in der Zukunft implizit berücksichtigt – sind die klaren Aussagen zur Neuheit der zugrunde liegenden wissenschaftlichen und technischen Prinzipien sowie zu den Eigenschaften der betreffenden Waffe im Vergleich zu den bekannten Arten von Massenvernichtungswaffen. Damit wird die Absicht der sowjetischen Initiative deutlich: es geht darum, einmal die Weiterentwicklung der existierenden Arten von Massenvernichtungswaffen, der ABC-Waffen, im Rahmen bestehender Abkommen und laufender Verhandlungen zu deren Verbot zu erfassen, und zum anderen ein präventives Verbot für die Entwicklung und Produktion von Massenvernichtungswaffen zu erreichen, welche auf Wirkprinzipien beruhen, die bisher militärisch nicht genutzt wurden. Gefährliche Waffenentwicklungen, die aus dem wissenschaftlich-technischen Fortschritt hervorgehen könnten, sollen bereits in ihren Anfängen und grundsätzlich verhindert werden. Damit wäre dem Ausweiten des qualitativen Wettrüstens in neue unkonventionelle Gebiete eine Schranke gesetzt.

Für das Verständnis der internationalen Diskussion ist noch ein weiterer Aspekt der Begriffsbestimmung wichtig. Diese schließt – über die zerstörende Wirkung der Waffe hinausgehend – auch die schädigende Wirkung ein. Damit umfaßt der Begriff der (Massen)-Vernichtung – in bezug auf biologische Ziele – außer dem Töten auch das Verletzen in einem weiten Sinn; denn militärisch relevant ist u. a. auch eine lang andauernde Beeinträchtigung der physischen und psychischen Leistungsfähigkeit, z. B. der Verteidigungsfähigkeit.

Man kann deshalb unter neuen Arten von Massenvernichtungswaffen solche verstehen, deren Gebrauch infolge ihrer gefährdenden Wirkungen auf die Menschen zur Massenvernichtung militärischen Personals und der zivilen Bevölkerung wie auch militärischer und ziviler Einrichtungen führt, und das sowohl innerhalb als auch außerhalb des Einsatzgebietes, sowohl zur Zeit ihres Einsatzes als auch unter Umständen noch lange danach.

Dem erweiterten Verständnis des Begriffs einer neuen Massenvernichtungswaffe liegt die Analyse der potentiellen Wirkprinzipien von Waffen (einschließlich existierender Massenvernichtungswaffen) zugrunde, wie sie die UdSSR bereits 1976 im Genfer Abrüstungsausschuß vorgelegt hat (Tab. 1). Die Klassifikationskriterien umfassen das Mittel zum Erzielen der Wirkung (physikalisch, chemisch, biologisch), das Ziel der Wirkung (Mensch, natürliche und technische Umwelt) sowie die Art und Weise der Wirkung (Zerstören, Töten, Schädigen). Es handelt sich immer dann um eine *neue* Art von Massenvernichtungswaffen, wenn wenigstens eines der genannten Kriterien neu ist.

Tabelle 1

Klassifizierung der Wirkprinzipien von Massenvernichtungswaffen[8]

Mittel zum Erzielen der Wirkung

physikalisch

- direkte Explosionswirkung
- elastische Wellen: Stoßwellen, akustische Wellen
- elektromagnetische Strahlung
  - nichtionisierend: Funkwellen, Licht-, Infrarotstrahlung
  - ionisierend: Mikrowellen, Röntgen-, Gammastrahlung
- Partikelstrahlung: geladen, ungeladen

chemisch

- ins Zielgebiet beförderte toxische Mittel (traditionell)
- toxische Wirkung durch Kombination ins Zielgebiet beförderter nicht- oder geringtoxischer Komponenten (Binärprinzip)
- Bildung toxischer Stoffe im Zielgebiet aus nichttoxischen Komponenten

biologisch

- Mikroorganismen

kombiniert

- physikalisch – chemisch – biologisch

Ziel der Wirkung

Mensch

- Körperflüssigkeit, Gewebe, Zellen, Organe
- Regulations-, Reproduktionssysteme
- genetisches System
- biologische Abwehrsysteme
- Verhalten

natürliche Umwelt

- edaphische Elemente: Boden, Gewässer
- biotische Elemente: Pflanzen, Tierwelt (Vieh)
- Erde: Atmosphäre (Ozonosphäre, Troposphäre), Hydrosphäre, Lithosphäre
- geophysikalische Felder: magnetisch, elektrisch, Schwerefeld
- erdnaher Raum: Strahlungsgürtel

technische Umwelt

- lebenswichtige Einrichtungen, Versorgungsnetze

Art und Weise der Wirkung

Massenvernichtung von Menschen, Tieren, Pflanzenwuchs

Degeneration und Ausrottung

irreversibler oder temporärer Verlust menschlicher Fähigkeiten, Fehlfunktionen

selektive Wirkung auf ethnische Gruppen

Zerstören und Lahmlegen lebenswichtiger Einrichtungen und Versorgungszentren

---

8 CCD/514 vom 10. 8. 1976.

Ebenso wie der Entwurf einer Begriffsbestimmung stießen die Klassifikationskriterien auf den Widerstand der imperialistischen Staaten. Diese beharrten darauf, durch die Formulierung der UN von 1948 wären alle möglichen Arten von Massenvernichtungswaffen erfaßt, und andere neuartige Waffen könnten daher nicht als solche eingestuft werden.

In der einschlägigen Literatur und in Pressemitteilungen sind potentielle Entwicklungsrichtungen für neue Arten von Massenvernichtungswaffen mehr oder minder ausführlich behandelt worden. Darüber hinaus gibt es einige Hinweise in den offiziellen Materialien des Genfer Abrüstungsausschusses. Solche Angaben sind in Tabelle 2 mit kurzen Kommentaren zusammengestellt. Vorstellungen über Weiterentwicklungen bekannter Arten von Massenvernichtungswaffen sind der Vollständigkeit halber soweit berücksichtigt, wie in der internationalen Diskussion darauf Bezug genommen wurde. Die Realisierbarkeit solcher Waffen ist sehr unterschiedlich. In einigen Fällen ist sie wissenschaftlich-technisch grundsätzlich vorhanden; andere Waffen sind gegenwärtig als hypothetisch oder utopisch zu bezeichnen. Jedes der genannten Beispiele bedarf im Grunde genommen einer näheren Betrachtung.

Tabelle 2

Mögliche Entwicklungsrichtungen für neue Arten von Massenvernichtungswaffen

---

physikalisches Wirkprinzip

Radioaktivität[9]

ionisierende Strahlung durch Zerfall radioaktiver Stoffe, die nicht durch eine Kernexplosion erzeugt wurden
Einsatz gegen biologische Ziele: „radiologische Waffen"
als Massenvernichtungswaffe anerkannt
Verhandlungen im CD zum Verbot
prinzipiell realisierbar

Partikelstrahlung[10]

gerichteter Strom elektrisch geladener oder neutraler Teilchen
Einsatz gegen biologische und technische Ziele:
„Beschleunigerwaffen", „particle beam weapons",

9 CD/31 und CD/32 vom 10. 7. 1979; CD/35 vom 10. 7. 1979.

10 CD/35 vom 10. 7. 1979; vgl. auch B. L. Thompson, „Directed Energy" Weapons and the Strategic Balance, Orbis, Philadelphia, 3/1979, S. 697–709; K. Tsipis, Directed Energy Weapons. Feasibility, Effectiveness, Desirability, IFRI-Colloquium Science and Disarmament, Paris 15.–17. 1. 1981; D. O. A. Wolf/H. Hoose, Die militärische Nutzung des Weltraums – Teil II, in: Europäische Wehrkunde, 5/1980, S. 244.

im erweiterten Sinne „Strahlenwaffen", „directed energy weapons" realisierbar vor 1990

Stationierung auf Satelliten wäre Verstoß gegen Weltraumvertrag, falls zur Massenvernichtung bestimmt

realisierbar nach 1990

von imperialistischen Staaten als potentielle Massenvernichtungswaffe nicht anerkannt[11]

Infraschall[12]

Resonanzerscheinungen im menschlichen Körper im Frequenzbereich unterhalb 16 Hz

mechanische, physikalische, neurochemische Wirkung: Verhaltensstörungen, Organstörungen, Schmerzen

von imperialistischen Staaten als potentielle Massenvernichtungswaffe nicht anerkannt

keine Angaben zur Realisierbarkeit

elektromagnetische Strahlung[13]

ionisierende Strahlung, insbesondere Mikrowellen, mit Wirkung auf biologische Objekte vergleichbar mit der von Kernexplosionen, dies wird von imperialistischen Staaten bisher in Abrede gestellt

gerichtete Energieübertragung 1985 realisierbar

nichtionisierende Strahlung mit Wirkung auf Bioströme im Frequenzbereich $< 1 \ldots 35$ Hz[14]

Funktions- und Verhaltensstörungen

mit ABC-Waffen vergleichbare Wirkung wird von imperialistischen Staaten in Abrede gestellt

keine Angaben zur Realisierbarkeit

spez. Laser[15]

Übertragung von Hochenergieimpulsen

11 H. Feigl, Laser- und Teilchenstrahlen als Zukunftswaffen, in: Europa-Archiv, Folge 5/1981, S. 149–160; J. Parmentola/K. Tsipis, Particle Beam Weapons, Sci. American 4/1979, S. 38–49; B. Schwarz, Entwicklung von Strahlenwaffen in der UdSSR und den USA, Funkschau, 25/1977, S. 1163 ff.

12 CCD/575 vom 14. 8. 1978; CD/35 vom 10. 7. 1979; vgl. auch M. A. Mil'štejn/L. S. Semejko, SŠA; vopros o novych vidach oružija massogo uničtoženija, SŠA – ėkonomika, politika, ideologija 5/1976, S. 25–35; SIPRI, Antipersonnel Weapons, London 1978, S. 203–208.

13 CD/35 vom 10. 7. 1979; SIPRI, Antipersonnel Weapons, a. a. O., S. 203–208.

14 G. J. F. Mac Donald, Wie man die Umwelt zerstören kann, in: Eskalation der neuen Waffen – Friede oder Untergang, München/Wien/Basel 1969, S. 208; K. Tsipis, Directed Energy Weapons . . ., IFRI-Colloquium Science and Disarmament, a. a. O.

15 J. W. Canan, The Superwarriors, New York 1975, S. 2; H. Feigl, Laser- und Teilchenstrahlen als Zukunftswaffen, in: Europa-Archiv,

Einsatz gegen technische und biologische Ziele
Röntgen- und Gamma-Laser vor 2000 realisierbar[16]
Stationierung auf Satelliten wäre Verstoß gegen Weltraumvertrag, falls zur Massenvernichtung bestimmt
wird im CD nicht als Massenvernichtungswaffe behandelt

Kernspaltung[17]
Verwendung von Transuraniumelementen (z. B. Cf)
Reduzierung der kritischen Masse
einzuordnen als Weiterentwicklung von Kernwaffen, Verbot fällt unter entsprechende Abkommen
vor 1990 realisierbar

Kernfusion[18]
„Superbombe" 1000 Mt TNT-Äquivalent, Flächenvernichtung rund 50 000 km² bei Zündung in 150 km Höhe
keine Diskussion bekannt
vor 1990 realisierbar

Antimaterie[19]
völlige Zerstrahlung, Freisetzung hoher Energiebeträge
einzuordnen als Weiterentwicklung von Kernwaffen
hypothetisch

Gravitation[20]
Veränderung des Gravitationsfeldes der Erde als Ziel einer militärischen Einwirkung
keine wissenschaftlichen Grundlagen für militärische Anwendungsmöglichkeiten von Gravitation und Antigravitation

Ultraschall[21]
thermische und mechanische Wirkung mechanischer Schwingungen $>$100 kHz auf das Körpergewebe
Auswirkungen können letal sein
wird im CD nicht als Massenvernichtungswaffe behandelt
keine Angaben zur Realisierbarkeit

Folge 5/1981, S. 149–160; SIPRI, Antipersonnel Weapons, a. a. O., S. 203–208.
16 F. Handlos/H. Hora/K. Oettle, Laser als Waffe, in: Wehrkunde, 2/1975, S. 77–82; M. A. Mil'štein/L. S. Semejko, SŠA i vopros o novych vidach oružija massago uničtoženija, a. a. O. S. 25–35; Winkelmann, W., Laser als Waffe, in: Wehrkunde 10/1975, S. 518–521.
17 Christian Science Monitor vom 19. 6. 1975.
18 H. Kahn/B. Bruce-Briggs, Things to Come. Thinking about the 70' and 80', New York 1972, S. 202.
19 Christian Science Monitor vom 19. 6. 1975; vgl. auch M. A. Mil'štejn/L. S. Semejko, SŠA i vopros o novych vidach oružija massogo uničtoženija, a. a. O., S. 25–35.
20 CCD/514 vom 10. 8. 1976.
21 Franek, persönliche Mitteilung 1977.

Umweltbeeinflussung[22]
„geophysikalische Waffe": vorsätzliche Manipulation der Dynamik, Zusammensetzung oder Struktur der Erde einschließlich ihrer Lebewesen, Lithosphäre, Hydrosphäre, Atmosphäre und des Weltraumes
z. B. „Ozonwaffe": Zerstörung der Ozonschicht, welche die Intensität der einfallenden UV-Strahlung reduziert
Anwendung, aber nicht Entwicklung von Methoden fällt unter die Umweltkonvention[23]

chemisches Wirkprinzip

Binärprinzip[24]
Bildung toxischer Stoffe im Zielgebiet aus getrennt dorthin beförderten geringtoxischen Komponenten
anwendbar auf wenig stabile toxische Stoffe
durch Verbot chemischer Waffen zu erfassen, da Weiterentwicklung der chemischen Waffen
realisierbar

Langzeiteffekt[25]
langsam wirkend, unter Umständen letal
durch Verbot chemischer Waffen zu erfassen
realisierbar

Verwandlung nichttoxischer Stoffe[26]
Einwirkung auf chemische Komponenten am Zielort zur Bildung toxischer Stoffe, z. B. O_3, NO_X
keine Diskussion bekannt
hypothetisch

spez. Brennstoff-Luft-Gemisch[27]
FAE, FAX (fuel-air explosive)
explosionsartige Reaktion eines Aerosols mit dem Luftsauerstoff: Druckwelle, Hitzewirkung
weit über 10 t TNT-Äquivalent realisierbar
flächendeckender Einsatz gegen technische und biologische Ziele
imperialistische Staaten erklärten diese Waffe im CD als „konventionell"
von USA in Vietnam gegen Menschen eingesetzt

22 M. A. Mil'štejn/L. S. Semejko, SŠA i vopros o novych vidach oružija massogo uničtoženija, a. a. O., S. 25–35; M. M. Schneider, Gegen den militärischen Mißbrauch der Umwelt, in: Deutsche Außenpolitik, 4/1976, S. 578–601.
23 Dokumente zur Abrüstung 1917–1976, a. a. O. S. 470–475.
24 V. Israeljan, Obuzdanie gouki vooruženij i OON, Mězduuar. žizn', 2/1976, S. 55–65; M. A. Mil'štejn/L. S. Semejko, SŠA i vopros o novych vidach oružija massogo uničtoženija, a. a. O., S. 25–35.
25 Lohs, persönliche Mitteilung 1976.
26 Fokin, persönliche Mitteilung 1976.
27 SIPRI, Antipersonnel Weapons, London 1978, S. 171–175.

biologisches Wirkprinzip[28]

Genchirurgie

Erzeugung letal und anderweitig nachteilig wirkender biologischer Stoffe durch Konvention zum Verbot der biologischen Waffen erfaßt prinzipiell realisierbar

---

Die in Tabelle 2 zusammengestellten Wirkprinzipien, aus denen sich möglicherweise Entwicklungsrichtungen für neue Arten von Massenvernichtungswaffen ergeben könnten, sind in den Beratungen des Genfer Abrüstungsausschusses unterschiedlich bewertet worden. Um den konkretisierten Vertragsentwurf für möglichst alle Verhandlungspartner leichter annehmbar zu machen, beschränkte sich die UdSSR 1977 darauf, in einer Liste spezifischer neuer Massenvernichtungswaffen, die durch einen präventiven Vertrag oder auch durch getrennte Vereinbarungen verboten werden könnten, vier Beispiele zu nennen:

1. radiologische Mittel, die auf der Wirkung radioaktiven Materials beruhen;
2. technische Mittel, die durch die Anwendung geladener oder neutraler Teilchen an biologischen Zielen zu Strahlenschäden führen;
3. Infraschallmittel, die akustische Strahlung gegen biologische Ziele benutzen;
4. Mittel, die elektromagnetische Strahlung gegen biologische Ziele benutzen.

Die sowjetischen Vertreter hoben hervor, daß diese Liste gegebenenfalls ergänzt werden könnte. Die naturwissenschaftlichen und technischen Grundlagen für die genannten Beispiele hat die UdSSR im Genfer Abrüstungsausschuß 1979 näher erläutert[29].

Radiologische Waffen

Erste Überlegungen zur Entwicklung radiologischer Waffen sind bereits aus der Zeit nach dem zweiten Weltkrieg bekannt, als die verheerenden Strahlenschäden der Kernwaffeneinsätze der USA gegen Japan offenbar wurden. Der Begriff „radiologische Waffe" bezieht sich auf die militärische Anwendung radioaktiv zerfallenden

28 V. Israeljan, Obuzdanie gonki vooruženij i OON, a. a. O., S. 55–65; M. A. Mil'štejn/L. S. Semejko, SŠA i vopros o novych vidach oružija massogo uničtoženija, a. a. O., S. 25–35.

29 CD/35 vom 10. 7. 1979.

Materials, das nicht durch eine Kernexplosion, sondern auf anderem Weg – z. B. durch Spaltung und Bestrahlung in einem Kernreaktor oder durch Beschuß mit Hilfe von Beschleunigereinrichtungen – erzeugt worden ist. Der Begriff schließt auch jedes technische Mittel ein, das speziell dazu bestimmt ist, solche Stoffe in ein Zielgebiet zu transportieren und dort zu verteilen.
Wegen der weiten Verbreitung der Kernenergetik und infolge der Fortschritte der Hochenergiephysik verfügen zahlreiche entwickelte Industriestaaten über die technischen Voraussetzungen, radioaktive Nuclide unterschiedlicher Lebensdauer in solchen Mengen zu gewinnen, daß ihre Verwendung für radiologische Waffen in den Bereich des Möglichen gerückt ist. Es dürfte auch keine prinzipiellen Schwierigkeiten bereiten, geeignete Einsatztechnologien – ob bodengebunden oder aus der Luft – zu entwickeln.
Die Auswirkungen radiologischer Waffen können mit denen der radioaktiven Stoffe verglichen werden, die bei Kernexplosionen entstehen und das Einsatzgebiet kontaminieren. Wegen der ionisierenden Wirkung der radioaktiven Strahlung wären biologische Ziele besonders gefährdet. Das betrifft in erster Linie den Menschen – gleichgültig, ob Streitkräfte oder Zivilbevölkerung –; aber auch Tier- und Pflanzenwelt könnten durch intensive oder langandauernde Strahlenbelastung vorsätzlich ernst geschädigt werden. Radiologische Waffen sind eine besonders gefährliche und heimtückische neue Art von Massenvernichtungswaffen.

Beschleunigerwaffen

Weiterhin hat die UdSSR auf die Gefahren aufmerksam gemacht, die entstehen könnten, falls die Zerstörungswirkung gerichteter Partikelstrahlung für militärische Zwecke ausgenutzt würde. Ein Bündel energiereicher elektrisch geladener oder neutraler Teilchen – z. B. Elektronen, Protonen, neutrale Atome – erzeugt in einem Ziel Effekte, die mit denen bei Kernexplosionen vergleichbar sind. Bei einem ausreichend hohen Energiefluß verursacht der Aufprall der Partikel auf das Zielobjekt eine mechanische Stoßbelastung, eine intensive Hitzewirkung und löst kurzwellige elektromagnetische Strahlung (Röntgenstrahlung) aus. Im englischen Sprachgebrauch ist für mögliche Waffen, die nach diesem Prinzip wirken, der Begriff „particle beam weapons" (sinngemäß: „Beschleunigerwaffen") üblich. Der Begriff „Strahlenwaffen" oder „directed energy weapons" umfaßt darüber hinaus die Laserwaffen.
Der Einsatz von Beschleunigerwaffen ist gegen technische und biologische Ziele denkbar. Der Einsatz gegen technische Bodenziele und Luftziele – Flugzeuge, ballistische Flugkörper, auch interkontinen-

tale Raketen – wird von verschiedenen Autoren behandelt (vgl. Tabelle 2). Er wird im Zusammenhang mit den Bemühungen um das Verbot neuer Massenvernichtungswaffen nicht diskutiert. Den Charakter von Massenvernichtungswaffen würden Beschleunigerwaffen annehmen, wenn sie gegen biologische Ziele gerichtet wären. Nach US-amerikanischen Quellen sollen vom Weltraum aus Gebiete von mehreren hundert Quadratkilometern so intensiv bestrahlt werden können, daß die Vernichtungswirkung derjenigen einer großen Neutronenbombe vergleichbar wäre.

Gegenwärtig begrenzt der große Raumbedarf für leistungsfähige Beschleunigereinrichtungen die Entwicklung transportabler Waffen, die nach dem angegebenen Prinzip arbeiten. Jedoch existieren offenkundig Konzeptionen für eine militärisch nutzbare raum- und massesparende Beschleunigertechnik, die trotz z. Z. noch ungelöster technischer Probleme in absehbarer Zeit realisiert werden könnten. In den USA arbeiten verschiedene Stellen koordiniert an der Entwicklung von Beschleunigerwaffen. Jedoch stritten bisher die imperialistischen Staaten in den Abrüstungsverhandlungen ab, daß es sich hierbei um Massenvernichtungswaffen handelt. Eine bemerkenswerte Feststellung eines westlichen Autors dazu: „Es ist zu erwarten, daß durch Sonnenenergie gespeiste, raumgestützte Strahlenwaffen eine völlig neuartige Bedrohung der Menschheit entstehen lassen. Die Sowjetunion hat in Genf bereits darauf hingewiesen, daß solche Waffen unter das Verbot der Massenvernichtungswaffen fallen sollten."[30]

Infraschallwaffen

Die Fortschritte in der akustischen Forschung lassen die Möglichkeit erkennen, daß Waffen entwickelt werden, denen die Erzeugung und Abstrahlung von Infraschallwellen gegen biologische Ziele zugrunde liegt. Die Überlegungen beziehen sich auf elastische Wellen im Frequenzbereich jenseits der unteren Hörgrenze (etwa 16 Hz) bis 0,1 . . . 0,01 Hz.

Wie aus der Überschallflugzeug- und Raketentechnik bekannt ist, reagiert der menschliche Organismus auf Infraschallschwingungen in mannigfacher Weise. Schon geringe Intensitäten wirken auf die Hirnströme und auf das gesamte Nervensystem. Sie können Kopfschmerzen, Schwindelgefühl, Sehstörungen, Krampfzustände, Unregelmäßigkeiten der Atmung, ja sogar Bewußtseinsstörungen hervorrufen. Psychotrope Effekte treten verstärkt bei einer Frequenz um

30 D. O. A. Wolf/H. Hoose, Die militärische Nutzung des Weltraumes – Teil II, in: a. a. O., S. 244.

7 Hz auf, welche dem Alpha-Rhythmus der Hirnströme entspricht. Hohe Infraschallintensitäten können beim Menschen durch mechanische Resonanz zu Verletzungen innerer Organe und zur Überlastung des Herz-Kreislaufsystems mit tödlichem Ausgang führen.
Die bekannten Generationen von Infraschallwellen sind gegenwärtig zu groß und zu unbeweglich, als daß sie waffentechnisch sinnvoll angewendet werden können. Aber geeignete Lösungen erscheinen in vorhersehbarer Zukunft möglich. Neuartige Waffen auf der Grundlage von Infraschallgeneratoren wären militärische Mittel zum Töten und insbesondere auch zum zeitweisen oder dauernden Beeinträchtigen menschlicher Fähigkeiten – z. B. des Kampf- und Verteidigungsvermögens. Infraschallwellen breiten sich über große Entfernungen aus. In den bekannten Baumaterialien werden sie praktisch nicht absorbiert. Menschen in Schutzräumen sowie in gepanzerten militärischen Einrichtungen und Fahrzeugen wären ihnen wehrlos ausgesetzt.
Offensichtlich sind Infraschallwaffen als potentielle Massenvernichtungswaffen zu bezeichnen. Trotzdem haben Vertreter imperialistischer Staaten auch in diesem Fall nichts unversucht gelassen, die dadurch heraufbeschworene Gefahr zu bagatellisieren.

Waffen mit radiofrequenter elektromagnetischer Strahlung

Das vierte von der UdSSR angeführte Beispiel betrifft die Anwendung elektromagnetischer Strahlung gegen biologische Ziele. Speziell geht es um die bekannten schädlichen Auswirkungen radiofrequenter Strahlung auf verschiedene lebenswichtige Organe des Menschen – wie Herz, Hirn und zentrales Nervensystem. Besondere Aufmerksamkeit wird den „nicht-thermischen" Effekten gewidmet, die zum Unterbrechen oder zu nachteiligen Änderungen der Organfunktionen führen können. Beispiele dafür sind die Beeinträchtigung des sinnlichen Wahrnehmungsvermögens, des endokrinen Systems und des Blutkreislaufs. Das Geschlechtssystem kann bis zur Sterilität geschädigt werden. Mit elektromagnetischen Wellen, die im Alpha-Rhythmus der Hirnströme moduliert sind, können irreversible Verhaltensstörungen erzeugt werden.
Das Problem der Energieerzeugung und -abstrahlung ist durch die Technologie der Hochfrequenzgeneratoren, des Radar und der Radiosender prinzipiell gelöst. Ebenso ist die gerichtete Übertragung hoher Energien nur eine Frage des wissenschaftlich-technischen Fortschritts. Die Entwicklung der technischen Möglichkeiten läßt erwarten, daß Gebiete von einigen Dutzend Quadratkilometern mit einer Intensität bestrahlt werden könnten, die zu ernsten gesundheitlichen Schäden bei den Betroffenen führen müßten.

Ausgehend von den verbreiteten Erfahrungen im Umgang mit Mikrowellengeneratoren, haben die sowjetischen Vertreter nachdrücklich betont, daß ein waffentechnischer Einsatz radiofrequenter elektromagnetischer Strahlung eine Auswirkung haben kann, die mit derjenigen der bekannten Massenvernichtungswaffen vergleichbar ist. Doch auch in diesem Fall verschlossen sich die Vertreter der westlichen Staaten den Vorschlägen für ein präventives Verbot.

Eine gewisse Rolle in den Diskussionen um potentielle Entwicklungen neuer Massenvernichtungswaffen spielt die Möglichkeit, physikalische, chemische und biologische Wirkprinzipien kombiniert anzuwenden, um biologische Ziele in einem bestimmten Gebiet zu vernichten oder ihre Lebensfähigkeit zu beeinträchtigen.

Nach dem Ziel der Wirkung wurden die Begriffe „genetische" und „ethnische" Waffen geprägt. Beides sind Sammelbegriffe für militärische Anwendungen unterschiedlicher Wirkungsprinzipien. Unwesentlich ist, ob sich der Einsatz gegen militärisches Personal oder gegen die nichtkämpfende Bevölkerung richtet; diese unterschiedslose Wirkung ist charakteristisch für alle Massenvernichtungswaffen.

Unter „genetischen Waffen" versteht man alle militärisch oder anderswie feindselig eingesetzten Mittel, welche die Erbeigenschaften der betroffenen biologischen Objekte verändern. Hierunter fallen z. B. die Belastung durch radioaktive Strahlung oder hochfrequente elektromagnetische Schwingungen sowie die Anwendung chemischer Mutagene, die bei den Betroffenen – neben anderen Effekten – zu genetischen Spätschäden führen würden. Genetische Waffen könnten nicht nur gegen Menschen, sondern auch gegen Tiere und Kulturpflanzen angewendet werden. Dadurch wäre es möglich, die Lebens- und Umweltbedingungen ganzer Bevölkerungsgruppen entscheidend zu verschlechtern.

Der Begriff „ethnische Waffen" bezeichnet entsprechend alle einzeln oder kombiniert eingesetzten Mittel, welche die biologischen und genetischen Unterschiede ethnischer Gruppen mit der Absicht ausnutzen, bestimmte Gruppen selektiv zu vernichten oder zu schädigen. Diese Selektivität kann sich zum Beispiel auf Unterschiede in den Bluteigenschaften und in der Pigmentierung der Haut beziehen. Sie betrifft auch genetisch bedingte Enzympolymorphismen, welche die Funktionsabläufe im Körper bei Angehörigen verschiedener ethnischer Gruppen in unterschiedlicher Weise regeln. Biochemisch selektiv wirkende Stoffe könnten militärisch dazu eingesetzt werden, bestimmte ethnische Gruppen zu schädigen oder gar auszurotten.

Ein weiteres Beispiel für die kombinierte Anwendung verschiedener Wirkprinzipien als mögliches Mittel der Massenvernichtung ist das Sensibilisieren lebender Zellen durch Unterdrücken ihrer genetisch bestimmten Fähigkeit zu natürlichen Reparaturprozessen. Im normalen Zustand der Zellen werden Schäden, die durch physikalische Einwirkungen – wie UV-Licht, Schall oder radioaktive Strahlung – entstehen können, bis zu einem gewissen Grad mit hoher Effektivität repariert. Wird jedoch die Fähigkeit der Zellen zur Selbstreparatur durch biochemisch wirksame Mittel reduziert oder ausgeschaltet, so rufen selbst geringfügige äußere Einwirkungen schwerwiegende Schäden hervor. Einen extremen Fall der Kombination verschiedener Wirkprinzipien würde die gezielte militärische Anwendung von radioaktiven pharmazeutisch wirksamen Stoffen darstellen, die den Organismus der Opfer auf lange Zeit spezifisch und kaum reparabel schädigen könnten.

Ernest Rutherford, der Begründer der experimentellen Kernphysik, war bekanntlich bis zu seinem Tod 1937 fest davon überzeugt, es würde nie gelingen, Kernenergie technisch freizusetzen. Schon 8 Jahre später – am 6. August 1945 – löschte die erste Atombombe auf Befehl des Präsidenten der USA das Leben in der japanischen Stadt Hiroshima aus.

Die Gefahr, daß andere gefährliche Massenvernichtungswaffen ebenso rasch auf dem Boden neuer wissenschaftlicher Erkenntnisse entwickelt werden könnten, ist von keinem verantwortungsbewußten Staatsmann, Militärführer oder Wissenschaftler zu leugnen. Wenn maßgebliche imperialistische Kreise dies trotz der historischen Lehren dennoch tun, gilt es einmal mehr, alle fortschrittlichen friedliebenden Kräfte der Welt zum Kampf um wirksame internationale Maßnahmen für Rüstungsbegrenzung und Abrüstung zu vereinen.

Das Schlußdokument der 1. Sondertagung der UN-Vollversammlung für Abrüstung 1978 stellt fest: „Für die Einstellung des Wettrüstens sind sowohl qualitative als auch quantitative Abrüstungsmaßnahmen wichtig. Diesbezügliche Bemühungen müssen auch Verhandlungen über die Begrenzung und Einstellung der qualitativen Verbesserung der Rüstungen umfassen, insbesondere der Massenvernichtungswaffen und der Entwicklung neuer Mittel der Kriegführung, damit wissenschaftliche und technische Errungenschaften schließlich nur mehr für friedliche Zwecke verwendet werden."[31] Gleichzeitig bekennen sich die Teilnehmerstaaten zur Notwendigkeit wirksamer Maßnahmen, „um die Gefahr des Entstehens neuer Arten von Massenvernichtungswaffen, die auf neuen wissenschaftlichen Grundsätzen und Errungenschaften aufbauen, abzuwenden und ihre Entwicklung zu verhindern. Es sollten geeignete Anstrengungen unternommen werden, die auf das Verbot solcher neuen Arten von Massenvernichtungswaffen und neuer Systeme derartiger Waffen abzielen. Über besondere Arten von gegebenenfalls ausgemachten neuen Mas-

31 UN – Schlußdokument der 10. Sondertagung (1. Sondertagung für Abrüstung) A/RES/S–10/2 vom 13. 7. 1978, § 39.

senvernichtungswaffen könnten spezifische Abkommen geschlossen werden. Diese Frage sollte ständig überprüft werden."[32]

Wie weit entfernt sind die imperialistischen Staaten, diesem Gebot der Vernunft und dieser auch von ihnen übernommenen Verpflichtung zu folgen! Sie sind seither nicht bereit gewesen, durch ein präventives Abkommen über das Verbot neuer Arten von Massenvernichtungswaffen und neuer Systeme solcher Waffen oder durch spezifische Teilschritte beizutragen, eine neue qualitative Stufe des Wettrüstens zu verhindern. Die Grundvoraussetzung für das Zustandekommen eines solchen Verbotes ist – wie bei allen wirksamen Maßnahmen für eine Begrenzung der Rüstungen und für Abrüstung – der politische Wille der Staaten, besonders der Staaten mit bedeutendem militärischem und wissenschaftlich-technischem Potential. Die UdSSR und die sozialistischen Staaten haben den ersten Schritt getan. Es ist an der Zeit, daß die imperialistischen Staaten dieser Initiative folgen.

32 Ebenda, § 77.

K. F. Alexander und H. Abel

Die Neutronenwaffe – eine ernste Gefahr

Ein strategischer Kernwaffenkrieg ist gleichbedeutend mit einer thermonuklearen Weltkatastrophe. Das Ausmaß an Zerstörungen wäre ungeheuer groß. Aus dieser Einsicht und der relativen Stabilität des Gleichgewichts der Kernwaffenpotentiale der UdSSR und der USA leitet sich die hohe Ansprechschwelle eines strategischen Kernwaffenkrieges ab. Nichts sollte getan werden, sie herabzusetzen.
Die Entwicklung der Neutronenwaffe richtet sich eindeutig gegen diese allein von der Vernunft diktierte Tendenz. Gehört die Neutronenwaffe zum Arsenal von Streitkräften, dann entspricht die Ansprechschwelle für ihren Einsatz derjenigen konventioneller Waffen. Mit großer Wahrscheinlichkeit kann dann aber ein begrenzter Kernwaffenkrieg in die thermonukleare Weltkatastrophe hinüberwachsen. Der Frieden wird durch eine Neutronenwaffen-Produktion nicht sicherer, sondern im Gegenteil, es werden neue, sehr ernste Gefahren heraufbeschworen. Dies läßt sich gerade am Charakter der als taktische Kernwaffe zu klassifizierenden Neutronenwaffe überzeugend nachweisen. Prinzipiell trifft das Argument über die Herabsetzung der Ansprechschwelle auf alle taktischen Kernwaffen zu; die Neutronenwaffe bildet „nur" die sichtbare Spitze dieses gefährlichen Eisberges und wirft deshalb ein grelles Licht auf eine Entwicklung, der Einhalt geboten werden muß.
Um ihre Gefährlichkeit verstehen zu können, bedarf es keiner Kenntnis militärischer Geheimnisse. Die biologischen und physikalischen Grundlagen der Neutronenwaffe sind so weit bekannt, daß darüber recht genaue Aussagen möglich sind.

1. Strahlung als Tötungsprinzip bei der Neutronenwaffe

Von den drei Wirkungskomponenten einer Kernexplosion – Druck, Wärme, Strahlung – zeichnet sich die Strahlung dadurch aus, daß sie auf grausamste Weise Leben tötet, aber Lebloses nicht zerstört. In jedem Krieg werden Menschen getötet; auch das grausame Sterben einzelner scheint kaum vermeidbar. Doch es besteht ein entscheidender Unterschied, ob ein qualvoller Tod ungewollt und zufällig auftritt oder durch die Wahl des Tötungsprinzips bewußt als Normalfall geplant ist. Es war bereits einmal die Entwicklung einer Kernwaffe diskutiert worden, als Kobaltbombe bezeichnet, der die

Absicht einer Verstärkung der Wirkungskomponente Strahlung zugrunde lag. In der Neutronenwaffe wurde nun die Strahlung als vorherrschendes Tötungsprinzip realisiert. Um den operativen und begrenzten Einsatz einer nuklearen Waffe bei weitgehender Reduzierung materieller Zerstörungen, aber gleichzeitiger Erhaltung vernichtender Wirkungen auf Lebendes zu ermöglichen, wurde also bewußt auf das Tötungsprinzip „Strahlung" orientiert.
Die Auswertung der Atombombenexplosionen über Hiroshima und Nagasaki sowie die zahlreicher tierexperimenteller Versuche hat gezeigt, daß die somatischen Strahlenschäden grob in drei Kategorien eingeteilt werden können. Mit zunehmender Strahlenbelastung treten verschiedene Strahlensyndrome auf: Blutbildsyndrom, Schleimhautsyndrom und zerebrales Syndrom.
Die Erholungsfähigkeiten von diesen Erkrankungen und ihr Verlauf sind sehr unterschiedlich. Bei einer vorwiegenden militärischen Orientierung auf das Tötungsprinzip Strahlung wird jedoch angestrebt, ein rasches Aufhalten des Krankheitsbildes zu erreichen – innerhalb von Minuten. Das ist nur beim zerebralen Syndrom (zentralnervös bedingter Strahlentod) möglich. Es erfordert kurzzeitige Strahlenbelastungen mit etwa 10 000 rad (neue Dosiseinheit 1 rad = 0,01 Gy), wobei es von untergeordneter Bedeutung zu sein scheint, ob der ganze Körper oder nur der Kopf bestrahlt wurde. Der Verlauf dieser Strahlenkrankheit ist immer letal, wobei sich Minuten nach der Explosion bereits eine Unfähigkeit gezielter Handlungen oder gerichteter Reaktionen einstellt; (der „erwünschte" militärische Effekt). Der Tod tritt nach einigen Tagen ein. Aus Hiroshima-Untersuchungen ist zu entnehmen, daß vermutlich ein Teil der Menschen, die sich in einem Umkreis von 500 m vom Hypozentrum aufgehalten haben und nicht durch die Wirkungen der Druckwelle oder Wärmestrahlung getötet wurden, an dieser Form der Strahlenkrankheit gestorben sind. Der rasche Ablauf der Krankheit hatte jedoch zunächst die eingehende klinische Erforschung verhindert. Bei der Neutronenwaffe ist im Vergleich zur Hiroshima-Atombombe die Qualität der Strahlung merklich verändert. In beiden Fällen liegt ein Strahlungsgemisch vor, aber im Falle der Neutronenwaffe überwiegt der Neutronenanteil stark gegenüber dem Gammaanteil. Es ist hinreichend bekannt, daß Neutronenstrahlung im Vergleich zur Gammastrahlung eine höhere biologische Wirksamkeit besitzt. Nach Neutronenbestrahlung entstehen etwa doppelt soviel schwer reparierbare Schäden an den genetischen Strukturen der Zellen als nach Röntgenbestrahlung (oder nach Gammabestrahlung). Außerdem sind die nach Röntgenbestrahlung als leicht reparierbar charakterisierten Schadenstypen nach Neutronenbestrahlung schwer reparierbar.
Betont werden muß, daß mit wachsender Strahlendosis für die normale Funktion einer Zelle nicht mehr die Integrität oder wiederher-

stellbare Integrität ihrer genetischen Strukturen allein betrachtet werden darf, sondern auch die strahleninduzierten primären Störungen der Zellmembraneigenschaften. Die membrangebundenen Zell-Zell-Wechselwirkungen realisieren die Kommunikation der Zellen, ihr soziales Verhalten und somit auch die integrativen Funktionen der Organe. Es ist leicht vorstellbar, daß bei hohen Bestrahlungsdosen ein Versagen zellulärer Funktionen allein infolge der Zellmembranschäden eingeleitet wird und die Ausheilung dieser Membranschäden eben deshalb unmöglich ist, weil gleichzeitig auch die dafür notwendigen Informationen in den genetischen Strukturen irreparabel zerstört wurden.
Die Unausweichlichkeit eines tödlichen Ausgangs bei hohen Strahlendosen ist also prinzipiell verständlich.
Infolge der höheren biologischen Wirksamkeit der Neutronenstrahlung tritt bei der Neutronenwaffe das zerebrale Strahlensyndrom wahrscheinlich bereits bei Dosen um 3000 rad auf. Da mit wachsendem Abstand vom Explosionsort die Strahlendosis abnimmt und ungeschützt betroffene Personen in Abhängigkeit von ihrem Standort unterschiedliche Strahlenbelastungen erfahren, ist auch mit dem Auftreten der übrigen bekannten Strahlensyndrome zu rechnen. Auch diese verlaufen bei Strahlendosen (Neutronenstrahlung) von 200 bis 500 rad häufig und über 500 rad immer tödlich. Der entscheidende Unterschied besteht darin, daß sich diese Krankheitsbilder allmählicher entwickeln und das Sterben Wochen bis Monate dauert. Auch bei Strahlendosen mit Überlebenschancen können dennoch Jahre danach schwere Spätschäden auftreten und selbst bei so geringen Strahlendosen, die keine Krankheitssymptome mehr hervorrufen, ist an die genetischen Schäden späterer Generationen zu denken.
Die vom militärischen Standpunkt für den Einsatz als taktische Waffe allein wichtige Wirkungszone ist diejenige, innerhalb der Dosen über 3000 rad auftreten. Wird sie zu 1000 m gefordert, dann folgt aus einer Berechnung der Dosisabnahme in größeren Entfernungen auf Werte, die noch zu schweren Strahlenkrankheiten führen, daß die Fläche der äußeren Zone erheblich größer ist als die Fläche der militärisch relevanten inneren Zone. Aus diesen Fakten allein ergibt sich schon der unmenschliche Charakter der Neutronenwaffe, die sie in eine Reihe stellt mit den chemischen und bakteriologischen Kampfmitteln, die mit Recht von der Menschheit geächtet werden.

2. Das Funktionsprinzip der Neutronenwaffe

Über das Funktionsprinzip der Neutronenwaffe lassen sich physikalisch folgende Aussagen machen: Als Neutronenquelle wird mit Sicherheit die Kernreaktion D+T --- He (3,5 MeV)+n (14 MeV)

verwendet, die bei hoher Temperatur und Dichte als thermonukleare Reaktion gezündet werden kann und bei der 80 % der freigesetzten Energie als kinetische Energie der emittierten Neutronen erscheint. Im Vergleich dazu werden bei der Fusionsreaktion D+D, einschließlich Folgeprodukten, maximal 38 % der Energie in Neutronen geringeren Durchdringungsvermögens investiert, und bei der Uran- oder Plutoniumspaltung sind es nur ca. 3 %.
Die für den militärischen Einsatz erforderlichen hohen Dosen von etwa 3000 rad entsprechen einem Neutronenfluß von ca. 10^{15} Neutronen pro Quadratmeter. Um im Abstand von 1000 m vom Explosionsort eine solche Dosis zu erreichen, müssen im Sprengkörper einige g Tritium umgesetzt werden. Die dabei insgesamt freiwerdende Fusionsenergie entspricht einem Sprengstoffäquivalent von ca. 1 kt. Davon werden jedoch nur 20 % unmittelbar am Explosionsort freigesetzt, so daß die dadurch erzeugte Druckwelle und Wärmestrahlung nur der Wirkung einer üblichen Kernexplosion von 0,2 kt Sprengstoffäquivalent entspricht. Deren Wirkungsradius liegt bei einigen 100 m, so daß bei genügend großem Abstand des Explosionsortes von der Erdoberfläche die materiellen Zerstörungen auch am Bodennullpunkt gering gehalten werden können. Bei z. B. 500 m Explosionshöhe wird am Boden ein Spitzenüberdruck von 0,12 bar erzeugt, der nur noch geringe Schäden verursacht, und die thermische Strahlung reicht nicht mehr aus, leicht entflammbare Gegenstände zu entzünden.
Eine wesentliche Erhöhung der in der Bombe freigesetzten Fusionsenergie über die genannte Größenordnung hinaus ist aus physikalischen Gründen nicht sinnvoll, da der Wirkungsradius der Neutronen hauptsächlich durch das Absorptionsvermögen der Atmosphäre bestimmt wird. Ein wesentlich größerer Wirkungsradius als 1 km, der dem taktischen Anwendungszweck entspricht, erscheint also auch aus physikalischen Gründen nicht möglich. Diese Daten begründen die Möglichkeiten des operativ-taktischen Einsatzes der Neutronenwaffen ohne wesentliche Behinderung der militärischen Bewegungen des Anwenders und damit auch die Gefahr ihrer breiten Streuung beim Anwender. Das ist gleichbedeutend mit einer gefährlichen Ausweitung der Befehlsgewalt über ihren Einsatz.
Das technische Problem der Konstruktion des Sprengkörpers dürfte darin bestehen, die Zündung des Fusionsmaterials mit Hilfe eines möglichst kleinen Spaltungs-Sprengsatzes aus Uran 235 oder Plutonium zu bewerkstelligen. Aus der Entwicklung der taktischen Kernwaffen ist bekannt, daß die Mini-Atombomben mit Sprengstoffäquivalenten unter 0,1 kt hergestellt werden können. Welche Mindeststärke zur effektiven Zündung der Fusionsladung benötigt wird, ist ein Problem der inneren Ballistik der Spaltstoff- und Fusionsladung, deren Details natürlich streng geheimgehalten werden. Jedoch ist aus

physikalischen Gründen sicher, daß das Fusionsmaterial zum Zeitpunkt der Zündung in hoher Dichte vorliegen muß, damit in der zur Verfügung stehenden Zeit von der Größenordnung einer Mikrosekunde ein möglichst vollständiger Umsatz des eingesetzten Tritiums erfolgen kann. Es ist daher anzunehmen, daß zur Kompression und Zündung des Fusionsmaterials die kumulative Wirkung der Stoßwelle der Spaltstoffexplosion (Hohlladungseffekt) verwendet wird.
In welcher Form das Deuterium-Tritium-Gemisch eingesetzt wird, etwa als Gas unter hohem Druck oder als wasserstoffreiche Verbindung wie z. B. H_2O oder NH_3, dürfte auch von den Bedingungen der inneren Ballistik abhängen. Jedenfalls lassen sich die benötigten Mengen von einigen Gramm Tritium auf genügend kleinem Raum unterbringen. In 50 cm^3 einer T_2O-D_2O-Mischung sind z. B. 8,3 g Tritium enthalten.
Das benötigte Tritium wird in Kernreaktoren durch Bestrahlung von Lithium mit Neutronen hergestellt. Weil pro g Tritium 80mal mehr Neutronen verbraucht werden, als zur Produktion von 1 g Plutonium erforderlich sind, dürfte Tritium im Vergleich zu Plutonium sehr kostspielig sein. Da jedoch nur geringe Mengen benötigt werden, wird dies unter der Voraussetzung eines effektiven Umsatzes in der Bombe kein begrenzender Faktor sein.
Die hier vorgetragenen Überlegungen können natürlich nur grob qualitativ richtig sein. Es sollte nur gezeigt werden, daß mit einfachen physikalischen Abschätzungen die veröffentlichten Angaben über die Neutronenwaffen verifiziert werden können. Insbesondere lassen sich relativ eindeutig der Wirkungsradius und die Wirkungsweise angeben. Eine weitere offensichtliche Schlußfolgerung ist, daß jede Nuklearmacht ohne Schwierigkeiten in der Lage sein wird, diese Waffen zu produzieren. Ein Verbot ihrer Herstellung und Einführung würde daher keiner Seite einseitige Vorteile verschaffen.
Obwohl die von der Neutronenwaffe ausgehenden Gefahren erst seit 1977 der breiten Öffentlichkeit zunehmend bewußt geworden sind, gab es schon seit den frühen 60er Jahren von den USA Bestrebungen, dieses Waffensystem einzuführen. Tatsächlich wurde die erste Erprobung einer Neutronenwaffe schon im Frühjahr 1963 durchgeführt. Die Diskussion für und gegen ihre Einführung war und ist aufs engste mit der Entwicklung der NATO-Konzeption zur Führung eines Krieges mit taktischen Kernwaffen in Europa verbunden. Ihre offizielle Legitimation erhielt diese Konzeption durch die im Juli 1980 erlassene Direktive Nr. 59 des Präsidenten Carter. Während jedoch die Carter-Administration unter den Eindruck der seit 1977 insbesondere in Westeuropa stürmisch anwachsenden Proteste der Öffentlichkeit noch vor der endgültigen Einführung der Neutronenwaffe zurückschreckte, hat die Reagan-Administration diesen Schritt im August 1981 getan. Aber die schon alarmierte europäische Öffent-

lichkeit reagierte prompt mit verstärkten Protesten, die auch die Regierungen der westeuropäischen NATO-Länder nicht ignorieren können.

Angesichts der gefährlichen Zuspitzung auf diesem speziellen Gebiet der Rüstung und der militärischen Planung muß mit besonderem Nachdruck der offizielle Verzicht auf die Neutronenwaffe gefordert werden, weil

- es sich, auch im Sinne des traditionellen Kriegsrechts, um ein besonders unmenschliches Massenvernichtungsmittel handelt;
- durch den geplanten Einsatz als „taktische" Waffe die Ansprechschwelle für die Auslösung eines Atomkrieges weiter herabgesetzt wird;
- die Befehlsgewalt über ihren Einsatz gefährlich ausgedehnt wird;
- die reale Gefahr des Einsatzes dieser Waffe gegen einen technisch unterlegenen Gegner, etwa gegen eine nationale Befreiungsbewegung, besteht, da in diesem Falle die Wirkungsweise dieser Waffe besonders zum Tragen kommt.

Darüber hinaus wird durch die Diskussion um die Neutronenwaffe besonders deutlich, wie dringlich die Zurückweisung aller Theorien über die Möglichkeit eines „begrenzten" oder „taktischen" Kernwaffenkrieges und darauf aufbauender Militärstrategien ist.

Ein bedeutender Schritt in diese Richtung wäre der feierliche Verzicht aller Staaten auf den Ersteinsatz von Kernwaffen überhaupt. Gerade die Neutronenwaffe könnte die Zündschnur an dem Pulverfaß sein, auf dem wir alle sitzen.

S. Zeimer und K. Meier

Politisch-völkerrechtliche Probleme des Kampfes für die Abrüstung in Auseinandersetzung mit bürgerlichen Theorien

1. Der Zusammenhang zwischen Gewaltverbotsprinzip und Abrüstung

Die neuen weitreichenden Friedensinitiativen des XXVI. Parteitages der KPdSU sind, wie im Rechenschaftsbericht des ZK der SED an den X. Parteitag hervorgehoben wird, „weltpolitisch überaus bedeutsam. Dadurch erhält der Prozeß der Entspannung," so heißt es dort weiter, „den die Befürworter der imperialistischen Konfrontationspolitik ins Stocken gebracht haben, einen starken Impuls."[1] Gleichzeitig wird damit eine neue entscheidende Etappe im Kampf um die Abrüstung eingleitet.
Das vom XXVI. Parteitag der KPdSU ausgehende umfassende Friedensprogramm für die 80er Jahre beruht im wesentlichen auf zwei Erkenntnissen, die sich aus der Analyse der gegenwärtigen internationalen Lage ergeben: Zum einen, daß sich die von den sozialistischen Staaten kontinuierlich betriebene Politik zur Beendigung des Wettrüstens und für effektive Abrüstungsmaßnahmen im erbitterten Klassenkampf mit den aggressivsten imperialistischen Kräften vollzieht. Er richtet sich unmittelbar gegen die Rüstungsmonopole, gegen den Militär-Industrie-Komplex in den imperialistischen Hauptländern sowie gegen alle mit ihnen verbundenen militärischen und revanchistischen Gruppierungen in den bürgerlichen und reformistischen Parteien und Organisationen. Zum anderen, daß eine allgemeine und vollständige Abrüstung, die ganz offensichtlich nur schrittweise und im Rahmen der verschiedenen Abrüstungsgremien zu realisieren ist, die wirksamste Garantie für einen dauerhaften Frieden und für die Festigung der internationalen Sicherheit auf der Basis der Grundprinzipien des Völkerrechts insbesondere des Gewaltverbots gemäß Art. 2 Abs. 4 der UN-Charta darstellt. Immer deutlicher erweist es sich, daß der entschlossene Kampf um die Erhaltung des Friedens und für effektive Rüstungsbegrenzungen und Abrüstung zur Kernfrage der weiteren Gestaltung der zwischenstaatlichen Beziehungen und zum Hauptanliegen aller friedliebenden Menschen geworden ist.

1 Bericht des Zentralkomitees der Sozialistischen Einheitspartei Deutschlands an den X. Parteitag der SED. Berichterstatter: E. Honecker, Berlin 1981, S. 24.

Rüstungsbegrenzung und Abrüstung sind nur – auch das ist eine Erkenntnis, die sich aus dem langjährigen Kampf der sozialistischen Staaten um Frieden und Abrüstung ergibt – auf der Grundlage des Prinzips der gleichen und unverminderten Sicherheit für alle Staaten durchsetzbar. Wesentlicher Bestandteil dieses Prinzips ist die strikte Beachtung des gegenwärtigen bestehenden militärstrategischen Gleichgewichts zwischen der UdSSR und den USA sowie zwischen dem Warschauer Vertrag und der NATO. Es hat sich als eine unverzichtbare historische Errungenschaft des Sozialismus in einem längeren Prozeß herausgebildet und „dient objektiv der Erhaltung des Friedens in unserer Welt."[2] Daher sind die gerade gegenwärtig erkennbaren Anstrengungen der imperialistischen Hauptmächte der NATO, das auf dem Washingtoner NATO-Gipfel im Mai 1978 verabschiedete und bis in die Mitte der 90er Jahre reichende Langzeit-Hochrüstungsprogramm sowie der Raketenbeschluß vom Dezember 1979, der die Neustationierung „eurostrategischer" Kernwaffeneinsatzmittel (Pershing II und Cruise missiles) in einigen Ländern Westeuropas vorsieht, voranzutreiben, verbunden mit der sogenannten neuen Nuklearstrategie der USA[3] ein den Weltfrieden aufs äußerste bedrohender Versuch, dieses militärstrategische Gleichgewicht zuungunsten der sozialistischen Staaten zu verändern.
Aus völkerrechtlicher Sicht stellt die forciert betriebene Hochrüstungspolitik der NATO das Korrelat zu der historisch längst überlebten Rechtsauffassung des jus ad bellum dar. Es bedeutete in der Epoche der ungeteilten imperialistischen Herrschaft in der Welt das angemaßte „souveräne Recht" der Mächtigen, „zum Kriege als dem legalen Mittel nationaler Politik zu schreiten"[4], wann immer es ihnen beliebte. Solange das jus ad bellum daher als legales Rechtsinstitut der zwischenstaatlichen Beziehungen theoretisch anerkannt und praktisch angewandt wurde, konnten sich keine völkerrechtlichen Normen zur Abrüstung herausbilden. Erst mit der Anerkennung des völkerrechtlichen Gewaltverbots als jus cogens Norm und mit seiner universellen Durchsetzung, einschließlich der Ächtung des Aggressionskrieges, wurden und werden Prinzipien und Normen geschaffen, die die Staaten verpflichten, konkrete Rüstungsbegrenzungsmaßnahmen durchzuführen und effektive Schritte zur allgemeinen und vollständigen Abrüstung zu unternehmen. Das völkerrechtliche Gewaltverbot ist daher seinem Wesen nach die bestimmende Grundlage für die Ersetzung des „klassischen" bürgerlichen Völkerrechts

2 Rechenschaftsbericht des Zentralkomitees der KPdSU und die nächsten Aufgaben der Partei in der Innen- und Außenpolitik. Berichterstatter: L. I. Breshnew, 23. Februar 1981, Berlin 1981, S. 31.

3 Vgl. A. Arbatow, Die Strategie der nuklearen Unvernunft, in: Einheit, 7/1981, S. 714 ff.

4 A. Martin, A Legal Aspect of Disarmament, London 1963, p. 16.

durch das allgemeindemokratische Völkerrecht. Es dokumentiert somit die endgültige Beseitigung des jus ad bellum als einem der Hauptgrundsätze des bürgerlichen Völkerrechts. Damit wurden auch neue Grundlagen sowohl für die internationale Staatenpraxis als auch für die Völkerrechtstheorie geschaffen[5].

Gegenwärtig geht es nun vor allem darum, die völkerrechtlichen Instrumentarien zur Verwirklichung effektiver Rüstungsbegrenzungs- und Abrüstungsschritte systematisch zu erweitern und zu festigen. Durch völkerrechtliche Verträge, Konventionen oder andere Vereinbarungen kann der Kampf um die Zügelung des Wettrüstens, um Rüstungsbegrenzung und um Abrüstung wirksam unterstützt werden. Zugleich stellt die Abrüstung die höchste Form der Durchsetzung des Gewaltverbots dar. Daher ist der Prozeß seiner universellen Durchsetzung unmittelbar mit den einzelnen Etappen auf dem Wege einer allgemeinen und vollständigen Abrüstung der Staaten verbunden. Jeder Teilerfolg der sozialistischen Staaten auf dem Gebiet der Abrüstung, der sich in Form von Konventionen oder bi- und multilateralen Verträgen manifestiert, ist zugleich ein weiterer Schritt auf diesem Wege. Dabei ist jedoch keineswegs zu übersehen, daß trotz des in der UN-Charta verankerten Gewaltverbots einschließlich seiner authentischen Interpretation durch die Prinzipiendeklaration der UNO vom Oktober 1970 weit mehr als 100 militärische Konflikte und Aggressionsakte durch imperialistische Staaten verursacht oder geführt worden sind. Forciertes Aufrüsten und massive Verletzung des völkerrechtlichen Gewaltverbots fallen somit, wie es nicht zuletzt am Beispiel Israels nachweisbar ist, nicht zufällig zusammen.

Die entscheidende völkerrechtliche Voraussetzung für das Herausbilden von Prinzipien und Verpflichtungen auf dem Gebiet der Rüstungsbegrenzung und Abrüstung war das Aggressionsverbot als Kernstück des Gewaltverbots. Es wurde durch die Aggressionsdefinition der XXIX. Tagung der UN-Vollversammlung 1974 in Form einer einmütig angenommenen Resolution präzisiert[6]. Darüber hinaus enthält Art. 1 der UN-Charta die allgemeine Rechtspflicht, den Frieden durch präventive Maßnahmen zu erhalten und zu garantieren, während in den Art. 11, 26 und 47 der UN-Charta konkrete Schritte zur Abrüstung gefordert werden. Zu den Funktionen der UN-Vollversammlung gehört entsprechend Art. 11 Abs. 1 der UN-Charta: „... Grundsätze für die Abrüstung und die Rüstungsregulierung (zu) beraten und ... hinsichtlich dieser Grundsätze Empfehlungen an die Mitglieder oder den Sicherheitsrat oder an beide (zu) richten." Der

5 Vgl. dazu B. Graefrath, Deklaration über die grundlegenden Völkerrechtsprinzipien, in: Deutsche Außenpolitik, 3/1971, S. 476 ff.

6 Vgl. Völkerrecht, Dokumente, Teil 3, Berlin 1980, S. 919 ff.

Sicherheitsrat wiederum ist nach Art. 26 der UN-Charta verantwortlich, „Pläne auszuarbeiten, die den Mitgliedern der Vereinten Nationen zwecks Schaffung eines Systems der Rüstungsregulierung zu unterbreiten sind."[7] Bisher konnte der Sicherheitsrat aufgrund des hartnäckigen Widerstands imperialistischer Staaten dieser Aufgabe noch nicht gerecht werden. Durch ihre forciert vorangetriebene Hochrüstungspolitik verletzen die führenden NATO-Mächte sogar die sich aus der UN-Charta auch für sie ergebenden Verpflichtungen ständig und in eklatanter Weise.

Im Rahmen der Abrüstungsbemühungen der sozialistischen Staaten innerhalb ihrer vielfältigen Aktivitäten in der Organisation der Vereinten Nationen gewinnen die einstimmig oder mit großer Mehrheit angenommenen Resolutionen der UN-Vollversammlung immer mehr an Bedeutung. Sie lassen Richtung und Schwerpunkte der Abrüstungsbemühungen für die Zukunft erkennen. Zu ihnen gehört insbesondere die Resolution 34/88 vom 11. Dezember 1979, die eine Deklaration über internationale Zusammenarbeit auf dem Gebiet der Abrüstung enthält. Sie bildet eine Art Verhaltenskodex der Staaten für ihre Zusammenarbeit zur Abrüstung und stützt sich auf das Schlußdokument der 10. Sondertagung der UN-Vollversammlung zu Fragen der Abrüstung[8]. Weiterhin ist die auf Initiative der UdSSR einstimmig von der UN-Vollversammlung verabschiedete Resolution 1378 (XIV) vom 20. September 1959 von Bedeutung, die den Vorschlag enthält, eine Vereinbarung über die allgemeine und vollständige Abrüstung aller Staaten zu treffen[9].

Wie die Erfahrungen lehren, können UNO-Resolutionen eine wichtige Vorstufe für völkerrechtliche Verträge und für andere Dokumente zur Rüstungsbegrenzung und zur Abrüstung sein.

Nicht zu übersehen ist aber auch, daß es einerseits zahlreiche UNO-Resolutionen gibt, in denen die Forderung nach Rüstungsbegrenzungs- und Abrüstungsmaßnahmen auch mit Zustimmung imperialistischer Staaten erhoben wird. Andererseits ist aber unverkennbar, daß auf diesem Gebiet eine weitaus geringere Anzahl von verbindlichen Rechtsdokumenten mit konkreten Pflichten für die Staaten, die unter Verletzung grundlegender Normen des allgemeindemokratischen Völkerrechts auch weiterhin den Krieg als ein „legales Mittel nationaler Politik" betrachten, sich zwar gezwungen sehen, verbal der Forderung nach Abrüstung oder Rüstungsbegrenzung zuzustimmen, sich in ihrem praktischen Verhalten aber konkreten Maßnahmen ständig und hartnäckig widersetzen.

7 Ebenda, Teil 1, S. 108 und 110.

8 Das Schlußdokument ist enthalten in: Deutsche Außenpolitik, 8/1978, S. 118 ff.

9 Vgl. dazu P. A. Steiniger, Zur Wirkungsweise der UNO-Prinzipien, in: Deutsche Außenpolitik, UNO-Bilanz 1975/76, S. 7 ff.

Eine Ursache hierfür findet sich in der Beantwortung der Frage, was bei strikter Einhaltung und konsequenter Durchsetzung des Gewaltverbots mit den materiellen Mitteln der Gewaltanwendung in der Sphäre der internationalen Beziehungen zu geschehen hat. Ganz offensichtlich müßte eine konsequente Durchsetzung des Gewaltverbots zwangsläufig zu einer vollständigen Beseitigung aller zur Kriegführung als der brutalsten Form zur Durchsetzung der dem Imperialismus immanent innewohnenden Aggressivität benötigten Mittel führen. Genau dieser Prozeß aber wird mit dem Begriff Abrüstung erfaßt. Er basiert daher im wesentlichen auf den folgenden drei Aspekten:

Erstens: Die Abrüstung ist das umfassendste, wirksamste und bedeutendste Mittel, um den sich auf der Grundlage der Prinzipien der friedlichen Koexistenz vollziehenden Entspannungsprozeß zu festigen, unumkehrbar zu machen, die Kriegsgefahr endgültig zu bannen und damit den entscheidenden Beitrag zur weiteren Festigung des Friedens zu leisten.

Zweitens: Die Abrüstung bildet die effektivste Voraussetzung zur universellen Durchsetzung des völkerrechtlichen Gewaltverbots. Sie führt zur Beseitigung aller subjektiven und objektiven Voraussetzungen zur Kriegführung wie Streitkräfte, Waffen und Waffensysteme, militärische Ausrüstungen, Einrichtungen und Anlagen.

Drittens: Die Abrüstung vollzieht sich in Übereinstimmung mit allen Grundprinzipien des Völkerrechts und ist direkt aus dem Prinzip des Gewaltverbots ableitbar. Sie muß sich auf der Basis gleicher Grundsätze für alle daran beteiligten Staaten, insbesondere des Prinzips der gleichen und unverminderten Sicherheit, im Rahmen völkerrechtlich verbindlicher Vereinbarungen, einschließlich solcher über Kontrollmaßnahmen, vollziehen.

Bürgerliche Theorien, die sich mit dem Komplex Wettrüsten und Abrüstung befassen, negieren zumeist den sich aus dem gesamten völkerrechtlichen Normensystem ergebenden Zusammenhang von Gewaltverbot und Abrüstung. Das hat wiederum auch unmittelbare Auswirkungen auf die praktische Politik imperialistischer Staaten in dieser Frage. Eine Auseinandersetzung mit bürgerlichen Vorstellungen über einen angeblich nicht bestehenden Zusammenhang von Gewaltverbot und Abrüstung wird daher zu einem dringlichen Anliegen nicht nur einer notwendigen rechtstheoretischen Diskussion zur weiteren Ausgestaltung des allgemeindemokratischen Völkerrechts, sondern auch des unmittelbaren politisch-ideologischen Kampfes.

Seit etwa 1945 bildeten sich bis in die Gegenwart hinein, wie aus der entsprechenden Literatur unschwer nachzuweisen ist, bestimmte Hauptangriffsrichtungen innerhalb der bürgerlichen Völkerrechtstheorie gegenüber dem Normensystem des Völkerrechts der Gegenwart heraus. Ein wesentlicher Hauptangriff konzentrierte sich vor allem in den 70er Jahren auf Umfang und Rechtsverbindlichkeit der völkerrechtlichen Grundprinzipien, insbesondere aber auf das Grundprinzip Gewaltverbot einschließlich seiner in der authentischen Interpretation enthaltenen Präzisierungen. Die dazu entwickelten bürgerlichen „Theorien" unterschieden sich in ihren politischen Zielstellungen zunächst keineswegs von bürgerlichen völkerrechtstheoretischen Auffassungen zu anderen Fragen. So besteht ihre Bestimmung vor allem darin, diese oder jene politische Praxis theoretisch zu verallgemeinern, zu erklären und zu begründen. Bürgerliche Völkerrechtstheorien spiegeln daher ungeachtet ihres jeweiligen Untersuchungsgegenstandes immer die allgemeinen Grundzüge wider, die für die bürgerliche Rechtsideologie in der konkreten Etappe der Übergangsperiode vom Kapitalismus zum Sozialismus charakteristisch sind.

Das Dilemma der gegenwärtigen bürgerlichen Völkerrechtslehre wird am Problem des Zusammenhangs von umfassender Durchsetzung des Gewaltverbotsprinzips und völkerrechtlich sich herausbildender Abrüstungspflicht besonders deutlich. Nicht wenige bürgerliche Vertreter geraten dabei zumeist in einen für sie nicht lösbaren Widerspruch. Er ergibt sich aus dem untauglichen Versuch, zwei im Grunde unvereinbare Grundlinien internationaler Politik und Staatenbeziehungen miteinander zu verbinden und theoretisch zu vertreten. Zum einen werden sie ständig mit der sich aus der Praxis imperialistischer Politik ergebenden Erkenntnis konfrontiert, die sie zu rechtfertigen versuchen, daß die herrschenden Klassen der kapitalistischen Staaten keineswegs bereit sind, auf die materiellen Mittel zur gewaltsamen Durchsetzung ihrer Politik, notfalls auch durch Kriege, zu verzichten. Entsprechende „Rechtfertigungsgründe" lassen sich bei F. A. von der Heydte, H. Meyer-Lindenberg u. a. unschwer nachweisen.

Zum anderen kommen sie aber nicht um jene andere Erkenntnis herum, daß das jus ad bellum seit dem Eintreten der sozialistischen Staaten in die internationale Politik kein Rechtsinstitut der zwischenstaatlichen Beziehungen mehr ist. Auf der Grundlage des Wirkens der Gesetzmäßigkeiten der gegenwärtigen Epoche setzte sich vielmehr das Gewaltverbot als Grundprinzip völkerrechtlicher Staatenbeziehungen immer mehr durch. Dazu gehört auch, daß der Aggressionskrieg zum schwersten völkerrechtlichen Verbrechen erklärt wurde. Eingeschlossen in diesem Prozeß sind zwangsläufig auch die Prinzipien und Normen, die die Staaten rechtlich verpflichten, konkrete Schritte auf dem Wege einer allgemeinen und vollständigen Abrüstung zu gehen.

In dem Bestreben, beiden Linien in ihren Auffassungen Rechnung zu tragen, zeigt sich besonders anschaulich die Widersprüchlichkeit der von z. T. namhaften bürgerlichen Völkerrechtlern vertretenen

Aussagen zur Abrüstungsfrage. Dabei ist die Tendenz erkennbar, das in der UN-Charta verankerte Gewaltverbot und die Verpflichtung der Staaten und der Vereinten Nationen zur Abrüstung Verhandlungen zu führen und konkrete Ergebnisse zu erzielen (z. B. Art. 11, 26, 47 der UN-Charta), juristisch abzuwerten, theoretisch zu unterhöhlen oder, wie z. B. F. Berber[10], den offenkundigen Zusammenhang zwischen diesen Artikeln, in denen ein entsprechender Auftrag an die UNO und somit an die Staaten formuliert ist, und dem Gewaltverbotsprinzip als der hierfür wesentlichsten jus cogens Norm nicht herzustellen. Gleichzeitig wird der Versuch unternommen, den normativen Charakter des Gewaltverbots als jus cogens Norm in Frage zu stellen, wie es insbesondere in den Arbeiten von H. Kelsen, B. Cohen, T. M. Franck u. a. in zum Teil recht massiver Weise zum Ausdruck gebracht wird. Dabei erfolgt zumeist kein offener Angriff gegen das Gewaltverbot im Zusammenhang mit konkreten Abrüstungsverpflichtungen, jedoch wird das Gewaltverbot oft zum Anlaß genommen, das Gesamtsystem des Völkerrechts anzuzweifeln[11]. Aber der Systemcharakter der Grundprinzipien des Völkerrechts kommt doch gerade darin zum Ausdruck, daß deren einzelne Elemente sich wechselseitig bedingen und aufeinander aufbauen. In dieser Komplexität bedeutet ihre innere Logik, daß nicht nur etwa die Einhaltung einzelner Prinzipien, sondern die Einhaltung und Durchsetzung insgesamt durch die Völkerrechtssubjekte den Bestand der internationalen Rechtsordnung gewährleistet. Daraus ist einerseits abzuleiten, daß es sowohl aus politischer als auch aus völkerrechtlicher Sicht unzulässig ist, eine sich aus politischer Opportunität ergebende Rangfolge der Grundprinzipien vornehmen zu wollen oder es gar den einzelnen Völkerrechtssubjekten zu überlassen, welche Grundprinzipien sie anerkennen wollen und welche sie zu negieren gewillt sind. In einer gewollten Zuspitzung ist hinsichtlich der Grundprinzipien folgende Prämisse aufzustellen: Wird ein Grundprinzip seinem Inhalt und Rechtscharakter nach in Frage gestellt, so wird das Gesamtsystem der Grundprinzipien in völkerrechtswidriger Weise angegriffen.

Andererseits widerspricht es der den Grundprinzipien innewohnenden inneren Logik durchaus nicht, wenn man ihnen bei strikter Beachtung ihrer dialektischen Einheit und Komplexität eine Rangfolge hinsichtlich ihrer Wertigkeit in der praktischen Politik der zwischenstaatlichen Beziehungen zuerkennt. So kommt z. B. nach Meinung von W. I. Menschinski und G. I. Tunkin dem Gewaltverbotsprinzip

10 Vgl. F. Berber, Lehrbuch des Völkerrechts, Dritter Band, München 1977, S. 132 f.

11 So u. a. bei H. Kelsen, The Law of the United Nations, London 1951; B. Cohen, Disarmaments and International Law, Bonn 1957; T. M. Franck, Who Killed Article 2 (4), in: AJIL 64 (1970).

innerhalb des Gesamtsystems eine besondere Stellung zu, zumal in ihm unmittelbar der Qualitätswandel im Völkerrecht direkt inhaltlich normiert zum Ausdruck kommt[12].
Andere bürgerliche Vertreter, wie z. B. H. Neuhold, versuchen nachzuweisen, daß die Abrüstung in der UN-Charta wenn überhaupt, dann nur eine untergeordnete Rolle spielt und daß erst der Abschluß eines Vertrages die Staaten zu konkreten Abrüstungsmaßnahmen verpflichtet[13]. Nun bedürfen die einzelnen konkreten Abrüstungsmaßnahmen in der Tat einer vertragsrechtlichen Fixierung, um rechtswirksam zu werden. Aber bereits vor dieser vertragsrechtlichen Festlegung vollziehen sich die vorangegangenen Verhandlungen und getroffenen Vereinbarungen keineswegs in einem rechtsleeren Raum. Vielmehr, und dieser Erkenntnis weichen bürgerliche Vertreter zumeist aus, basieren sie auf den Grundprinzipien und vorrangig dabei auf dem Gewaltverbot, das nun einmal, konsequent angewandt und durchgesetzt, auch ein Abrüstungsgebot einschließlich vertraglich festzulegender Maßnahmen umfaßt. Ohne also das Verhältnis eines völkerrechtlichen Prinzips zu einer, wenn auch erst in der Herausbildung begriffenen völkerrechtlichen Pflicht zu berücksichtigen, bekennt sich ein nicht geringer Teil der bürgerlichen Völkerrechtler zur strikten Verneinung einer Pflicht. Anders dagegen sieht der sowjetische Völkerrechtler O. W. Bogdanow gerade in dem untrennbaren Zusammenhang von Gewaltverbot und Abrüstung, wie er ihn insbesondere durch die authentische Interpretation in der Prinzipiendeklaration der UNO von 1970 als hinreichend nachgewiesen ansieht, sogar die Herausbildung eines selbständigen völkerrechtlichen „Prinzips der Abrüstung"[14]. Zwar wird in der Regel jedes Prinzip in Form von Rechten und Pflichten der Staaten, z. B. verankert in Konventionen und Verträgen, durchgesetzt. Das kann jedoch nicht bedeuten, daß dieses sich schließlich noch im Prozeß der Herausbildung befindende Prinzip bei Nichtvorhandensein von Abrüstungsverträgen unberücksichtigt bleibt. Entscheidend ist, daß jeder Vertrag zur Materialisierung des Prinzips der Abrüstung beiträgt.
Das Gewaltverbot erfährt durch das sich entwickelnde Abrüstungsprinzip nun keineswegs eine zusätzliche Ergänzung. Vielmehr rückt

12 W. I. Menschinski, Die Nichtanwendung oder -androhung von Gewalt, in: Im Namen des Friedens. Völkerrechtliche Probleme der europäischen Sicherheit, Moskau 1977, S. 34 f.; G. I. Tunkin, Das Prinzip der Nichtanwendung von Gewalt als Gesetz des internationalen Lebens, in: Internationales Leben, Moskau 1973, Nr. 3, S. 16 ff.
13 H. Neuhold, Der Wandel im System der internationalen Beziehungen, in: Österreichische Zeitschrift für Außenpolitik 15/1975, S. 327 ff.
14 O. V. Bogdanov, XXV s-ezd KPSS i aktualnye mezdunarodnopravoye voprosy razoruzenija, in: Sovetskoe gosudarstvo i pravo, Moskva No 6/1976, S. 99 ff.

dieses Prinzip als ein dem Gewaltverbot immanent innewohnender wesentlicher Bestandteil im gegenwärtigen Prozeß seiner universellen Durchsetzung immer stärker in den Mittelpunkt. Es bestimmt somit entscheidend Tendenz und Richtung dieses Prozesses. P. A. Steiniger verwies in diesem Zusammenhang auf die vom Gewaltverbot ausgehende historische Resolution der XIV. Tagung der UN-Vollversammlung vom 14. 11. 1959, die das Abrüstungsprinzip hervorhob und die Verantwortung der Staaten für seine allseitige Durchsetzung ausdrücklich unterstrich[15].

Die Auffassungen, die einen Zusammenhang zwischen dem Gewaltverbot und einer Abrüstungspflicht negieren, sind nun keineswegs neu. Sie wurden von verschiedenen bürgerlichen Wissenschaftlern bereits in den 50er und 60er Jahren verbreitet. In ihnen reflektierte sich damals, in der Hochzeit des kalten Krieges, die destruktive Haltung imperialistischer Staaten zur Abrüstung. So versuchte W. Sauer bereits 1952, fußend auf den Aussagen von H. Kelsen und P. Guggenheim, den Nachweis zu führen, daß die Charta der Vereinten Nationen keine allgemeine Abrüstungspflicht aufgestellt habe[16]. In der Folgezeit wurde diese Position auch von anderen Vertretern, so u. a. von U. Scheuner[17], weiter ausgebaut. Wenn nun gegenwärtig derartige Auffassungen, wenn auch z. T. modifiziert, erneut verbreitet und sogar zur Grundlage der Verhandlungsführung durch die imperialistischen Staatenvertreter in den verschiedenen Abrüstungsgremien gemacht werden, so läßt sich daraus ableiten, daß bürgerliche Theorien oft auf Langzeitwirkung angelegt sind.

Die darin sichtbar werdende relative Kontinuität zeigt sich deutlich in den Arbeiten von R. Bernhardt, T. M. Franck, B. Simma, L. Henkin u. a., in denen mit unterschiedlicher Akzentuierung zum Problem des Zusammenhangs von Gewaltverbot und Abrüstung Stellung bezogen wird[18]. Im wesentlichen ist ihnen allen eigen, daß sie die von der sozialistischen Völkerrechtswissenschaft vertretene Auffassung nach Abrüstung und den sich aus den Grundprinzipien in ihrer Gesamtheit ergebenden Pflichten im allgemeinen und denen aus dem

15 P. A. Steiniger, Zur Wirkungsweise der UNO-Prinzipien, a. a. O., S. 7.

16 W. Sauer, System des Völkerrechts, Bonn 1952, S. 316 und 329.

17 U. Scheuner, Abrüstung und Rüstungskontrolle in der internationalen Politik, Probleme der internationalen Abrüstung, Bd. I, Frankfurt a. M./Berlin(West) 1964; ders., Rüstungskontrolle und Sicherheit in Europa, in: Rüstungsbeschränkung und Sicherheit, Bd. 14, Bonn 1979, Vorwort.

18 Vgl. z. B. R. Bernhardt, Ungeschriebenes Völkerrecht, in: Zeitschrift für ausländisches öffentliches Recht und Völkerrecht, Stuttgart 1976, 36/1–3; B. Simma, Völkerrecht in der Krise?, in: Österreichische Zeitschrift für Außenpolitik 20/1980; L. Henkin, The Report of the Death of Article 2 (4) Are Greatly Exaggerated, in: AJIL 65 (1971).

Gewaltverbot ableitbaren im besonderen leugnen bzw. einfach negieren. Aber erst aus der prinzipiellen Anerkennung dieses Zusammenhangs ergeben sich konkrete Schlußfolgerungen für die Friedenspflicht aller Staaten.

Gegenwärtig liegen bereits eine Reihe bi- und multilateraler Vereinbarungen auf dem Gebiet der Abrüstung bzw. der Rüstungsbegrenzung vor[19]. Sie kamen im Ergebnis harter Klassenauseinandersetzung zwischen den sozialistischen und den imperialistischen Staaten zustande. Ihr völkerrechtlicher Wert besteht insbesondere darin, daß jede erreichte Teilmaßnahme auf diesem Gebiet eine konkrete völkerrechtliche Pflicht für die Teilnehmerstaaten in bezug auf den jeweiligen Vertragsgegenstand begründet. In diesem Sinne ist auch der Art. IV des sowjetischen Entwurfs eines Weltvertrages über die Nichtanwendung von Gewalt in den internationalen Beziehungen zu verstehen, der besagt, daß „effektive Maßnahmen zur Verringerung der militärischen Konfrontation und der Abrüstung ... gleichzeitig Schritte in Richtung auf das Endziel – die allgemeine und vollständige Abrüstung unter strenger und wirksamer internationaler Kontrolle" sind[20].

Ausgehend vom gegenwärtigen Stand des internationalen Kräfteverhältnisses ergibt sich, daß sich ein System von völkerrechtlichen Pflichten für alle Staaten nur über einzelne Teilmaßnahmen entwikkeln kann, das seinen Höhepunkt in einer völkerrechtlichen Pflicht zur allgemeinen und vollständigen Abrüstung findet. Ein wesentlicher Beitrag zur Festlegung und Durchsetzung derartiger Maßnahmen wäre auch von einer von den sozialistischen Staaten vorgeschlagenen Weltabrüstungskonferenz zu erwarten, da sie als ein universelles Verhandlungsorgan am besten geeignet wäre, zur Abrüstung für alle Staaten verbindliche Beschlüsse zu fassen. Dieser Vorschlag fand auch im Schlußdokument der 10. Sondertagung der UN-Vollversammlung Aufnahme, in dem es heißt, daß dieses Weltforum „zum frühesten geeigneten Zeitpunkt ... mit universeller Beteiligung und mit angemessener Vorbereitung einberufen werden (sollte)."[21]

Ein Fortschritt in dieser Richtung auf regionaler Ebene wäre die von den Warschauer Vertragsstaaten mehrfach geforderte Einberufung einer Konferenz über militärische Entspannung und Abrüstung

19 Vgl. hierzu Völkerrecht, Dokumente, a. a. O., insbesondere die Dokumente Nr. 48, 57, 64, 65, 69, 84, 95, 99, 100, 114, 125, 127, 142 und 153, in denen die wichtigsten gegenwärtig vorliegenden bi- und multilateralen Verträge über Teilmaßnahmen auf dem Gebiet der Rüstungsbegrenzung und Abrüstung enthalten sind.

20 Vgl. Deutsche Außenpolitik, UNO-Bilanz 1977/78, S. 152.

21 Schlußdokument der 10. Sondertagung der UNO-Vollversammlung, a. a. O., S. 141.

in Europa. Wie die gegenwärtig auch in Madrid stattfindenden Beratungen beweisen, legen die imperialistischen Mächte jedoch dabei eine außerordentlich destruktive Haltung an den Tag.

2. Die Bedrohungslegende als ideologische Grundlage imperialistischer Abschreckungsdoktrin

Neben der Mißachtung des Zusammenhangs von Gewaltverbot und Abrüstung in der bürgerlichen Völkerrechtslehre werden in den sich vorrangig aus der bürgerlichen Politologie ergebenden Theorien im wesentlichen zwei Aussagen variiert. Sie lassen die bewußt oder unbewußt vertretene antikommunistische Position ihrer Vertreter bereits im methodologischen Herangehen an grundlegende Ausgangsfragen zur Abrüstung erkennen.

Das ist einmal die These von der vorgeblichen Konvergenz der Rüstungsmotivation im Sozialismus und Kapitalismus als entscheidender Hemmungsfaktor der Abrüstung. Zum anderen wird die These vertreten, daß sich die Notwendigkeit zur Abrüstung nicht vordringlich aus politischen Faktoren oder völkerrechtlichen Vereinbarungen, sondern in erster Linie aus einem von der Technologie ausgehenden Druck ergibt. Er soll angeblich von der Ausnutzung der Ergebnisse der wissenschaftlich-technischen Revolution im Militärwesen beider Gesellschaftssysteme ausgehen, die jedoch wiederum auch stimulierend auf das Wettrüsten wirkt.

Im offenen reaktionären Sinne wird die erste These insbesondere durch die Gleichgewichtstheorie („Gleichgewicht des Schreckens", „Theorie des atomaren Patts", „Zwei-Säulen-Theorie") als wesentlicher Bestandteil der Abschreckungsdoktrin vertreten. Dabei wird das angeblich angestrebte „Gleichgewicht der Kräfte" als zu Gunsten der NATO manipulierbare Größe angesehen. Der Akzent der NATO-Politik in den Verhandlungen über eine wirkungsvolle Rüstungsbegrenzung wird daher ganz offensichtlich auf die Rüstungskontrolle in Form eines kontrollierten Wettrüstens statt Rüstungsminderung gelegt. Die Konzeption vom kontrollierten Wettrüsten als Element imperialistischer Gleichgewichtstheorie besteht darin, das von den imperialistischen Mächten betriebene forcierte Aufrüsten durch Scheinangebote zur Rüstungskontrolle zu bemänteln und somit realen Abrüstungs- oder Reduzierungsmaßnahmen auszuweichen. Schließlich geht es den in der NATO zusammengeschlossenen imperialistischen Hauptmächten im Zuge der Durchsetzung der von den USA ausgehenden Theorie des „politischen Realismus" um erhöhte politische Wirksamkeit ihrer militärischen Macht und nicht um deren Verringerung.

Aus der dominierenden imperialistischen Gleichgewichtstheorie werden wiederum die verschiedenen Theorien und Konzeptionen über die „Zweckmäßigkeit" begrenzter Kernwaffenkriege mit selektivem Einsatz taktischer Kernwaffen oder begrenzter konventioneller Kriege, die „unterhalb der Schwelle des globalen Einsatzes von Kernwaffen" zu führen seien, abgeleitet. Ihren militärstrategischen Niederschlag fanden diese Theorien in der NATO-Doktrin der „flexiblen Reaktion", die seit 1967 das militärische Denken und Planen dieses Kriegspaktes beherrscht. Am konzentriertesten kommen diese Theorien jedoch in der imperialistischen Abschreckungsdoktrin zum Ausdruck. Der ehemalige US-Verteidigungsminister A. Schlesinger charakterisierte diese Doktrin wie folgt: „Die NATO-Strategie ist die Abschreckung, die sich über die gesamte Risiko-Skala erstreckt, vom politischen Zwang bis zum totalen nuklearen Angriff."[22]

Die imperialistische Abschreckungsdoktrin, die auch gegenwärtig Bestandteil der offiziellen Militärpolitik der NATO ist, fußt auf der antikommunistischen, insbesondere antisowjetischen Bedrohungslüge. Sie unterstellt mit Blick auf die sozialistische Staatengemeinschaft, daß es im Verhältnis zur NATO politische Kräfte gibt, die es aufgrund ihrer angeblich aggressiven Haltung „abzuschrecken" gilt. So behauptet Graf Kielmansegg, einer der führenden Repräsentanten der NATO, unumwunden: „Krieg in Europa kann nur entstehen, wenn die Sowjetunion und mit ihr der Warschauer Pakt angreift ... Ob die UdSSR eines Tages tatsächlich angreifen wird, kann niemand sagen, aber daß sie es heute schon von der ‚capability', also der militärischen Fähigkeit dazu, könnte, steht fest. Diese ‚capability' ist gerade in den letzten Jahren, in denen über Rüstungsbegrenzungen verhandelt wurde, größer und erheblich offensivstärker geworden. Moskau würde allerdings den Entschluß zur Aggression in Europa nur dann fassen, wenn die Abschreckung nicht mehr funktioniert, ..."[23].

Aufmerksamkeit verdient auch die Tatsache, daß in dem Maße, wie unter dem Einfluß der entspannungsfördernden Wirkung der Schlußakte von Helsinki vom August 1975 sich die Möglichkeit abzuzeichnen begann, zu vertraglich vereinbarten Abrüstungsmaßnahmen auf den verschiedenen Ebenen zu gelangen, die Bedrohungslegende verstärkte Publizität erhielt. So erschien allein in der Zeit von 1977 bis 1978 in der BRD eine Reihe von Büchern, die sich dieser Aufgabe widmen. Dazu zählen u. a. solche Publikationen wie die von R. J. Rummel, „Der gefährdete Frieden. Die militärische Überlegenheit der UdSSR"; von dem belgischen General Close, „Europa ohne Verteidigung? 48 Stunden, die das Gesicht der Welt verändern" und nicht

22 International Herald Tribune vom 3. Juni 1974.

23 J. A. Graf Kielmansegg, Weltweite Strategie, die Vereinigten Staaten und die Verteidigung Europas – Teil I –, in: Europäische Wehrkunde, 5/1979, S. 215 f.

zuletzt das als „Bestseller" des Jahres 1978 deklarierte Buch des Engländers Sir John Hackett, „Der Dritte Weltkrieg – Hauptkriegsschauplatz Deutschland"[24]. In ihnen werden nicht nur die reale Möglichkeit eines neuen Weltkrieges beschworen und dessen Scenario in allen Einzelheiten geschildert, sondern durch das immer wieder plastisch hervorgehobene vorgebliche „Rüstungsdefizit" der NATO angeblich die Irrealität von Abrüstungsmaßnahmen für die NATO zu „beweisen" versucht. Gleichzeitig wird die Forderung erhoben und unabdingbar suggeriert, daß mit „mehr Rüstungsanstrengungen" die nun einmal gegebene Bedrohung noch abzuwenden sei.
G. Mathiessen gelangt angesichts derartiger offizieller wie offiziöser Auslassungen zu der Schlußfolgerung: „Die Abschreckungsideologie fußt mithin auf einem recht aggressiven Antikommunismus. Sie widerspricht einer Politik der friedlichen Koexistenz ... Die Abschreckungsideologie hat zu ihrer Grundlage die Gewaltandrohung. Ihre tägliche Praxis zielt auf die Möglichkeit der Gewaltanwendung."[25]
Der amerikanische Wissenschaftler Ph. Green, der die in den USA entwickelte Abschreckungsdoktrin einer eingehenden Kritik unterzog, verweist zu Recht auf den in dieser Doktrin besonders anschaulich zutage tretenden irrationalen Antikommunismus als ihre eigentliche Wurzel, wenn er ausführt: „Die Abschreckungstheorie ist kulturgebunden; sie teilt die wichtigsten amerikanischen Vorurteile des kalten Krieges. In der Frage des Wesens der Beziehungen zwischen dem Westen und dem Kommunismus hat sich das Vorurteil der Abschreckungstheoretiker nur über die kurze Distanz von dem rassisch aufgeladenen Schreckbild der Überflutung durch mongolische Horden, wie es Morgenthau zeichnet, bis zu der gängigen Sowjetologie von Henry Kissinger entwickelt ..."[26].
Die Bedrohungslegende ist keineswegs eine neuere Erfindung imperialistischer Politiker und Ideologen zur Bereicherung ihres antikommunistischen Arsenals. Die Genesis dieser mehrfach modifizierten Legende reicht vielmehr bis in die Zeit kurz nach der Oktoberrevolution. Die imperialistische Bourgeoisie und ihre Apologeten aus den Reihen der Menschewiki, Sozialrevolutionäre und Opportunisten

24 R. Rummel, Der gefährdete Frieden. Die militärische Überlegenheit der UdSSR, München 1977; R. Close, Europa ohne Verteidigung: 48 Stunden, die das Gesicht der Welt verändern, Saarbrücken 1977; Sir John Hackett, Der Dritte Weltkrieg – Hauptkriegsschauplatz Deutschland, München 1978.

25 G. Mathiessen, Rüstungseskalation und Abrüstungsperspektiven. in: Hefte zur politischen Gegenwart Nr. 15, Köln 1974, S. 46; vgl. im übrigen auch ebenda, S. 44 ff.

26 Ph. Green, Abschreckungsrationalität und ethische Wahl, in: D. Senghaas (Hrsg.), Zur Pathologie des Rüstungswettlaufs, Freiburg 1970, S. 173.

der II. Internationale stellten die notwendigen Verteidigungsmaßnahmen der jungen Sowjetmacht als Ausdruck eines „roten Militarismus" hin, mit dessen Hilfe die Sowjetrepublik angeblich expansionistische Ziele durchzusetzen beabsichtigte. W. I. Lenin wandte sich entschieden gegen derartige Verleumdungen. „Die Imperialisten der ganzen Welt haben sich auf die Russische Republik gestürtzt, um sie zu erdrosseln, und wir begannen eine Armee aufzubauen, die zum erstenmal in der Geschichte weiß, wofür sie kämpft und wofür sie Opfer bringt, die einem an Zahl stärkeren Feind erfolgreich widersteht, wodurch sie mit jedem Monat des Widerstands in bislang noch nicht dagewesenem Maßstab die Weltrevolution näher bringt – und das verurteilt man als roten Militarismus!" Zur Charakterisierung der Vertreter dieser verleumderischen Kampagne setzte W. I. Lenin hinzu: „... das sind entweder Dummköpfe, die keinerlei politischen Wertung unterliegen, oder politische Gauner."[27]
Die Bedrohungslegende ist im eigentlichen Sinne keine Theorie, sondern eine von den imperialistischen Ideologen bewußt verbreitete Lüge als Mittel der ideologischen Manipulation und Diversion. In seiner Berliner Rede 1979 widerlegte L. I. Breshnew die von den NATO-Gremien wider besseren Wissens propagierte Behauptung von einer angeblichen, das eigene Sicherheitsbedürfnis überschreitenden Aufrüstung der Sowjetunion und führte aus: „Behauptungen, wonach die Sowjetunion ihre militärische Macht auf dem europäischen Kontinent in Dimensionen verstärkt, die nicht durch Erfordernisse der Verteidigung bedingt sind, haben mit der Wirklichkeit nicht das Geringste gemein."[28] Der in der bürgerlichen Friedensforschung engagierte BRD-Wissenschaftler G. Kade weist in seiner eindrucksvollen Dokumentation „Die Bedrohungslüge", die er als „Jahrhundertlüge" brandmarkte, anhand zahlreicher Fakten und eingehender Untersuchungen überzeugend nach: „Die Lüge von der Bedrohung geht heute vom Militär-Industrie-Komplex aus, wird von ihm organisiert, vergiftet die Atmosphäre der internationalen Beziehungen, kompliziert die Schlüsselfragen der Weltpolitik. Aktuell werden durch die Lüge Abkommen über die Begrenzung und Reduzierung der Rüstung erschwert und behindert."[29] Es liegt daher nur in der „Logik" dieser Bedrohungslüge, daß sie auch die Haltung der imperialistischen Staatenvertreter in den verschiedenen Gremien prägt, in denen es um Rüstungsbegrenzung oder -reduzierung geht. Ganz offensichtlich wird dies bei den Wiener Verhandlungen über die ge-

27 W. I. Lenin, Erfolge und Schwierigkeiten der Sowjetmacht, in: Werke, Bd. 29, Berlin 1970, S. 51.
28 L. I. Breshnew, Entstehung und Festigung der DDR sind ein historischer Sieg, Neues Deutschland, Berlin, vom 7. Oktober 1979.
29 G. Kade, Die Bedrohungslüge, Köln 1979; zitiert nach: Neues Deutschland vom 20./21. Oktober 1979.

genseitige Reduzierung der Streitkräfte und Rüstungen in Mitteleuropa. Hier werden seit Jahren von den Vertretern der NATO-Staaten häufig wechselnde und sich widersprechende Zahlenangaben über eine angebliche und bedrohliche militärische Überlegenheit der Staaten des Warschauer Vertrages vorgelegt, die eine konstruktive Lösung anstehender Fragen bisher unmöglich machten. So wird die Bedrohungslüge auch zu einem Instrument imperialistischer Verhandlungsführung bei der Ausarbeitung völkerrechtlicher Verträge und anderer Dokumente.

3. „Technologische Zwänge" und Rüstungswettlauf

Bürgerliche Theorien zu den treibenden Faktoren des Wettrüstens sowie über Möglichkeiten und reale Chancen von Abrüstungsmaßnahmen finden ihren verallgemeinernden Ausdruck auch in der These, daß sich das Wettrüsten wie auch die Notwendigkeit zur Abrüstung vorrangig aus der stürmischen technologischen Entwicklung im Rüstungsbereich ergibt, die der menschlichen und gesellschaftlichen Kontrolle zu entraten scheint. Sie wird am ausgeprägtesten durch die „Theorie vom technologischen Determinismus" ausgewiesen. Aus ihr ergeben sich wiederum Theorien, die Aufrüstung und Krieg als gesellschaftliche Erscheinung leugnen. Auch ihre Vertreter betrachten das Wettrüsten bestenfalls als ein, diesmal allerdings durch „innere Faktoren" bestimmtes, wechselseitiges mechanisches Modell von Aktion und Reaktion zweier Seiten. Er wirke unabhängig von allen politischen Verhältnissen in den jeweiligen Staaten und sei die zwangsläufige Folge moderner wissenschaftlich-technischer und technologischer Entwicklung. Die offen reaktionäre Richtung in der bürgerlichen Politologie entwickelt hieraus Konzeptionen über Notwendigkeit und Zweckmäßigkeit eines „technologischen Krieges" und propagiert Theorien über jeweils angeblich erkennbare Lücken in den Waffensystemen der NATO. Gleichzeitig versucht sie den Nachweis zu führen, daß die Entspannungspolitik keineswegs die einzige Alternative zum kalten Krieg sei. Die Festigung der internationalen Sicherheit und des Friedens, zu der sich ihre Vertreter zumindest verbal bekennen müssen, würde vielmehr allein durch den weiteren Ausbau und die Vervollkommnung der jeweiligen „Abschreckungspotentiale" gewährleistet. Schließlich tangiert eine derartige Auffassung auch die Theorien über eine angebliche Gefährdung des wissenschaftlich-technischen Fortschritts, die nach Meinung zahlreicher bürgerlicher Wissenschaftler mit einer Beendigung des Wettrüstens und der Durchsetzung weitreichender Abrüstungsmaßnahmen verbunden ist.
Die Schlußfolgerung mancher bürgerlicher Wissenschaftler, daß sich

sowohl das Wettrüsten als auch die Notwendigkeit und Dringlichkeit konkreter Abrüstungsmaßnahmen vorrangig aus der „auf beiden Seiten" sich vollziehenden raschen technologischen Entwicklung im Rüstungsbereich ergäben, ist irreführend und falsch. So werden die Ursachen der von ihnen analysierten Rüstungsdynamik politisch relativ wertfrei befunden, da sie diese Ursachen nicht im Zusammenhang mit den politischen Absichten und Zielen sozialer Klassen betrachten. Sie wären aber dann demnach auch nicht mit politischen Mitteln zu bekämpfen. Wird die Technik, einschließlich des damit verbundenen wissenschaftlich-technischen Fortschritts, verselbständigt, wird sie gar verantwortlich für das Wettrüsten gemacht, bleibt der gesamtgesellschaftliche Zusammenhang unberücksichtigt. Dadurch aber wird der Klassencharakter der sozialistischen Friedenspolitik einerseits und der der imperialistischen Aggressionspolitik andererseits negiert. Bürgerliche Auffassungen zu dieser Frage verkennen zumeist, daß das Wettrüsten sich nicht, wie behauptet wird, „naturhaft-urwüchsig" aus vom Wollen der Menschen bereits unabhängigen technologischen Zwängen ergibt, sondern vielmehr ein organischer Bestandteil der globalen politischen Strategie der aggressiven imperialistischen Kräfte ist. In ihm vereint sich ein ganzer Komplex von Klasseninteressen, historisch perspektivlosen Hoffnungen und äußerst irrationalen Vorstellungen von den Realitäten der gegenwärtigen Entwicklung in der Welt. Das ist um so bedrohlicher, da „gerade die reaktionärsten Kräfte des Imperialismus ... in der Beurteilung des wirklichen Kräfteverhältnisses am wenigsten realistisch (sind) und ... zu einem abenteuerlichen, besonders aggressiven Kurs in der Politik drängen."[30]

Nun übt die Technologie allerdings, wenn auch in einem anderen als von zahlreichen bürgerlichen Theoretikern gesehenen Zusammenhang, einen nicht unwesentlichen Einfluß auf die Praxis des Wettrüstens und der Abrüstung aus. Er wird daher auch durch Theorien reflektiert. Zum einen kommt dies in der Faszination zum Ausdruck, der bürgerliche Theoretiker mit Blick auf die sich vollziehende technologische Entwicklung im Rüstungsbereich unterliegen. So meint O. Morgenstern: „Die interessantesten Dinge in der Wissenschaft werden zur Zeit in Verbindung mit dem Krieg und der Kriegsvorbereitung vollbracht ... Die Gesellschaft billigt das Streben nach Wissen nicht, wenn es nicht in dieser oder jener Form mit dem Krieg verbunden ist;" und an anderer Stelle: „Die Vorbereitung eines Krieges ist notwendig, um den tiefverwurzelten menschlichen Wissensdrang zu rechtfertigen."[31] Abgesehen von der zynischen Menschen-

30 A. Charisius/F. Engelhardt, Militarismus heute – Hauptfeind von Entspannung und Sicherheit, in: Einheit, 6/1977, S. 731.

31 O. Morgenstern, Strategie heute, Frankfurt a. M. 1969, S. 164.

verachtung einer derartigen Geisteshaltung ist dieser Mißbrauch der Wissenschaft und Technik in den entwickelten kapitalistischen Staaten sowie dessen Rechtfertigung durch Vertreter der herrschenden Klasse dieser Staaten, von Morgenstern als „die Gesellschaft" bezeichnet, tatsächlich zu beobachten. So geht dort die Entwicklung der modernen Technologie vorrangig mit der Vorbereitung auf den Krieg einher. Diese Technologie findet daher auch gegenwärtig in erster Linie in der Rüstungsindustrie dieser Staaten ihre Anwendung.

Zum anderen ist hieraus die in den letzten Jahren immer stärker hervortretende Tendenz zu erklären, daß Verhandlungen über Abrüstungsmaßnahmen hinter dem jeweiligen Stand der Rüstungstechnologie einhergehen. Auf dieses Phänomen verweisen auch sowjetische Wissenschaftler. So schreibt N. Inosemzew: „Um es genauer zu sagen: Die Ergebnisse der Abrüstungsverhandlungen hinken hinter der Entwicklung neuer Waffen und Waffensysteme nach."[32] G. Arbatow gelangt zu einer ähnlichen Feststellung: „Sogar jetzt, da doch die Sinnlosigkeit des Wettrüstens offiziell von beiden Seiten eingesehen wird und da nun Gespräche über seine Begrenzung im Gange sind, überholt der fortgesetzte militärische Entwicklungsprozeß den Prozeß der politischen Verhandlungen. Wir haben kaum Zeit, uns über ein Problem zu einigen, da taucht auch schon das nächste auf, und die Entwicklung immer neuer Waffentypen schafft immer wieder neue und kompliziertere Probleme, die immer schwieriger zu lösen sind."[33] Aber auch bei der Lösung dieser Problematik geht es im Grunde stets um das Primat der Politik in der Abrüstungsfrage und demzufolge um die politische Verantwortung der Regierenden in den jeweiligen Staaten. Die scheinbar unaufhaltsame technologische Entwicklung im Rüstungssektor ergibt sich schließlich nicht aus einem vom politischen Wollen und den damit verbundenen politischen Interessen und Absichten unabhängigen, „naturhaft-urwüchsigen" zwangsläufigen Prozeß. Sie ist vielmehr vorrangig politisch determiniert auf der Basis der in den unterschiedlichen Gesellschaftsordnungen vorherrschenden sozialökonomischen Verhältnisse. Ebenso folgen auch die laufenden Abrüstungsverhandlungen nicht lediglich „technologischen Zwängen", sondern sind Ergebnis eines politischen „Zwangs", den die tiefgreifenden Wandlungen des ökonomischen, politischen und militärischen Kräfteverhältnisses zugunsten der sozialistischen Staatengemeinschaft auf den Imperialismus ausüben.

Zur Stützung ihrer These verweisen nun bürgerliche Theoretiker auf

32 Zitiert nach R. Väyrynen, Abrüstung und Entspannung, divergierende oder konvergierende Trends?, in: Wissenschaft und Frieden, 3/1976, S. 41.

33 Ebenda.

den – wie sie meinen – ebenso empirisch belegbaren und nachweisbaren Umstand, daß auch die sozialistischen Staaten am Rüstungswettlauf beteiligt seien. Die extreme Richtung leitet daraus die böswillige Behauptung einer vorgeblichen Bedrohung der „freien Welt" von Seiten der sozialistischen Staaten ab. Dagegen sehen manche an der Abrüstung ernsthaft interessierte und in dieser Frage engagierte bürgerliche Wissenschaftler darin die Bestätigung ihrer Thesen von der Konvergenz der Rüstungsmotivation im Sozialismus und Kapitalismus sowie von dem von einem „Technologie-Impuls" ausgehenden „Zwang zum Wettrüsten", der sich in einer „Tyrannei der Waffentechnologie" äußere. Sie meinen eine „Eigendynamik" der Rüstung in den sozialistischen (hier insbesondere der UdSSR) und kapitalistischen Staaten zu erkennen und ziehen daraus den Schluß, daß der „militärisch-industrielle Komplex" als Ausdruck des Zusammenwirkens von „Interessenallianzen und technologischen Innovationsimpulsen" sowohl „in den USA als auch in der SU" existiere[34].
Abgesehen von der politischen Haltlosigkeit einer derartigen, auf den Kapitalismus wie gleichermaßen auch auf den Sozialismus bezogenen Auffassung wird die Wechselwirkung von Ursache und Wirkung negiert. So vollziehen sich, hier in der Tat resultierend aus dem Antagonismus im Verhältnis der beiden Systeme, im Zuge des sich verändernden Kräfteverhältnisses Prozesse, die der eigentlichen Natur der beiden Gesellschaftsordnungen zuwiderlaufen. Im Imperialismus ist dies der Zwang zur Anpassung und die Anerkennung der Prinzipien der friedlichen Koexistenz in den zwischenstaatlichen Beziehungen. Im Sozialismus ist das der Zwang zu militärischen Ausgaben. Die den sozialistischen Staaten aufgezwungene Entwicklung von Waffensystemen ergibt sich also keineswegs aus inneren Entwicklungsbedingungen des Sozialismus und ist demzufolge auch nicht Ausdruck des Wirkens einer sozial oder ökonomisch bedingten „Rüstungsdynamik". Sie ist vielmehr ein unter bestimmten Bedingungen notwendiges, vom Klassengegner aufgezwungenes Mittel zur Zügelung der dem Imperialismus wesenseigenen Aggressivität. Von „Teilnahme am Rüstungswettlauf" allgemein zu reden, ohne die ihr zugrunde liegenden sozialökonomischen Bedingungen zu analysieren, aus denen sich die jeweiligen Motivationen ergeben, führt zu einer realitätsfernen pazifistisch-moralisierenden Betrachtung. In der Konsequenz heißt das, wie W. I. Lenin schlußfolgerte, „ein Spieß-

34 Vgl. D. Senghaas, Rüstungsdynamik als restriktive Bedingung in Versuchen einer Überwindung des Ost-West-Konflikts, in: St. Doernberg/J. Galtung/A. Gromyko/D. Senghaas (Hrsg.), Probleme des Friedens, der Sicherheit und der Zusammenarbeit. Beiträge aus Ost- und Westeuropa, Köln 1975, S. 122 ff.; vgl. auch ders., Gewalt–Konflikt–Frieden. Essays zur Friedensforschung, Hamburg 1974, S. 42.

bürger sein, ... oder heißt einfach sich selbst und andere durch Sophistereien betrügen."[35]

Wie die politische Praxis des Kampfes um die Abrüstung beweist, können Theorien, die auf einer bürgerlich-pazifistischen Grundlage beruhen, genauso wie die extrem antikommunistische Richtung zu einer Fehlorientierung der in der Friedensbewegung engagierten Öffentlichkeit führen, die den Erfolg ihrer Aktionen im Kampf um die Abrüstung objektiv hemmt. Dies um so mehr, wenn sie durch die wissenschaftliche Autorität und politische und persönliche Integrität einzelner ihrer Vertreter gestützt werden.

Eine Auseinandersetzung mit bürgerlichen Auffassungen zu Problemen des Wettrüstens wie der Abrüstung fördert die Erkenntnis, daß Rüstung wie Abrüstung nicht nur ökonomische Ursachen zugrunde liegen, sondern daß sie eminent politische Fragen sind. So handelt es sich bei der Abrüstung doch darum, daß Staaten durch ihre Regierungen Vereinbarungen treffen und realisieren, die eine schrittweise Reduzierung ihres militärischen Potentials einschließlich der Rüstungsgüter bedeuten. Es geht also um die Einschränkung, wenn nicht gar um die Beseitigung, jenes Teils des Machtapparats, der gegebenenfalls die Fortsetzung der Politik mit anderen, nämlich militärischen Mitteln, materiell ermöglicht. Die Haltung zur Abrüstung ist demzufolge eng mit den Klasseninteressen der in den jeweiligen Staaten herrschenden Klassen verbunden, in denen wiederum in konzentriertester Form ökonomische Interessen dieser Klassen bzw. dieser Gesellschaftssysteme zum Ausdruck kommen.

Diese Klasseninteressen drücken sich auch in unterschiedlichen Zielsetzungen, Strategien, Konzeptionen, Theorien und ideologischen Formen des Herangehens an die Fragen der Abrüstung aus. Während nach den vorherrschenden bürgerlichen Auffassungen Maßnahmen zur vollständigen Abrüstung eine unrealistische, weil den Profitinteressen der Monopole entgegenstehende Zielstellung sind, geht die sozialistische Konzeption von eben dieser generellen Zielstellung aus: „Unser Vorgehen trägt komplexen und allumfassenden Charakter. Unser Endziel ist die allgemeine und vollständige Abrüstung", erklärte B. Ponomarjow in seiner Rede auf der Konferenz der Sozialistischen Internationale zu Abrüstungsfragen im April 1978 in Helsinki. Unter Berücksichtigung der bürgerlichen Auffassungen fügte er aber hinzu: „Doch sind wir Realisten und begreifen, daß der Weg zu diesem Ziel große Anstrengungen und viel Zeit erfordert. Während wir für die radikalsten Maßnahmen eintreten, suchen wir gleichzeitig nach der Möglichkeit von Zwischenlösungen, von Teilmaßnahmen."[36]

35 W. I. Lenin, Die proletarische Revolution und der Renegat Kautsky, in: Werke, Bd. 28, Berlin 1970, S. 285.

36 B. Ponomarjow, Für Zusammenarbeit im Kampf gegen das Wett-

Die marxistisch-leninistische Analyse der Motivation des Wettrüstens und der Abrüstung führt zu der Überzeugung, daß nur eine klassenmäßige Bewertung dieser gesellschaftlichen Erscheinungen deren wahre Ursachen und Triebkräfte freilegt. Dazu gehört die Erkenntnis, daß „Wettrüsten" keine politisch wertneutrale, „intersystemare" Kategorie ist, da sie nicht schlechthin Waffenproduktion und die Erzeugung oder Anhäufung anderer Rüstungsgüter umfaßt. Da sie vielmehr eine dem Wesen des Imperialismus entsprechende gesellschaftliche Erscheinung ist, die in den monopolkapitalistischen Produktionsverhältnissen ihre Wurzeln hat, ist der Imperialismus der objektive (ökonomische) und subjektive (politisch-verantwortliche) alleinige Verursacher des Wettrüstens. Daher ist der Begriff des Wettrüstens auf den Sozialismus als dem Hauptgegner des Wettrüstens in der Welt sozial-inhaltlich nicht anwendbar; er ist ihm nicht adäquat[37]. Der Kampf um die Abrüstung ist demzufolge nicht einfach als ein Kampf gegen die Mittel der Kriegführung dieses oder jenes Staates zu begreifen. Er besitzt in Wirklichkeit eine unmittelbare und konkrete antiimperialistische Stoßrichtung, da er sich direkt gegen die Rüstungsmonopole, gegen den militärisch-industriellen Komplex imperialistischer Staaten, gegen Antikommunismus und Antisowjetismus richtet.

Im Unterschied zu im pazifistischen Gedankengut verwurzelten bürgerlichen Wissenschaftlern und ihren gegenstandslosen Appellen an die Friedfertigkeit haben die Kommunisten daher den Friedens- und Abrüstungsgedanken in direkten Zusammenhang mit der Idee des sozialen Fortschritts gebracht. Das aber bedeutet, daß es den Gesetzmäßigkeiten unserer Epoche und deshalb auch der Logik der Geschichte widerspricht, eine Aussetzung des weltweiten Klassenkampfes im Namen des Friedens zu fordern. Vielmehr kommt es darauf an, ihn auf die Ebene des wirtschaftlichen Wettbewerbs und des ideologischen Kampfes unter Beachtung der Prinzipien der friedlichen Koexistenz zu verlagern[38]. Eine auf der Grundlage des Marxismus-Leninismus geführte geistige Auseinandersetzung mit bürgerlichen Theorien zur Frage für oder wider Wettrüsten und Abrüstung ist somit zugleich wesentlicher Bestandteil des weltweiten praktisch-politischen Kampfes für die weitere Durchsetzung des Entspannungsprozesses und wirkungsvoller Abrüstungsmaßnahmen. Sie trägt dazu bei, Grunderkenntnisse über die gesellschaftlichen Triebkräfte, die

rüsten, für die Abrüstung, in: Gesellschaftswissenschaften, Akademie der Wissenschaften der UdSSR, 2/1979, S. 18 f.

37 F. Rupprecht, Ideologische Probleme des Kampfes um die Abrüstung, in: DZfPh, 11/1978, S. 1343 ff.

38 Vgl. G. Schachnasarow, Die Friedenspolitik und die Gegenwart, in: Gesellschaftswissenschaften, Akademie der Wissenschaften der UdSSR, 3/1979, S. 46.

das Wettrüsten wie die Abrüstung ursächlich bedingen, zu vermitteln und damit der Forderung W. I. Lenins zu entsprechen, das Geheimnis aufzudecken, in dem Kriege geboren werden.
Bis zur allgemeinen und vollständigen Abrüstung wird daher auch weiterhin ein beschwerlicher und komplizierter Weg zu gehen sein, „aber es kommt darauf an, eine kontinuierliche Vorwärtsbewegung zu diesem Ziel zu sichern, dafür Sorge zu tragen, daß es keinen Halt gibt, daß jedes Jahr und jeder Monat neue praktische Schritte auf diesem oder jenem Gebiet der Eindämmung des Wettrüstens und der Reduzierung der Arsenale der Staaten, der Abschwächung der Gefahr eines Kernwaffenkrieges mit sich bringen"[39]. Im Friedensprogramm des XXVI. Parteitages der KPdSU findet diese wahrhaft humanistische Orientierung ihren konkreten, dem Friedenskampf der Völker Ziel und Richtung weisenden Ausdruck.

39 L. I. Breshnew, Auf dem Wege Lenins. Reden und Aufsätze, Bd. 6, Berlin 1977, S. 484.

An die Wissenschaftler der Welt

Aufruf der Akademiepräsidenten der sozialistischen Länder

Wir, die Vertreter der Bulgarischen Akademie der Wissenschaften, der Ungarischen Akademie der Wissenschaften, des Nationalen Forschungszentrums und des Komitees für Gesellschaftswissenschaften der Sozialistischen Republik Vietnam, der Akademie der Wissenschaften der Deutschen Demokratischen Republik, der Akademie der Wissenschaften der Koreanischen Demokratischen Volksrepublik, der Akademie der Wissenschaften der Republik Kuba, der Akademie der Wissenschaften der Mongolischen Volksrepublik, der Polnischen Akademie der Wissenschaften, der Akademie der Sozialistischen Republik Rumänien, der Akademie der Wissenschaften der Union der Sozialistischen Sowjetrepubliken und der Tschechoslowakischen Akademie der Wissenschaften, bringen anläßlich unserer regulären Zusammenkunft in Sofia im Namen aller Wissenschaftler unserer Länder unsere tiefe Besorgnis über die gefährliche Entwicklung der internationalen Lage zum Ausdruck.

Bestimmung des Menschen ist es, aufzubauen und nicht zu zerstören!

Leider versuchen aggressive Kreise, Gegner der friedlichen Koexistenz, die Politik der internationalen Entspannung zu torpedieren. Sie schüren das Wettrüsten, verschärfen bestehende bewaffnete Konflikte und entfachen neue Konfliktherde in verschiedenen Gebieten der Welt. Besonders gefährlich sind die Pläne der Stationierung von Raketen mittlerer Reichweite in Westeuropa und in einigen Regionen Asiens sowie der Beschluß zur Produktion der Neutronenwaffe.

Die Wissenschaftler dürfen nicht über das Ausmaß der Bedrohung für die Menschheit hinwegsehen, die mit der Verschlechterung der internationalen Lage entsteht. Angesichts des Charakters der modernen Waffen kann sich jeder Krieg zu einem globalen atomaren Konflikt ausweiten, in dem die gesamte Zivilisation und damit die Existenz der Menschheit in Frage gestellt wird.

Wir verstehen, daß jeder Staat an einem zuverlässigen Schutz seiner Sicherheit interessiert ist. Das ist im atomaren Zeitalter jedoch nicht durch militärische Überlegenheit oder durch den Sieg in einem Kernwaffenkrieg zu erreichen. Echte Sicherheit, das ist Sicherheit für die gesamte Menschheit, ungeteilte Sicherheit für alle Staaten, die sich auf internationale Vereinbarungen und Übereinkommen über Rüstungsbegrenzung und -reduzierung, über das Verbot und die Beseitigung von Massenvernichtungsmitteln gründet. Man muß an die Sicherheit der gesamten Menschheit denken, sonst wird sich niemand sicher fühlen!

Wir sind überzeugt, daß der Krieg in unserer Zeit vermeidbar ist. Der Frieden aber setzt sich nicht im Selbstlauf durch. Der Frieden ist heute ernsthaft bedroht. Der Frieden muß aktiv geschützt, er muß verteidigt werden.

Im Kampf um die Verteidigung des Friedens können und müssen die Wissenschaftler ihre Stimme hörbar erheben, denn sie sehen deutlich die großen Möglichkeiten für jetzige und künftige Generationen bei der Lösung vieler brennender Probleme, die vor der Menschheit stehen. Sie sehen zugleich die katastrophalen Folgen, die der Ausbruch eines atomaren Krieges mit sich bringen würde.

Die Wissenschaftler müssen sich der Politik der Konfrontation des Wettrüstens, des Rückfalls in die Zeiten des kalten Krieges aktiv entgegenstellen. Ohne einen gleichberechtigten Dialog und sachliche Verhandlungen ist es unmöglich, die internationalen Probleme unserer Zeit zu lösen, wie brisant und kompliziert sie auch sein mögen. Darüber dürfen die Wissenschaftler nicht hinwegsehen.

Deshalb wenden wir uns an die Wissenschaftler der Welt mit dem Aufruf, sich einzusetzen für die Verteidigung der Menschheitswerte, eines dauerhaften Friedens, des gesellschaftlichen Fortschritts, gegen das Wettrüsten, für einen konstruktiven Dialog zwischen den Staaten zur Regelung aller strittigen Probleme ausschließlich auf dem Verhandlungswege, für die Festigung und Fortführung der Politik der Entspannung und des Friedens.

Wir unterstützen nachdrücklich die Idee zur Bildung eines Internationalen Komitees von Wissenschaftlern, das seine Stimme zur Verhütung eines Kernwaffenkrieges und seiner verheerenden Folgen erhebt und die bestehende Notwendigkeit seiner Verhinderung aufzeigt.

Wir begrüßen und unterstützen die Initiativen internationaler wissenschaftlicher Foren und einzelner Wissenschaftlergruppen zur Vereinigung der Anstrengungen ihrer Vertreter bei der Verteidigung des Friedens.

Nur durch die gemeinsamen Anstrengungen aller friedliebenden Kräfte kann und muß der Frieden auf unserem Planeten erhalten und gefestigt werden. Es geht heute um das Schicksal aller Völker, um das Überleben der Menschheit!

gezeichnet:

Für die Bulgarische Akademie der Wissenschaften:

AkM A. Balewski
Präsident

Für die Ungarische Akademie der Wissenschaften:

AkM K. Polinszky
Vizepräsident

Für das Nationale Forschungszentrum und das Komitee für Gesellschaftswissenschaften der SR Vietnam:

AkM Tran Dai Nghia
Präsident

Für die Akademie der Wissenschaften der Deutschen Demokratischen Republik:

AkM W. Scheler
Präsident

Für die Akademie der Wissenschaften der Koreanischen Demokratischen Volksrepublik:

AkM Han Byong Hy
Vizepräsident

Für die Akademie der Wissenschaften Kubas:

Prof. Dr. J. Altschuler
Vizepräsident

Für die Akademie der Wissenschaften der Mongolischen Volksrepublik:

AkM B. Schirendyb
Präsident

Für die Polnische Akademie der Wissenschaften:

AkM A. Gieysztor
Präsident

Für die Akademie der Sozialistischen Republik Rumänien:

AkM I. Anton
Vizepräsident

Für die Akademie der Wissenschaften der Union der Sozialistischen Sowjetrepubliken:

AkM A. P. Alexandrow
Präsident

Für die Tschechoslowakische Akademie der Wissenschaften:

AkM B. Kvasil
Präsident

Sofia, 29. Oktober 1981

Karl Friedrich Alexander

Dr. rer. nat. habil., Professor

Ordentliches Mitglied der Akademie der Wissenschaften der DDR
Direktor des Zentralinstituts für Elektronenphysik der Akademie der Wissenschaften der DDR

geb. am 1. 5. 1925

Alfred Bönisch

Dr. rer. oec. habil., Professor

Amtierender Bereichsleiter am Zentralinstitut für Wirtschaftswissenschaften der Akademie der Wissenschaften der DDR

geb. am 3. 9. 1932

Erhard Geißler

Dr. rer. nat., habil., Professor

Abteilungsleiter am Zentralinstut für Molekularbiologie der Akademie der Wissenschaften der DDR

geb. am 17. 12. 1930

Herbert Kröger

Dr. sc. jur., Professor em.

Stellv. Vorsitzender der Nationalen Pugwash-Gruppe der DDR
Vizepräsident der Gesellschaft für Völkerrecht der DDR
Mitglied des Friedensrates der DDR
Mitglied des Büros des Präsidiums der URANIA

geb. am 15. 7. 1913

Jürgen Kuczynski

Dr. phil., Dr. rer. oec. h.c., Dr. rer. nat. h.c., Professor em.

Ordentliches Mitglied der Akademie der Wissenschaften der DDR
Auswärtiges Mitglied der Akademie der Wissenschaften der UdSSR
Vorsitzender des Nationalkomitees der Wirtschaftshistoriker
Mitglied der Nationalen Pugwash-Gruppe der DDR

geb. am 17. 9. 1904

Eberhard Leibnitz

Dr.-Ing., Dr. h.c., Professor

Ordentliches Mitglied der Akademie der Wissenschaften der DDR
Präsident der URANIA
Mitglied des Forschungsrates der DDR
Vorsitzender der Nationalen Pugwash-Gruppe der DDR
Mitglied des Pugwash-Rates

geb. am 31. 1. 1910

Bernd P. Löwe

Dr. phil.

Arbeitsgruppenleiter am Zentralinstitut für Philosophie
Mitglied des Nationalkomitees für Politische Wissenschaften der DDR

geb. am 31. 3. 1943

Karlheinz Lohs

Dr. rer. nat. habil., Professor

Ordentliches Mitglied der Akademie der Wissenschaften der DDR
Direktor der Forschungsstelle für chemische Toxikologie der Akademie der Wissenschaften der DDR
Mitglied des Exekutivrates der Weltföderation der Wissenschaftler
Vorsitzender des Internationalen Abrüstungsausschusses der Weltföderation der Wissenschaftler
Stellv. Vorsitzender der Klasse Umweltschutz und Umweltgestaltung der Akademie der Wissenschaften der DDR
Mitglied der Nationalen Pugwash-Gruppe der DDR

geb. am 23. 8. 1929

Herbert Meißner

Dr. rer. oec. habil., Professor

Ordentliches Mitglied der Akademie der Wissenschaften der DDR
Stellv. Leiter des Forschungsbereichs Gesellschaftswissenschaften der Akademie der Wissenschaften der DDR
Mitglied des Exekutivrates der Weltföderation der Wissenschaftler
Stellv. Vorsitzender des Wissenschaftlichen Rates für Imperialismusforschung der DDR
Vorstandsmitglied im Nationalkomitee für Politische Wissenschaften
Mitglied des Nationalkomitees für Wirtschaftswissenschaften

geb. am 16. 5. 1927

Karin Meier

Dr. jur.

Wiss. Mitarbeiterin im Institut für internationale Studien der Karl-Marx-Universität Leipzig

geb. am 30. 9. 1947

Martin Manfred Schneider

Dr. rer. nat. habil.

Abteilungsleiter am Zentralinstitut für Physik der Erde der Akademie der Wissenschaften der DDR
Beauftragter für die Antarktisforschung

geb. am 22. 4. 1930

Max Steenbeck †

Dr. phil., Dr. h.c., Professor

Ordentliches Mitglied der Akademie der Wissenschaften der DDR
Vorsitzender des Forschungsrates der DDR
Präsident des DDR-Komitees für europäische Sicherheit und Zusammenarbeit
Auswärtiges Mitglied der Akademie der Wissenschaften der UdSSR

Ralf Stöhr

Dr. sc. mil., Professor

Stellv. Direktor der Forschungsstelle für chemische Toxikologie der Akademie der Wissenschaften der DDR

geb. am 16. 12. 1929

Ralf Trapp

Dr. rer. nat.

Wiss. Mitarbeiter in der Forschungsstelle für chemische Toxikologie der Akademie der Wissenschaften der DDR

geb. am 26. 2. 1953

Siegfried Zeimer

Dr. sc. phil., Dozent

Bereichsleiter im Institut für internationale Studien der Karl-Marx-Universität Leipzig

geb. am 15. 6. 1924

Kolibri 360 GmbH
Ferdinand-Jühlke-Straße 7
99095 Erfurt, Deutschland
produktsicherheit@kolibri360.de